易学易懂的理工科普丛书

极简图解
量子技术基本原理

［日］若狭直道　著

王卫兵　杨秋香　亓皓宽　等译

机械工业出版社

在量子技术被广泛关注的当下，本书旨在为广大读者提供一本通俗易懂、全面介绍量子技术原理、开发及应用的科普读物。

本书首先介绍了什么是量子、量子行为、量子技术及其应用领域。之后介绍了量子信息处理和量子加密通信，阐述了量子计算机、量子通信的基本原理以及当前的发展现状，量子计算机的实现方法和应用领域。在此基础上又介绍了激光、X 射线、软 X 射线、硬 X 射线等的概念、产生原理以及实际应用等。在量子成像与量子传感方面，介绍了其基本原理以及如何实现更小微观世界的观察、电子显微镜、荧光成像与荧光分析、量子点成像、量子传感器、量子观测等。在基于自旋电子学的光应用技术方面，介绍了石墨烯等量子点的制造方法及其在量子点薄膜及量子点显示器等产品的开发和应用，以及量子点技术在太阳能电池中的应用，以提高太阳能电池的能量转换效率。另外，还介绍了量子自旋电子学的基本原理及其在新一代存储器中的应用。最后，本书介绍了量子技术的创新与未来展望，以及日本量子技术的发展现状。

本书是一本难得的关于量子技术的科技著作，为广大从事自然科学研究的科技工作者以及科技爱好者提供了通俗易懂、内容全面、理论深入的参考。通过本书的学习，读者可以快速了解量子技术的全貌，从理论上理解量子技术的产生机理，了解量子技术的实际应用现状，从而为技术创新提供具有启发性的方向和路径。

译　者　序

　　量子（quantum）是现代物理学的重要概念。量子一词来自拉丁语 quantus，意为"有多少"，用以表示"相当数量的某物质"。现代物理学的研究表明，当物质的大小处于某种微小尺度时，其表现将不再是我们在宏观世界中所看到的样子，其大小和能量等不再是连续变化的，而是以某种特定的大小出现，这就是所谓的量子。与宏观世界中物理量的连续变化不同，在量子世界中表现为不连续的离散量。量子的行为也不再遵循经典牛顿力学定律，其行为需要以量子力学加以解释。量子的概念最早是由德国物理学家马克斯·普朗克在 1900 年提出的，他假设黑体辐射中的辐射能量是不连续的，只能取能量基本单位的整数倍，从而很好地解释了黑体辐射的实验现象。如果物质存在某种最小的不可分割的基本单位，我们就说它是量子化的，并把这种最小单位称为量子。

　　后来的研究表明，不但能量表现出了这种不连续的离散化性质，其他物理量诸如角动量、自旋、电荷等也都表现出这种不连续的量子化现象。这与以牛顿力学为代表的经典物理有根本的区别。量子化现象主要表现在微观物理世界，描述微观物理世界的物理理论是量子力学。

　　量子技术是量子物理与信息技术、光学、电子学、材料科学等相结合发展起来的一门新兴学科。自从普朗克提出量子概念以来，经爱因斯坦、玻尔、德布罗意、海森伯、薛定谔、狄拉克、玻恩等人的完善，在 20 世纪的前半叶，初步建立了完整的量子力学理论，并且逐渐得到绝大多数物理学家的认同，将其视为理解和描述自然的基本理论。

　　量子的基本性质包括既是波又是粒子（波动性和粒子性），一个量子的状态在观察到该量子之前是不确定的（量子叠加），量子之间可以保持与距离无关的关系（量子纠缠）等。由于这样的非常特性，量子技术被广泛应用于量子计算、量子通信、量子探测、量子传感、量子计量、量子材料等众多领域，是未来最有希望开发出新的颠覆性成果的技术，也因此受到世界各国科技界和学术界的高度重视，并竞相投入巨资进行量子技术的研究和开发，争取技术制高点，获取量子霸权地位。本书作者敏锐地观察到量子技术的独特优势，力图通过本书向读者介绍量子的概念、量子的特性、量子力学的基本原理等，在此基础上全面介绍量子技术的应用领域及其发展现状。读者通过本书的阅读可以快速了解量子技术的全貌及应用发展状况，并为新技术开发带来灵感。

作为基础，本书首先介绍了什么是量子、量子行为、量子技术及其应用领域。其次介绍了量子信息处理和量子加密通信，阐述了量子计算机、量子通信的基本原理以及当前的发展现状，量子计算机的实现方法和应用领域。在第 3 章的量子束中，介绍了激光、X 射线、软 X 射线、硬 X 射线等的概念、产生原理以及实际应用等。在第 4 章的量子成像与量子传感中，主要介绍了量子成像与量子传感的基本原理以及如何实现更小微观世界的观察、电子显微镜、荧光成像与荧光分析、量子点成像、量子传感器、量子观测等。在第 5 章的基于自旋电子学的光应用技术中，介绍了石墨烯等量子点的制造方法及其在量子点薄膜及量子点显示器等产品的开发和应用，以及量子点技术在太阳能电池中的应用，以提高太阳能电池的能量转换效率。除此之外，还介绍了量子自旋电子学的基本原理及其在新一代存储器中的应用。最后，介绍了量子技术的创新与未来展望，以及日本量子技术的发展现状。

总之，本书是一本难得的关于量子技术的科技著作，为广大从事自然科学研究的科技工作者以及科技爱好者提供了通俗易懂、内容全面、理论深入的参考。通过本书的学习，读者可以快速了解量子技术的全貌，从理论上理解量子技术的产生机理，了解量子技术的实际应用现状，从而为技术创新提供具有启发性的方向和路径。

本书由王卫兵、杨秋香、亓皓宽等翻译。其中，原书前言、第 1~3、5 章及译者序由王卫兵翻译和撰写，第 4 章由杨秋香翻译，第 6 章由亓皓宽翻译。罗洪舟、邓强、徐倩参与了本书部分的翻译工作。全书由王卫兵统稿，并最终定稿。在本书的翻译过程中，全体译者为了尽可能准确地翻译原书，对书中的相关内容进行了大量的查证和佐证分析，以求做到准确无误。为方便读者对相关文献的查找和引用，在本书的翻译过程中，译者保留了所有参考文献的原文信息。

鉴于本书专业性较强，并且具有一定的深度和难度，因此，翻译中的不妥和失误之处在所难免，望广大读者批评指正。

王卫兵
2024 年 2 月于哈尔滨

原 书 前 言

21 世纪，对人类来说是一个怎样的世纪？何时会出现彻底改变日常生活的"发明"和"发现"呢？

爱因斯坦曾提出质量可以转化为能量，这一理论的发展导致了原子能的发现。但遗憾的是，在原子能得到和平利用之前，却诞生了原子弹。曾经用于报文加密和解密的计算机，在 20 世纪取得了巨大的发展，并演变成了今天的计算机。如今，在量子技术领域，也相继出现了可以与这些伟大发现相提并论的重要"发明"和"发现"。

量子力学预言了一个超常的奇妙世界，爱因斯坦也因此终生都在怀疑这个理论。如今，随着理论的系统化，量子力学逐渐发展成为能够解开宇宙和世界奥秘的重要理论。实际上，我们已经在使用通过量子特性而显著提高性能的设备，如大容量硬盘构成的存储机构以及 DVD 播放器中的激光器等。由于纳米尺寸是量子世界的尺度，因此前所未有的纳米尺寸的工业化应用正在进行，包括极小尺寸的器件、分子水平的标记和纳米尺寸的加工等。

量子技术的应用范围非常广泛，几乎涵盖所有行业，其中很多都与尖端产业、下一代产业有关。作为给下一代显示器、高效太阳能电池带来突破的新技术，量子技术被应用于产出新材料的传感器和分析仪器中。在生命科学领域，作为实时观察蛋白质运动的标记和高性能显微镜的基础技术应用正在进行中。此外，利用电子自旋呈现量子特性的应用物理学新世界也正在徐徐拉开发展的帷幕。

在这些量子技术中，最受人们关注的是量子计算机。性能远远超过超级计算机的量子计算机正在成为现实。量子计算机的出现将极大地改变人工智能的性能和计算机的安全性水平。

极简图解量子技术基本原理

许多发达国家都在大力推进量子技术，这是因为量子技术被认为是 21 世纪带来财富和幸福的基础技术。在这些发达国家中，利用量子技术的半导体、基于量子计算的运算装置和下一代存储器等研究正在举国上下进行。本书全面介绍了量子技术的现状和未来前景，让我们一起来看看这些量子技术中可能出现的 21 世纪的"发明"和"发现"吧！

若狭直道
2020 年 11 月

目　　录

第 **1** 章

将为未来社会
奠定基础的技术

世界因科学技术的变革（范式转变）而改变面貌，量子技术作为这样一种创新技术正在不断引起人们的极大关注。本章让我们来了解一下什么是量子技术，以及量子技术将带来什么样的改变。

巨大变革的时代

当今，国际政治和经济错综复杂，风云变幻莫测。在这种越来越复杂和庞大的国际政治和经济格局中，科学技术似乎也不可能是一个能够独善其身的圣地，特别是在发达国家之间关于"量子技术"的技术竞争正处在水深火热之中，并呈现出越来越猛烈的态势。这种尖端科学技术的发展预计将对各个领域产生连锁和催化反应。

▶▶ 技术是变革的驱动力

尽管第二次世界大战已经结束七十余年了，世界也已经进入到了崭新的 21 世纪，但是第二次世界大战后逐渐建立起来的全球合作体制却开始在世界各地显示出它的脆弱性，在某些方面甚至已经走向了崩溃的趋势。

在世界主要发达国家中，政治上的右倾化变得越来越明显，越来越多国家的领导人宣称要将自己国家的利益放在第一位，采取自我优先的政策。另一方面，经济全球化远远超过了仅仅靠政治讨价还价就能解决的规模，而且为了控制某些超大企业的活动，需要很多国家的通力合作才能达成目标。

科学技术方面的竞争并不是一件坏事，如果因为科学技术发展产生的产品和服务能带来整个人类的福祉，这种竞争就理应受到鼓励（当然，在科学技术的核心领域抢占知识产权可以为一个国家带来巨大的财富）。正如人类的历史被称为科学技术发明和发展的历史一样，新发现的科学规律和新开发的技术可以改变社会的现状。量子技术是一种基于量子力学的即将到来的新兴技术，它诞生于 20 世纪。围绕着这一新兴技术，各个发达国家和大企业展开了激烈的竞争。当然，这是因为量子技术被看作是一项重要的技术，是将创造下一次社会变革的重要技术。

正如美国未来学家雷·库兹韦尔警告的那样，生物技术、纳米技术和人工智能正处于大脑皮层创新的终极边缘。当这些目标都实现了的时候，库兹韦尔称之为一个发展的"奇点"。今天，我们可能正处于社会变革的"大变革时代"的门槛上，这可能是人类的终极社会变革。大变革时代将由医学和生命科学（生物技术）推动，它将使我们的生命和身体更加长寿、健康。先进的科学和工程（纳米技术），能够精确处理微小的颗粒，使得从单一原子的组装到分子的控制成为可能。此外，人工智能（AI）技术，这是一个能够进行信息收集、分类、学习，并能根据自身信息做出决定的大脑。库兹韦尔预测，在21世纪中叶左右，将会出现一个可能以人工智能（AI）为大脑、以机器作为四肢的未来机器人物种。

在库兹韦尔的预测中几乎没有提到"量子技术"。然而，如果没有"量子技术"，就不太可能实现大变革时代的许多科学技术。

例如人工智能，即使是传统计算机的不断发展，在其发展到一定的水平时，超越人类智能的 AI 技术也会实现。但这要求传统计算机的性能将以指数级的水平不断提升。然而，关于传统计算机性能改进的摩尔定律告诉我们，当到达集成电路的物理极限时，传统计算机的发展就会逐渐受到该极限的制约。

量子计算机可能是将彻底改变和打破这种物理极限的希望所在，从而突破传统计算机的局限性，带来巨大的变革。

电磁科学技术大大增加了硬盘的容量。电磁科学正在向着成为自旋电子学的方向发展，并试图通过量子技术的进步处理电磁的基本物理现象。这是一个非常新的领域，自旋电子学的发展可能导致发现尚未了解的物理现象和属性，并创造出全新的设备。

量子点，也被称为"人造原子"，是通过人为地进行原子的排列而制成的晶体。这些量子点的量子特性可以被人为地调整。这使得人工创造具有在量子技术中使用所需特性和性能的材料成为可能。预计将用于某些量子技术的钻石 NV 中心，其主要由碳制成。这种原材料无处不在，对人体和环境的影响也非常小。

激光束已经被应用于各个领域，例如，在 CD 上进行信息的读写，在两点之间进行距离的测量，使用光纤进行激光通信等。激光产生的原理也涉及量子特性。

由于这个原因，由量子技术产生的光束，包括激光束，被称为量子束。目前世界各地都在建造能够发射强大量子束的设施，这是因为量子束可用于新材料的开发和分析。

今天，量子计算机作为量子技术的代名词在全世界广为人知，这可能是由于 Google 公司的量子计算机在 2019 年超过了超级计算机性能的消息让世界感到惊讶。就在当下，量子计算机相关技术的发展是全世界最感兴趣和备受关注的。量子计算机能够在很短的时间内回答传统计算机不擅长的组合问题，这样的优势和特性可用于药物发现、化学键的模拟和社会问题解决方案的优化等众多领域，如交通拥堵的疏导和缓解等。目前，量子计算机与传统计算机相比有明显的优势，其不擅长的领域也已经清晰，因此，面向未来的多功能性量子计算机的开发也正在进行中。

量子计算机的计算速度也威胁着传统数字密码学的安全。正是由于这种基于传统数字密码学的密码体系的安全保障，使得全球范围内不同地域基于计算机的通信方案是安全可信的，即使使用超级计算机，也无法在现实的时间内将其破解。然而，一旦量子计算机得到完善，基于传统数字密码学的密码体系就有可能在短时间内遭到破解。

为了防止这种情况的发生，我们需要为针对量子计算的性能创建一套新的"量子计算机专用密码体系"，这项工作目前也已经在进行中。人们认为，目前广泛使用的基于传统数字密码学的密码体系的安全性将无法持续维持，到 2030 年左右将变得不再安全。到那时，一个可用的量子计算机可能已经准备就绪，因此迫切需要耐量子计算机的密码体系[⊖]。目前，耐量子计算机的密码体系的标准化工作正在加速进行中。

目前，以量子技术为基础的计算机通信也在不断研究之中，以实现计算机之间的量子通信。这项被称为量子密码学的技术利用了量子的特性，在通信过程中无法被窃听或篡改，因而有着终极的安全性。目前的互联网、无线通信和非专用线路的有线通信，在通信过程中存在着通信内容被截获或被篡改的风险，因此需要对重要信息和资料等进行加密，以防止信息的窃听或篡改，保护信息的安全。

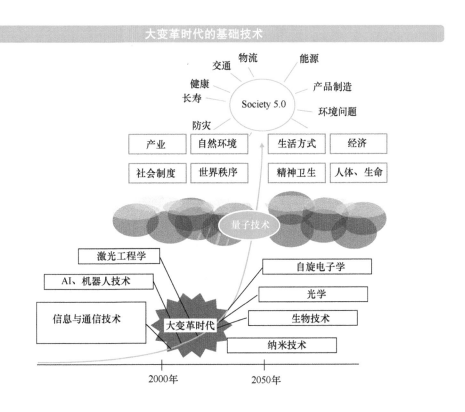

然而，在量子通信中，用于加密、解密的密钥也是通过量子通信进行传送的。这个量子密钥也可以被窃听，但由于在被窃听时密钥本

⊖　耐量子计算机的密码体系，是指一种即使使用量子计算机也难以破解的密码体系。

身的信息会发生变化，因此可以通过检查密钥信息是否发生了变化来检测是否有窃听行为的发生。这种机制意味着当密钥传送过程中发生了窃听时，可以继续进行新的密钥传送，直到一个没有被窃听的密钥被传到目的地为止。实际上，除了以上所述外，这种被称为量子技术的科学技术还有着很多的用途。

科学技术带来的大变革时代也将给我们的社会带来重大变化。由于人工智能技术的进展，目前的一些传统职业将大幅减少，这一预测已经成为现实。

什么是量子，位于何处，以及我们如何进行理解

量子是一个非常小的物质单位（当被视为粒子时）和一个能量单位（当被视为波时），它有两种不同的属性——粒子和波——并且有时看起来像粒子，有时像波。因此，一个量子有两种属性：作为一个粒子（类似粒子）和作为一个波（类似波）。

量子是具有粒子和波这两种不同性质的微小物质单位，有时看起来像粒子，有时又像波（当被看作粒子时）和能量（当被看作波时）的集合。因此，量子具有两种性质，作为粒子的性质（粒子性）和作为波的性质（波动性），即量子的波粒二象性。

▶▶ 量子行为

在本书中，将人们通常认为奇异的量子性质称为量子特性，科学地研究量子特性的学科是量子力学。在量子力学中，量子状态可以通过一组波动方程来求解，最终被表示为波动函数。

除了电子和光子之外，原子、离子和纳米晶体等也能表现出量子的特性。但无论是哪种类型的对象，量子特性只会出现在非常小的粒子中。原子的大小大约为 0.1nm，因此为了制造利用量子特性的器件，需要具有纳米级精度的加工技术和测量技术。

现在，爱因斯坦因其相对论而举世闻名，相对论也可以说是尽人皆知的理论，并且因为提出了关于光量子的假说，爱因斯坦获得了诺贝尔物理学奖。为了了解量子的概念，在此介绍一个关于这个光量子假说的故事。

我们现在知道，光也具有类似于粒子的特性。也就是说，光既是一种粒子（称为光子），又是一种波。但这些关于光的量子特性，在

最初提出来时并没有得到大多数人的接受。

牛顿在看到阳光在其阴影边缘处具有明显分离的界线时，认为光是一种粒子。另一方面，与牛顿同时代的克里斯蒂安·惠更斯（Christian Huygens）解释了光是如何折射和反射的，他假设光是一种波。在牛顿和惠更斯之后约 100 年，光的波长被托马斯·杨通过试验计算出来。在这里，似乎已经解决了光是一种波的问题。

19 世纪末，年轻的爱因斯坦在瑞士苏黎世的专利局工作，他发表了一篇关于光电效应的论文。光电效应是德国的威廉·哈瓦克斯等人发现的一种物理现象，当紫外光照射到锌板上时，电子会从锌板的表面飞出。通过光电效应的电子发射，揭示了以下情况：

1）如果没有一定频率的光的照射，则不会发生光电效应。

2）当照射光的强度增大时，会有更多的电子射出，但对于单一电子来说，其动能是保持不变的。

3）在仅改变照射光频率的情况下进行光电效应试验，发现射出电子的动能会发生变化，但射出电子的数量不变。

如何解释这样的光电效应试验结果呢？首先可以合理地认为，照射到金属板表面的光的能量会增加金属中电子的动能，从而导致电子从金属中逃逸而发生逸出。如果这样的解释成立的话，那么从金属中逃逸出来的电子的能量就必须与光的强度有关。

爱因斯坦的光量子假说把光的性质带回到了托马斯·杨试验之前的粒子性质。爱因斯坦认为：

• 光是具有一定能量状态的光子的集合，要使光的强度增加（在不改变其波长的情况下），就需要增加光子的数量。

• 如果要使光子的能量得到增强（在不改变光强度的情况下），则需要提高光子的振动频率。

爱因斯坦的这一光量子假说，是已知的马克斯·普朗克"能量子假说$^{\ominus}$"的思想在光（光子）上的延伸。

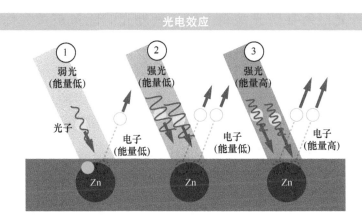

光电效应

①弱光
（能量低）

光子

电子
（能量低）

Zn

②强光
（能量低）

电子
（能量低）

Zn

③强光
（能量高）

电子
（能量高）

Zn

荧光现象

通过紫外光
激发产生

在金属的光电效应中，电子从金属内部逃逸而射出，但根据被照射物质的不同，有些材料也会发出光。如果把发光看作是具有量子特

$\ominus$　能量子假说认为辐射的能量是不连续的，只能得到 $E = h\nu$ 的整数倍的值。

性的光子的发射，就可以用与光电效应相同的方式来进行解释。

例如，当黑光灯发出的不可见光（紫外光）照射在荧光涂料上时，荧光涂料就会发光。但这并不意味着荧光涂料能进行紫外光的反射。当紫外光照射在荧光涂料上时，紫外光的能量被荧光涂料吸收，激活了荧光涂料中的电子，提高了其能级（激发态）。然而，这些处于激发态的电子会立即试图返回到它们原来的稳定能级（基态）。为了做到这一点，这些处于激发态的电子必须释放出额外的能量，释放出的能量则以光的形式发射出来。这就是荧光物质会发光的真正原因。

物质内部电子能够处于稳定状态的能级（基态的能量水平）是由构成物质的原子类型、结构组成和当前状态共同决定的。当从外部通过光子或电磁波等将能量传递给物质的内部电子时，这些电子的能级就会发生改变。由于电子所具有的能级是不连续的，不同能级之间存在着能级间隙，因此只有当电子被赋予一个高于其上方能级和下方能级之差的能量时，才能出现能级的跃迁。这就是红外光照射到荧光涂料上时，不会发生荧光现象的原因。物质中电子的能级转变也具有量子特性，为了控制发生能级转变电子的数量，有必要控制能量的注入，从而给予电子适当的能量。

量子技术

在日本，量子技术被定位为迈向"社会5.0"（Society 5.0）的最重要技术。Society 5.0的目标是通过技术进行社会生活的改造，使每个人都能过上比以往更幸福的生活。病毒、地震和台风、交通事故、癌症和白血病等，所有这些挑战都将有望通过量子技术加以解决。

▶▶ 新时代的第一技术

创新竞争以及技术高地的争夺正在国内外激烈进行，人们清楚地意识到最新的量子技术将完全改变人们的日常生活。自20世纪末以来，数字化浪潮一直在不断兴起，现在正随着全球经济的发展而被席卷前进，全球经济也正在随着数字化浪潮的推进而发生变化。然而，2020年所发生的公共卫生事件对于对瞬息万变的全球经济感到忧虑的现代人来说，彻底改变我们日常生活的并不是最新的量子计算机，也不是先进的量子点电视机，而是直径只有万分之一毫米的新型冠状病毒。人们相信可以进行这种病毒的预防，从而戴上了口罩，仔细地进行洗手操作。这种生活方式与数字革命或全球化毫无关系。

对于有血有肉的人类来说，什么样的技术是最重要的，又必须达到一个什么样的高度才能满足需求呢？在当今这样的现代社会，我们可以通过智能手机做任何想做的事情。然而，一种看不见、摸不着的原始生物（有些学者甚至不称其为生物）却让我们猝然失去正常的生活。这种不能自行繁殖，只能借助其他生物的身体才能实现增殖，通过酒精消毒可以消灭的简单物种影响了我们的日常生活。这意味着，我们仅拥有像智能手机这样的技术是远远不够的，我们必须推动科学技术的发展，使人类更加强大，更加聪明。

迄今为止，量子技术作为一种普遍应用的公共技术还没有得到足够的关注。虽然量子力学的理论自 20 世纪初以来一直在不断发展，但直到最近，我们才真正能够利用量子力学来进行新型材料的创新、新型设备的制造，利用量子技术建造传感器和相应的检测仪器，并将其用于计算和通信。因此，我们仍然还不真正清楚这是一个怎样的发展领域，以及我们利用量子技术究竟能够做些什么。

一种试图通过量子计算机进行分子结构的模拟和化学变化的研究属于量子技术的范畴。这项研究可能会导致利用量子计算机的新药发现，也将有可能通过量子计算机模拟出它们的成分构成和分子结构。量子技术在纳米技术领域也将是有用的，在该领域，可以通过量子技术进行药物分子的实际组装。

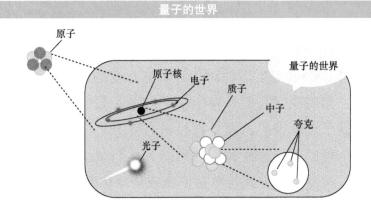

构成高度发达未来社会基础的各种技术都将从量子技术中诞生。高转换效率的太阳能电池和小型大容量可充电电池将进一步提升智能手机的性能。量子点纳米探针和量子模拟将使先进的医学和医疗保健以及个性化药物的创建成为可能。随着自旋电子学的发展，也将发明创造出超小型的节能电子器件。

即使量子技术能够为社会的便利、安心和安全保障做出贡献，我们是否能够通过量子技术预测、预防或终止突然发生的意外灾害呢？

这也将拭目以待。

接下来的 20 年左右，我们可能会看到量子技术将有什么样的应用，以及使用量子技术能够进行哪些发明和创造，这将是一个非常令人兴奋的阶段。

在本书的撰写过程中，我们查阅了日本国内外的量子技术文献资料，全面收集了量子技术的知识和动向。在本书中，对量子技术的定义是"利用量子特性的技术，以及围绕量子特性的技术的集合"。

本书不仅提供了日本处于世界领先地位的量子技术领域的鸟瞰图，而且还提供了量子技术和相关周边技术的鸟瞰图，这些技术在《综合创新战略 2020》中被定位为"应在战略上进行推进的基础技术"。

除了量子信息技术、量子传感器技术等之外，本书还介绍了关于量子束的应用，包括以阿秒脉冲激光器为代表的先进量子技术，以及许多量子塑料已成为制造业和最新医疗领域的重要技术要素等。

如果从科学上对量子技术进行分类，则量子具有以下三个特性。

- 既是波又是粒子的特性（波动性和粒子性）。
- 一个量子的状态在观察到该量子之前是不确定的特性（量子叠加）。
- 量子之间可以保持与距离无关的关系的特性（量子纠缠）。

通过以上任何一种特性的应用，或者多种特性结合产生的技术被称为量子技术。量子的这些特性大多是在 20 世纪研究出来的，并通过量子技术的发展，最终成为可用的量子技术。在量子技术领域中，仍有很多未知的东西，或者无法理解的东西。因此，可能会突然有新的发现和对以前理论的改写。这就是为什么这个领域具有很大的潜力。

仅仅在量子计算机领域，它们就有可能比使用传统方法的计算机在计算能力上高出数亿倍。这样一来，可能会使迄今为止所普遍使用的计算机加密技术失去作用。量子技术预计将给我们的社会带来许多大大小小的改变。

量子技术的应用领域

一些量子技术有可能解决当今社会面临的一些挑战。如果在量子点和钻石 NV 中心的制造方法上取得突破，或者会出现基于量子技术的杀手级应用[⊖]，基于量子技术的产品也可能会很快被社会接受和认可。

▶▶ 量子计算机

利用量子特性，我们可以制造出超高速的计算机。从我们的角度来看，量子世界似乎非常奇特，这是因为我们所处的世界在规模上比能够表现出量子特性的纳米世界大 100 亿倍。一个量子既是一个粒子，也是一个波。每个量子都有一个固定的能量，用一种被称为量子数的单位来表示。对于量子特性，其中最不寻常的是它的状态在被观察到之前是无法确定的。

假设一个量子具有"0"和"1"两种状态，则可以说在被观察到之前，它既是"0"也是"1"，是"0"和"1"以某种概率混合存在的状态。然而，即使是这种"0"和"1"的混合存在的量子状态，在观察到的那一刻，就可以确定它的状态是"0"还是"1"。这种奇怪的量子特性在量子论中经常被引用为"薛定谔的猫"这一悖论。

即使一个量子在被观察时处于"0"的状态，也不能说它在被观察之前也处于"0"的状态。这就是由德国海森堡发现的量子性质之一，并称其为不确定性原理。目前量子理论的"哥本哈根解释[⊖]"指出，一个量子可以同时存在有多个状态，并且可通过观察将量子的状态确定为多个状态中的一个状态。因此，在进行量子状态的观察之前，

⊖ 杀手级应用，是指在发展和普及中发挥重要作用的应用技术，如关键软件、硬件技术等。
⊖ 哥本哈根解释，是量子力学的解释，它不是以不同状态的叠加来表示量子的状态，取而代之的是不确定性原理。

我们只能概率性地预测其状态。

量子计算机利用了量子的这种特性，并在进行量子状态的观察之前，进行量子计算机的计算操作。

量子计算机可以在计算过程中对各种不同的模式进行并行处理。这意味着量子计算机的计算过程可能比目前的传统计算机快得多，其计算过程可以以更高的速度完成。特别是，当涉及复杂的大规模组合问题时，量子计算机具有压倒性的优势，而目前的传统计算机在这方面并不擅长。

目前，关于量子计算机的研究工作正在世界各地进行和开展。特别是在美国，其研究工作处于全球领先的位置，美国的 IT 巨头（如 IBM 公司、Google 公司、微软公司）正在积极进行量子计算机的研究和开发。这是因为他们相信，量子计算机可以显示出远远超过当前传统计算机的性能。这些公司的研究人员曾经表示，在特殊问题的计算处理上，量子计算机已经超越了当前传统计算机的计算模式。

事实上，目前正处于试验阶段的量子计算机已经发现了一些挑战，这与量子计算机中出现的计算错误有关。在量子计算机中，由于"0"和"1"是处在模糊的量子状态下的，所以会出现某种重复的计算。由于"0"和"1"的量子态本身只是一个非常细微的差异，因此来自内部和外部的噪声会导致量子态的错误。目前，即使是 Google 公司的量子计算机，据说也是目前错误率最低的量子计算机，在一个普通的组合问题上，其计算结果的正确率也只有 0.2%。因此，如何为量子计算机添加纠错机制是目前最大的挑战。

预计仍需要 20 年左右的时间，才能将量子计算机制造成像目前的传统计算机那样用于普通用途和通常的情景类型，成为通用型量子计算机。或者将其缩小到足够小的体积，以便能够将量子计算机应用于普通的家庭之中。

在组合问题的优化中，即使存在错误率高的问题，但是量子计算机依然能够用于实际问题的求解，这一情况也得到了证明。例如，能够用于缓解城市交通拥堵的量子计算机，虽然会出现错误结果的情况，但只要能够起到缓解拥堵的作用，似乎也是值得利用的。因此，作为可用于解决有限数量组合问题的量子计算机，备受关注的是省略了错误校正功能的无纠错量子计算机（Noisy Intermediate Scale Quantum, NISQ）。目前，当务之急是找出可以适用于这种无纠错量子计算机处理的问题或应用领域，以及如何对其进行实际编程。同时，与此相适应的外围技术的开发也正在进行中。

▶▶ 量子通信和量子加密

用于信息通信的介质有光纤和无线通信等，但量子通信是以量子作为信息载体，并通过量子的传输实现信息的接收和发送。一种可行的量子通信方式，是以光子作为信息载体，通过光纤进行光子的传送，也可以将光子发送到近地轨道上的量子卫星进行量子卫星通信。在以光子作为信息载体的量子通信中，将光输出缩小到 1 个光子程度的脉冲光，实现以光子为单位的量子通信。为了实现信息的承载，可以使得该光子发生偏振，成为纵波和横波的量子比特。也可以通过光子相位的偏移来进行量子比特的创建，从而实现信息的承载。以这样的方式处理过的光子通过光纤等介质进行传送，在接收方接收后，可通过读取该量子比特的状态来解读相关信息。

这种使用量子态的量子进行通信的最大问题在于，由于来自其他噪声的干扰，实现信息承载的量子无法在长距离内保持稳定的量子态。在目前的技术条件下，最多只能达到 200km 的极限。在通过电信号进行信息通信的情况下，电信号可以通过通信线路中的电子设备进行放大，并通过中继设备实现远距离的传输。但由于量子的性质，类似的量子中继目前还不能实现。因此，目前正在研究利用量子中继技术来扩展量子通信距离。如上所述，量子通信中的量子状态是非常微妙的，轻微的外部刺激就能破坏量子状态的维持。然而，如果量子的状态可以按预期进行改变，则可以将其应用于量子计算，这就是使用多节点量子网络的量子计算。

对于当前正在应用的主流加密方案，当量子计算机能够正式发挥作用时，这样的加密方案有可能被轻易攻破。为此，针对量子计算机的这种特性，人们已经在考虑进行新型加密体系的构建，以应对将要出现的密码危机。另一种正在吸引研究人员注意力的加密方法是使用量子技术进行的加密。

为了实现量子加密通信，需要使用通过量子技术进行的通信加密方法。其中的一种方法是，将用于加密、解密的密钥加载到一个光子上，并将该光子发送给通信的另一方。在这样的方法中，窃听是不可能的，因为如果光子在窃听过程中被取出，其承载的密钥信息就会被破坏。另一种方法是使用量子纠缠的加密方法，这也是一种不可能被窃听的量子加密方法。

在美国，由于对军事应用的预期，量子加密通信的发展势头越来越猛。目前，包括日本在内的一些国家也已成功地利用量子卫星进行加密通信试验。然而，使用地面光纤进行长距离量子加密通信可能还需要一段时间才能完成。

由于信息安全的实际需要，通过量子加密方法进行的量子加密通信正在被广泛期待，期待早日实现实际运行。关于目前常用的加密方案将被量子计算机突破的预测，也导致了金融市场对加快量子加密通信的发展的渴求。

▶▶ 量子束

量子特性是纳米尺寸的物质中所表现出的独特性质。为了控制这种非常小的物质粒子，我们使用了微波和光子等，但也使用具有统一的、一致光特性的激光。激光本身也是由量子特性产生的光。

目前，通过激光应用制作的激光加工设备已经广泛应用于工业产品的制造现场。之所以会有这样的广泛应用，是因为这样的激光加工设备在计算机的控制下，能够自动、快速地进行精密加工操作。

通过激光加工可以方便地实现加工的自动化,这是使制造业更高效、更智能的不可或缺的技术。目前正在进行研究和开发的被称为赛博物理系统(Cyber-Physical System,CPS)的激光加工系统,预计将在未来十年左右得以完成。

除了可见光范围的激光外,各种能量的量子束的研究也在进行中。其中,用于生物医学的量子束技术正受到人们的特别关注,例如使用 X 射线的肺部和口腔成像等已经普及。此外,在癌症和其他疾病的放射治疗中,也使用了中子射线和质子射线这样的量子束技术。

ALFA 科学研究院的主页

包括日本在内的许多国家已经由国家出资建造了量子束设施,这些设施配备了被称为同步加速器的巨大粒子加速器。这些粒子加速器能够产生极其强大的辐射线,将这样的辐射线对企业开放,可用于企业的产品开发和分析。

极简图解量子技术基本原理

量子传感和量子成像

　　纳米级颗粒行为的研究需要使用纳米级的传感器来进行。人造纳米粒子，如量子点或钻石 NV 中心等可以通过外部光子或微波等粒子的照射，并读取出射粒子中的信息，以此将其作为传感器使用。量子传感器使纳米级物质信息的获取成为可能，从而使我们能够发现分子和原子是如何运动的，化学反应的过程是如何发生的，以及这些反应物的结构是什么样的。

　　量子技术正被应用于一种光学晶体时钟的开发，这种光学晶体时钟的精度比以往最先进的时钟还要高 1000 倍。虽然这样的时间精度在日常生活中是不必要的，但这样的高精度光学晶体时钟可以作为传感器使用。由于地球上的时钟运行会略微受到重力加速度的影响，从而影响到时钟的计时精度，因而可以通过这个极短时间间隔的时间偏差，进行重力加速度的测量。重力加速度的差异不仅取决于高度的差异，同时也取决于地下的物质结构，因此也可以将重力加速度的精确测量用于地下资源的探寻。

　　对于生命科学来说，生物体内蛋白质分子运动的观察具有非常重要的意义。在光学显微镜下，通过可见光我们根本看不到比纳米粒子更小的分子和原子。因此，截至目前虽然已经开发出了一些技术来尝试捕捉蛋白质的运动信息，但起初我们通过在特定的蛋白质分子上添加荧光物质使其发光，以此来观察蛋白质分子的位置和运动情况。这种观察方法被称为量子成像。

　　随后，开发出了小到具有量子特性的荧光物质（量子点），并将作为荧光标记（荧光探针），用于分子等微观物质的观察。

　　由于量子点可以用人工的方式制造出来，因此可以按照需要实现任意波长荧光的发射。由于这个原因，量子点也被用于其他非细胞或蛋白质分子探测目的的用途。例如，使用量子点的电视机和显示器已经问世。

▶▶ 量子材料

使用具有量子特性的粒子作为材料，有可能创造出以前从未有过的设备和产品。除了上述已经介绍的使用量子点的显示器外，农业用薄膜等其他产品也正在开发之中。此外，为了提高用于太阳能发电的太阳能电池的转换效率，目前还尝试使用量子点和其他量子半导体粒子来提高其能量转换效率。

电子是一个具有被称为自旋特性的量子，电子的这种自旋会产生一个磁场。将这种自旋的特性与电子学相结合的新领域"自旋电子学"已经诞生，并正在迅速发展。这是一个非常令人兴奋的领域，也是一个我非常期待看到未来会有什么发现的领域。例如，有一种技术是利用磁场的变化，通过将磁场与电场相结合来进行信息的传输。如果将其投入实际应用，将实现不使用电力的信息通信。此外，如果这种电子的自旋容易被传输，就不一定要有电力传输的属性，所以可能会诞生一个与以往不同的通信网络。

▼太阳能电池板

提高能量转换效率的关键是量子技术

随着对二氧化碳排放的规定越来越严格，人们将目光转向了太阳能发电，并且对其兴趣越来越高。此外，随着向可再生能源过渡的必要性及这种要求和呼声的高涨，当前也需要对太阳能电池进行改进，以推出更高效的太阳能电池。量子技术也可以在这个领域发挥作用。在未来，能量转换效率超过 60%或更高的太阳能电池可能会普及并成为太阳能发电领域的主流产品。

第 2 章

量子信息处理、
量子加密通信

　　预计将对现代社会产生重大影响的技术是量子技术的最新发展，尤其是量子信息处理技术。量子计算机将远远超过当前计算机的性能。此外，量子技术也将给加密通信带来决定性的变化。

利用量子特性的技术

从一般的科学常识来看，量子所具有的特性似乎非常奇异，但在一个非常微观的世界中，量子理论才是支配性的规则（法则）。量子世界是一个非常微观的世界，大约是纳米大小的尺度，1nm 是 1m 的 10 亿分之一，而一个原子的大小约为 0.1nm，所以量子所具有的特性是由相对较小的分子和原子，甚至更小的原子核和电子引起的量子世界的物理现象 ⊖。

▶▶ 量子性质

"微观世界的微小粒子表现出量子特性"，本书的目的就是以此为基础概述量子技术的全貌，介绍这种"量子特性"在科学技术中应用所诞生的量子技术最新发展，以及量子技术的最新应用。那么，本书所介绍的量子技术中使用的"量子特性"到底是怎样的呢？

- 粒子和波的双重性。
- 与光有关的量子性质。
- 量子波动和量子纠缠。
- 与磁有关的量子性质。
- 与电有关的量子性质。

粒子和波的双重性质是推动量子力学发展的历史性发现。德国物理学家马克斯·普朗克提出了将光的能量水平（能级）视为不连续的物理观点，并将其称为量子。爱因斯坦在普朗克的量子假说的基础上提出了光量子假说，他后来也因这一成就获得了诺贝尔奖。在此前很长的一个时期内，物理学一直假定光是由一个一个能量恒定的微小粒

⊖ 2020 年，美国天体物理学家纳尔吉斯·马瓦尔伯等人表示，由于电子的波动，使得重达 40kg 的镜子产生了微小的位移。

子（光子）构成的，并试图通过这样的假设来解释各种物理现象。后来，关于量子力学的争论（例如爱因斯坦和玻尔的争论等）席卷了全世界的科学家，经过一个相当时期的讨论，现在人们普遍认为量子具有粒子和波的双重性质。

为了解释量子的这种粒子和波的双重性质，经常出现的是一个被称为双缝穿越的试验，即双缝试验。从一个脉冲电子枪中一次发射一个电子到一个具有两个狭窄缝隙的挡板，然后在该挡板后面测量通过狭缝的电子，以此来解释量子的二重性。

首先从电子枪中，一个接一个地进行电子的逐个发射，使其通过位于前方挡板的双缝，并在挡板后方用感光板进行电子的捕捉。结果发现，一个电子的发射会在感光板上记录下被一个电子击中的痕迹。这表明电子表现为粒子的性质。

然后，继续进行这个试验。通过双缝试验发现，随着大量的电子穿过前方挡板的双缝，结果在挡板后方观察到的是由于波的干涉效应出现的条纹。如果电子只具有粒子性质的话，那么这种波的干涉效应条纹则是不可能出现的。双缝试验中这种干涉条纹的出现，表明电子以波的形式同时通过了左右两侧的狭缝。基于此现象可以表明，像光子和电子这样的微小粒子被描述为具有通过左右狭缝的叠加可能性。从而可以进一步认为，当电子通过双缝的时候是波，撞击到感光板时就变成了粒子。实际上，不仅仅是电子，所有具有量子特性的微小粒子都同时具有粒子的性质和波的性质。这就是我们经常提到的量子的波粒二象性。

爱因斯坦在光量子假说中提出，一个振动频率为 ν 的光子，其所具有的能量可以由以下的公式来表示。其中，h 为普朗克常数。普朗克常数的值大约为 6.63×10^{-34} J·s。

$$E = h\nu$$

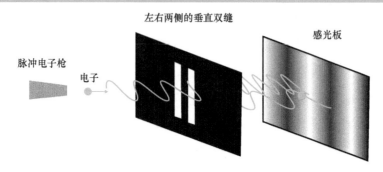

左右两侧的垂直双缝

感光板

脉冲电子枪

电子

　　而且，当具有这种能量的光子撞击金属表面时，光子的能量会被金属的原子吸收，从而出现光电子的逸出。

　　当具有一定能量的光照射在荧光物质上时，荧光物质中的电子会吸收光的能量，从而使得吸收到能量的电子过渡到一个更高能量水平的能级（激发态）。但处于该能量水平（激发态）的电子不能保持稳定状态，且会很快返回到基本能量水平的基态。此时，就会发生荧光发射的现象。基于这一发光原理的荧光探针等，被用于生命科学等领域的科学研究。

　　此外，当暴露在阳光或其他光谱辐射下时，某些材料只吸收激发电子所需的特定波长的光波，并因此发射出特定波长的光。利用这一特性，目前已经制造出了植物温室所需要的薄膜，并已经实现了商业化应用。

　　除了制造业和医疗领域之外，量子技术也已经被应用于各种激光器中，例如 CD 和 DVD 等各种应用场景作为光源的激光器。

　　量子的能量波动是量子世界的一种固有现象，即一个量子的能量水平在很短的时间内不能保持稳定，能量状态出现"波动"的现象。现如今，正在研究量子退火算法，并将其应用于量子计算机的实际应用。

　　量子纠缠是指成对的两个量子之间，其状态发生了关联的现象。

目前已经成为众所周知的共识是，当处于量子纠缠状态下的两个量子在空间上分离时，如果对其中一个量子的状态进行测量，则会瞬间影响另一个量子的状态。同时，人们也普遍认为，可以将这种量子纠缠现象应用于量子计算机和量子通信，甚至电子对发生器等应用中。

电子具有一种被称为自旋的量子特性，并且电子的这种自旋还会导致磁场的产生。近年来，关于电子的这种自旋的基础研究进展迅速，并发展出自旋电子学的新型研究领域。自旋电子学以自旋磁场和电子原有电荷的融合为研究对象，人们对基于自旋电子学的新设备的开发和能量输送寄予了厚望。

除以上所述之外，由量子特性引起的物理现象不仅发生在微小尺度的微观世界中，甚至也会发生在常规尺度的生物体中。目前很少有研究将量子特性直接应用于可见尺度的现实世界中，但是我们仍然期待着未来会有这样的研究成果的出现。

▶▶ 量子特有的性质

电子和光子等微小粒子的运动规律及相关物理定律均受到量子力学支配，遵从量子力学的基本原理。在这里，我们将电子和光子等微小粒子的量子力学性质统称为量子（quantum）特性。

量子可能会表现出与牛顿力学和相对论不同的特有性质，量子技术也正是利用了这种量子特有性质而构成的相关技术。

作为量子的电子还具有一种被称为自旋的特性，并且电子的这种自旋也被发现具有不同的旋转方向。通常，电子的自旋具有顺时针旋转或逆时针旋转两种不同的形式，分别对应于向上或向下的不同极性。这种自旋具有理论上确定的量子数。一般情况下，极性向上的自旋对应于"1/2"的量子数，极性向下的自旋对应于"−1/2"的量子数，并且自旋是与物质的磁性有很大关系的量子性质。

作为量子的电子和光子等，具有一些与现实世界的情况完全不同的量子性质。其中最基本的性质是电子和光子"既是粒子又是波"的特性。换句话说，量子作为波的状态，应该随机地存在于不同的位置，但在对其进行观察的那一刻，波的状态则坍缩为粒子的状态。这种性质被称为量子的不确定性原理。

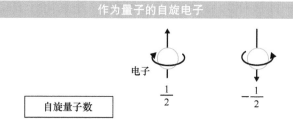

作为量子的自旋电子

电子

自旋量子数

$\dfrac{1}{2}$ $-\dfrac{1}{2}$

对于当前的电子计算机而言，电子计算机是利用电路中电压的高、低等与电相关的物理量来表示"1"和"0"这两个不同的位状态的。为了区别传统计算机和本书所涉及的量子计算机，在本书中将当前正在使用的计算机称为传统计算机。传统计算机对"0"和"1"的状态进行了明确区分，并通过特殊的电路将这些电信号结合起来，以进行高速的计算。

与此不同的是，量子计算机则是使用量子性质实现的自动计算。由前面的介绍可知，作为量子的电子的自旋也具有两种不同的自旋状态，如果将这两种不同的自旋状态分别用来表示二进制位状态的"0"和"1"，则可以像传统计算机那样，实现一台基于量子性质的二进制数字计算机。

传统计算机和量子计算机之间有明显的区别。在传统计算机中，一个二进制位的两个不同状态是根据电路中电压的不同来进行判断的。如果仅仅是将这种电压不同的判断转变为量子状态的不同来进行表示，经过这种简单转变的传统计算机还不能被称为量子计算机。量子计算机不仅采用不同的量子状态来表示不同的二进制位的两个不同状态，还能够很好地利用量子叠加和量子纠缠这样的量子特有性质。

量子的基本性质是"在进行量子状态的观察之前，具有波的一般性质"。例如，在上述所介绍的电子通过位于其前方挡板上的两个狭缝的双缝试验中，电子通过位于其前方挡板上的两个狭缝，然后再投射到挡板后方的感光板上。大量电子在狭缝中通过，整体的表现行为是电子会同时经过左右两个狭缝，并在照射到感光板上时，并在某一特定的位置汇聚。电子这种同时穿过两条狭缝的量子性质被称为量子叠加。如果将通过两条狭缝的电子的状态定义为，通过左侧狭缝的量子状态为"0"，通过右侧狭缝的量子状态为"1"，那么在观察到量子的状态之前，量子一直处于"0"和"1"的叠加状态。

量子计算机充分地利用了这一独特的量子特性。在传统计算机中，"0"和"1"是两个确定的二进制位状态，并通过这两个确定的位状态进行计算。但在量子计算机中，通过"0"和"1"这两个不同量子状态的量子态叠加，无法确定该二进制位的确切状态。量子计算机中这种模糊状态的二进制位被称为量子位或量子比特。如果可以同时使用多个这样的量子比特，那么这种模糊不清的"0"和"1"的量子态叠加态的数量就会呈现出指数级的增长。例如，如果是 2 个量子比特的情况，则这种量子态叠加态的数量即有 $2^2 = 4$ 种组合；如果是 10 个量子比特的情况，则这种量子态叠加态的数量即有 $2^{10} = 1024$ 种可能的组合。这意味着，一台 10 个量子比特的量子计算机在任何时候都可以有 1024 种不同的量子状态。

为了在量子计算机上进行量子计算，就必须能够有意识地进行量子状态的改变。量子纠缠的量子特性便被用于这一目的的实现。如果两个量子被置于量子纠缠的状态，那么这两个量子之间就产生了某种关系。处于量子纠缠关系中的两个量子，根据每个量子的基本性质，在被观察到之前，均处于"0"和"1"的量子叠加状态。但是，当其中的一个量子被观察到时，另一个量子的状态就会在观察的那一瞬间坍缩。

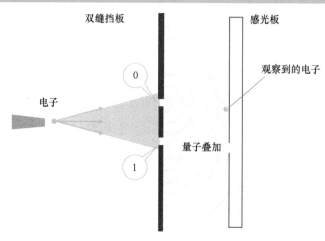

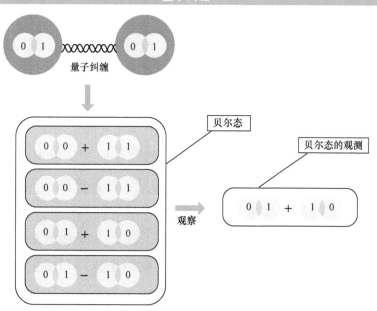

利用这一性质的量子计算机，可以将由多个量子比特组成的"0"和"1"的状态整合成一个量子纠缠的状态。当量子纠缠能够被适当控制时，过程的处理和计算可以在处于纠缠状态的量子比特上进行。这意味着，同一类型的计算和处理可以同时在非常多的量子比特上同时进行，通过一次同一类型计算和处理的执行来完成。量子计算机的计算原理是，通过多个量子比特量子态的叠加进行多个量子状态的存储，从而实现多个进程的并行处理，并通过量子纠缠在极限状态下进行这样的多个进程的并行处理和计算。除此之外，在量子计算机中，每个量子都有自己的量子状态，当这些量子纠缠在一起时，由多个量子构成的整体就会呈现出一个状态。也就是说，处于量子纠缠状态的多个量子代表一个整体状态，通过提取和观察任何一个量子的状态，就可以确定其他量子的状态。量子传输就是利用了这一特性进行的量子通信方式。另外，在一些量子计算机中，也有利用量子传输来进行计算的方式。

专栏

量子态叠加和超级并行处理

量子计算机在计算速度方面远远超过了传统计算机，这是因为量子计算机能够通过量子叠加的方式进行大规模的超级并行计算，并将结果存储在一起。

作为传统计算机的商用 PC 和 Mac 计算机，也能够在桌面上同时打开多个应用程序。虽然这看起来也像是在进行同时处理，似乎也是一种并行处理的方式。然而，在大多数情况下，这并不是一种真正意义上的并行处理方式，只是这些多个应用程序以很短的时间间隔进行的轮流执行而已，从而看起来是同时进行处理的样子。超级计算机的处理方式也与 PC 的这种处理相同，因此，在解决规模庞大的组合问题时，尽管处理的过程是相同的，只是处理的数据不同而已，传统计算机也需要将这些处理过程逐个地在每一个数据上一一进行。

与此不同的是，量子计算机可以同时进行这种"数据不同，过程相同"的处理。例如，如果有 2 个量子比特，它们分别处于"0"和"1"的量子态叠加状态，并且相互之间处于量子纠缠的状态，因此整体上的量子叠加是"00""01""10""11"四种状态的量子态叠加状态。随着量子比特数量的增加，这样的量子叠加态的数量也会呈指数级增长。由于谷歌的量子计算机

第 2 章　量子信息处理、量子加密通信

Sycamore 共有 53 个量子比特，如果进行同样的运算，则可以同时存储 2^{53} 个不同的模式。由此可以看出，在一台量子计算机上可以同时有如此巨大数量的操作模式。

因此，如果对其中任何一种运算模式执行处理的话，其他的运算模式也会同时执行同样的处理。这就是与传统计算机的并行处理相比，量子计算机能够进行"超级并行处理"的原因。

量子传输

量子传输这一术语是将量子力学中的"量子"和科幻小说中的物体传送机器所进行的"传输"结合在一起所形成的一个概念。按照这一概念的本意，是预想通过量子的远程瞬间转移，实现物体"超时空传输"的转移和输送。这一术语给人的印象是量子可以瞬间移动到遥远的地方，从而可以用于现实世界的物质转移。但实际情况并非如此，在量子传输中，传送的不是物质或能量本身，而是量子所承载的信息。

▶▶ 量子传输的故事

1998年，古泽明等人成功地完成了世界上首次量子隐形传态（量子传输）的试验。这个试验的成功打开了通向量子通信和量子计算机的技术之门。

对于在此所说的通过量子隐形传态进行的量子传输的故事，有如下一些说明。故事的主角为爱丽丝和鲍勃，爱丽丝想通过量子隐形传态的量子传输方式向鲍勃进行信息的传送。实际的传输过程如下。

首先，爱丽丝持有一个承载了待发送信息的量子比特，在此假设该量子比特为"ψ_1"。其次，将另一个量子比特"ψ_2"的量子状态初始化为"$|0\rangle$"并使其处于量子叠加状态，即"$|0\rangle$"或"$|1\rangle$"的量子叠加态。此外，再创建另一个量子比特"ψ_3"，并使其与"ψ_2"处于量子纠缠的状态。

在这里，量子叠加是一个量子特有的状态，它既可以是量子状态"0"，也可以是量子状态"1"，为"0"的概率和为"1"的概率各占一半。另外，所谓量子纠缠或纠缠，是指两个以上粒子的量子状态相互关联的状态。一旦形成了"量子纠缠"的两个粒子被分开，即使将它们分别放在相距遥远的不同地方，当其中一个粒子的量子状态发生改变时，另一个粒子的量子状态也会随之改变。以此，当我们知道其中一个粒子的量子状态时，这些信息也会立即传递给另一个，这一点已经得到了证实。曾经，爱因斯坦和另外两位科学家（鲍里斯·博德尔斯基和内森·罗森）联名反对量子纠缠的学说，他们认为具有量子纠缠的粒子能够以比光速更快的速度进行信息的传递，与相对论相矛盾。

让我们回到量子传送的问题。在两个处于量子纠缠状态的粒子"ψ_2"和"ψ_3"中，爱丽丝持有粒子"ψ_2"，而粒子"ψ_3"是给鲍勃的。另外，假设鲍勃和爱丽丝相距很遥远，比如可以设想爱丽丝在东京，而鲍勃在纽约。对于粒子"ψ_2"和"ψ_3"，可以将其想象成被一条无形的线束缚在一起，看起来似乎有着同样的命运。这是因为粒子"ψ_2"和"ψ_3"之间存在着量子纠缠的关系，并且正是由于这种量子纠缠的关系，使得对其中一个粒子状态的观察不可避免地决定了另一个粒子的状态。

在这里，爱丽丝以一种特殊的方式将她拥有的承载了发送信息的粒子"ψ_1"与粒子"ψ_2"处于量子纠缠状态。同时，爱丽丝通过粒子"ψ_1"与粒子"ψ_2"量子状态的比对，并通过比对结果给出粒子"ψ_1"与粒子"ψ_2"的量子状态关系。然后，爱丽丝通过专线、电话、旗语信号或其他任何直接的通信方式（"传统信道"）将这些比对结果以消息的形式向鲍勃发送。爱丽丝发送给鲍勃的消息内容是关于粒子"ψ_3"的处理方法，以此告诉鲍勃是直接查看粒子"ψ_3"的原貌，还是应该在做某些与爱丽丝进行的同样操作之后再来查看粒子"ψ_3"的状态。

事实上，在此被爱丽丝实际传送给鲍勃的只有粒子"ψ_3"，也就是处于量子纠缠状态的两个粒子中的另一个。并且，爱丽丝只有在对粒子"ψ_1"进行观察时才能决定该粒子的信息状态，而这个信息状态又决定了粒子"ψ_3"的状态。这是一个一直困扰着爱因斯坦和他同事

极简图解量子技术基本原理

们的量子属性问题。量子所拥有的信息在量子被观察之前只是处于一种量子的叠加状态，其具体的状态只有通过观察才能确定。因此只有当爱丽丝观察到量子的状态时，她才能同时确定鲍勃所拥有的量子的状态。这也正是将这种量子传输称为量子隐形传态的原因。实际上，这样的量子传输并没有粒子的转移，只有信息的瞬间转移（或许说信息被复制会更准确）。

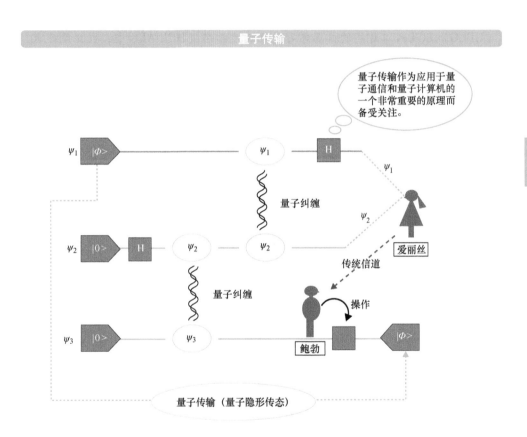

量子传输

量子传输作为应用于量子通信和量子计算机的一个非常重要的原理而备受关注。

量子纠缠

量子纠缠

传统信道

操作

爱丽丝

鲍勃

量子传输（量子隐形传态）

此外，正如我们现在所知道的那样，量子传输并不是无论在多远的地方都能进行量子状态的瞬间传递，而是需要通信方通过专线、电话等传统信道向通信的另一方告知自己对量子比特所施加的操作方法。因此，由于传统信道信息传送过程的存在，使得通过量子传输实现的信息传递不可能瞬间完成。无论距离多远，量子传输实现的信息传递都不可能超过传统信道的传输速度。

富岳

2020 年 6 月，日本的富岳超级计算机在超级计算机排行榜 "TOP 500" 中夺取了世界第一的宝座。同时，在使用应用程序时的处理速度排名（HPCG）以及人工智能的机器学习处理速度排名（HPL-AI）中，也证明了其领先优势。

富岳的硬件是将 152064 个节点（每个节点都是 CPU 和 32GB 内存的组合）分布在 396 个机箱中。

此外，富岳的功耗性能方面在世界超级计算机中也排名第一。也就是说，它可以进行效率最高、速度最快的计算。

富岳的超算单元

源自 Raysonho

量子计算机

Google 公司和 IBM 公司推出的量子计算机是一种基于超导电路方法的门控量子计算机，并通过云计算的方式为用户提供服务，用户需要按使用时间进行量子计算机的租用。这些量子计算机的目标并不是专门用于解决量子计算机所擅长的组合问题，而是希望成为与传统计算机具有相同通用性功能的通用计算机。

▶▶ 与现有计算机的不同之处

如今，计算机在各个应用领域都很活跃。公司办公室的笔记本电脑和台式计算机是业务中不可缺少的一部分，已经成为业务处理的必备工具。另外，作为通信服务器的计算机在互联网中扮演着网络节点（中继器）的角色，在 IT 社会中其重要性也越来越突出。在天气预报、台风行进路线预测等科学领域的各种模拟运算中，都使用了超级计算机。另外，智能手机、电视机、空调器和吸尘器等日常用到的电子设备也都配备了微处理器。这些计算机和量子计算机之间有什么区别呢？

为了便于理解，本书将前面提到的当前活跃在各个应用领域的计算机称为传统计算机。传统计算机根据电路中电压的高低来判断二进制信息位的状态是"1"还是"0"，并利用这些二进制信息位信号组合在一起进行传统计算机的二进制计算。实际上，对于传统计算机来说，无论是一个简单的计算还是某种复杂的计算，传统计算机进行的计算原理都是一样的。传统计算机在进行计算之前，首先需要确定进行某种计算所需要的结构和步骤，然后在该结构上一次一次地不断进行这种计算步骤的重复，同时将所需要的数据输入计算机，并将计算结果在计算机上进行输出。

与此相对应的是，量子计算机与传统计算机一样，也需要使用

"0"和"1"这样的比特信息，但并不是像传统计算机那样根据电路电压的高低来决定比特信息的位状态，而是根据量子状态来决定某个特定比特信息的位状态是"0"还是"1"。在量子计算机中，这样的信息位被称为"量子比特"。例如，量子计算机可以将电子自旋方向的上、下变化与量子比特的位状态相对应。

与传统计算机不同的是，量子计算机中的量子比特在人们对其进行状态观察之前，量子比特可以同时是"0"或"1"的状态，这种性质被称为量子态的叠加。正是由于这种量子态的叠加，使得量子计算机可以同时进行多个量子状态的保存。

量子计算机的计算是通过一种被称为量子门的量子计算机制来进行的。在量子计算机中，量子门在量子比特的大量量子叠加状态下进行计算，其结果也作为量子的状态被并行保存，直到这些量子状态坍缩为某个特定的量子状态为止。因此，量子计算机被认为擅长解决组合问题等计算过程庞大的大规模计算问题。最终要想从这种量子状态中提取出计算结果的话，就必须进行结果的输出。这时被利用的技术就是量子纠缠（entanglement），这是一种量子特有的现象。

量子计算机显示出了惊人的卓越的计算能力，这一点已经在以往的许多试验中得到了验证和证实。在这些实证中使用了量子计算机采用的算法。由于量子计算机以与传统计算机不同的方式进行计算，因此它们也需要使用与传统计算机不同的算法。美国的彼得·肖尔曾经在1994年设计发明了一种高效解决因子分解问题的算法，到2004年，通过量子计算机的实际验证，才证明了该算法的实用性。

目前，作为开发主流的量子计算机大多需要将量子的温度降低到绝对零度附近，因此很难将其放置在企业办公室或普通实验室中。因此，量子计算机的计算服务一般需要通过互联网，以云计算的方式提供，用户需要按使用时间购买量子计算机的计算服务。这样的服务提供方式也是目前正在采用的量子计算服务方式。

但也有一些量子计算机并不需要绝对零度附近这样的超低温环境。

我们可以设想，如果在室温下也能保持稳定的量子状态，那么中小型量子计算机也有可能进入常规的数据中心和办公室这样的普通环境。如果再加上量子计算机小型化的进一步推进，或许在不久的将来就能将超小型人工智能装置安装到机器人的大脑中。

◀IBM公司的量子计算机
IBM Q

图片源自日本IBM公司

梦想中的量子计算机

理查德·费曼早在 1981 年就提出，为了进行量子力学特性的模拟，需要一台根据量子力学原理运行的计算机。费曼所梦想的量子计算机与传统计算机截然不同，传统计算机使用的是具有确定意义的"0"和"1"的二进制位，量子计算机使用的是不同于传统计算机的量子位（qubit 或 qbit，量子比特）。

▶▶ 计算机的原理

无论是在计算机问世的当初还是在计算机技术发展的 21 世纪，从超级计算机到智能手机，所有的计算机都是基于艾伦·麦席森·图灵（Alan Mathison Turing，1912 年 6 月 23 日~1954 年 6 月 7 日）在 1936 年提出的计算理论，由这一理论的自动计算机器（图灵机）发展而来的。

基于图灵计算理论的自动计算机器（图灵机）使用由"0"和"1"构成的比特串进行 NOT、AND、OR 等逻辑运算。

由于这个原因，当前用于运算和信息处理的电子计算机均使用基于场效应晶体管的电子电路实现其运算功能，这样的电子电路在半导体芯片的表面上制作晶体管，并将众多的晶体管集成在一片半导体芯片上，从而实现高密度化的 IC（集成电路）芯片，以实现当今传统计算机的高速运算。

与这种传统计算机不同的是，量子计算机中使用的量子比特是通过两个相互正交的向量来表示的，这两个相互正交的向量分别代表"0"和"1"的两个状态。通常情况下，量子比特的"0"被表示为状态向量"$|0\rangle$"，"1"被表示为状态向量"$|1\rangle$"。由于量子比特以这种方式被表示为一个向量，因此它们可以在数学上进行组合，这就是所谓的叠加。量子向量的叠加可以用如下所示的公式来表示。

$$|\psi\rangle = a|0\rangle + b|1\rangle \quad (其中, |a|^2 + |b|^2 = 1)$$

量子比特的状态是按某种概率随机确定的，处于量子叠加态的量子的状态，在被观察到之前不能确定其具体状态，其状态是处于"$|0\rangle$"和"$|1\rangle$"两种状态相叠加的状态，叠加的结果只有在观察之后才能确定（坍缩）。

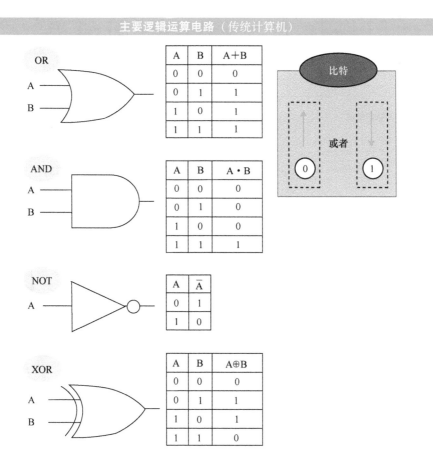

主要逻辑运算电路（传统计算机）

这种奇妙的量子行为就是著名的"薛定谔的猫"悖论所揭示的量子特性。在"薛定谔的猫"悖论的描述中，假设有一个试验箱，当猫被放入试验箱后，1h后死亡的概率为50%。在这种情况下，若要想确切知道试验箱内猫的命运，则直到打开试验箱的盖子才能知道。在这之前，认为箱子里的猫是处于一种"活"与"死"的叠加状态。

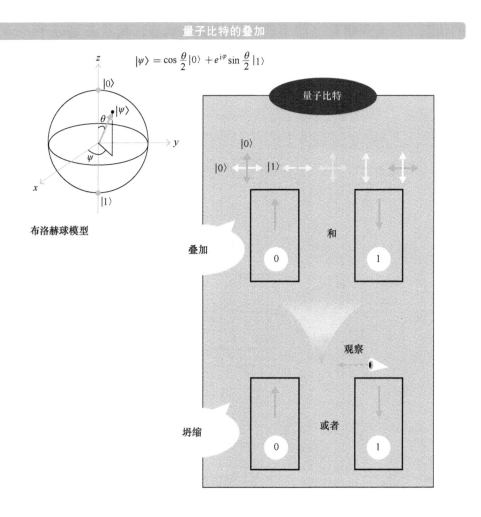

量子比特的叠加

$$|\psi\rangle = \cos\frac{\theta}{2}|0\rangle + e^{i\varphi}\sin\frac{\theta}{2}|1\rangle$$

布洛赫球模型

也就是说，在量子计算机的计算和信息处理过程中，处理是通过处于量子叠加状态的量子比特进行的，量子比特可以同时拥有"0"状态和"1"状态之间的众多状态，从而使得这种叠加状态的量子比特可以对应更多的信息量。例如，一个量子比特相当于一个可以在双缝中通过的电子，此时的电子可以说是处于一种量子叠加状态。

　　传统计算机的运算和信息处理是通过具有确定状态的"0"或"1"二进制比特进行的，而量子计算机则与此不同，可以同时处理

"0"和"1"两个状态。这就是量子计算机的优势所在。

在传统计算机中使用的 NOT 运算，将一个比特输入转换成相反状态的比特输出。在量子计算机中也具有相应功能的 NOT 运算（Pauli gate，泡利门），NOT 运算将同样的运算方式运用到 1 个量子比特上，实现 "$|0\rangle$" $\boxed{\rightarrow}$ "$|1\rangle$" 和 "$|1\rangle$" $\boxed{\rightarrow}$ "$|0\rangle$" 的转换。此外，量子算子也可以是一个进行相位转移的相移算子，还可以利用干涉来进行相位的转移和改变波的状态。当一个被称为阿达玛门（Hadamard gate）的变换应用于量子比特 "$|0\rangle$" 时，该量子比特则会变成 "$|0\rangle$" 和 "$|1\rangle$" 的状态各占 50% 的叠加状态$^{\ominus}$。

因此，虽然在传统计算机中只有 1 种一进一出的比特位运算，但是在量子比特中存在着多个实现相位改变的算子。

泡利门和阿达玛门

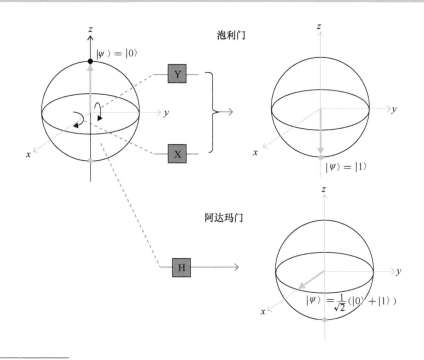

_____

$\ominus$ "泡利门""阿达玛门"等，是能够使一个量子比特在三维空间中旋转一定角度的运算，被称为旋转门。

如果使用两个量子比特，则可以进行更复杂的运算。量子运算子（CNOT[⊖]门）相当于传统计算机的"XOR"异或运算，进行 2 个输入、2 个输出的量子运算。例如，在下图所示的 CNOT 门中，假设构成 CNOT 门的两个输入的上方是输入 1，下方是输入 2，输入 1 首先通过阿达玛门变换成"|0⟩"和"|1⟩"叠加的量子比特，输入 2 则是"|0⟩"。在 CNOT 门中，输出 1 是输入 1 的直接映像。当输入 1 和输入 2 状态相同时，输出 2 为"|0⟩"；在两个输入的状态不相同时，输出 2 为"|1⟩"。因此，量子运算子 CNOT 门实现的运算就像传统计算机的 XOR 逻辑电路一样。

在如下图所示的使用 CNOT 门的运算中，输出不是"|00⟩"就是"|11⟩"。亦即，如果输出 1 是"|0⟩"，那么输出 2 也是"|0⟩"，如果输出 1 是"|1⟩"，那么输出 2 也是"|1⟩"。因此，CNOT 门的两个输出之间可以产生这样的一种受控关系（量子纠缠）。

CNOT 门的运算

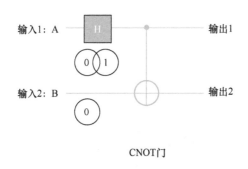

CNOT门

A	输出1
0	0
1	1

A	B	输出2
0	0	0
1	0	1

量子计算机由上述介绍的执行 1 个比特操作的 1 比特门和执行 2 个比特操作的 2 比特门构成，以支持所有程序的运行。随着量子比特

⊖ CNOT，是 Controlled NOT 的缩写。

数量的增加，量子比特的"$|0\rangle$"和"$|1\rangle$"量子态叠加的情况就会呈指数型的增长，并且各量子比特之间还会相互干涉。量子计算机所擅长的正是利用这种量子比特的叠加和干涉，通过一次量子计算同步进行大量信息的处理。

专栏

量子超越

2019年，有报道称美国Google公司的Sycamore（西卡莫尔）实现了量子超越和"量子霸权"，这一消息引起了全世界的轰动。

所谓量子超越，是指"利用量子技术实现传统技术无法实现的计算能力"。根据Google公司发言人的说法，一台传统的超级计算机需要1万年才能完成的计算量，一台量子计算机可以在200s内就能够完成。

当Google公司宣布其实现了量子超越和"量子霸权"时，正在与其竞争，采用相同的技术进行相似类型量子计算机开发的IBM公司也立即做出了反应。IBM公司表示，如果要在传统的超级计算机上进行与量子计算机同样的并行数据处理，将需要大量内存空间的支持，如果传统的超级计算机能够做到这一点，传统的超级计算机的计算也可以以更快的速度完成与Google公司宣称的量子计算过程相当的计算量，且传统的超级计算机的计算时间也将大大缩短（IBM公司声称可以缩短到大约两天半的时间）……

如何考察传统超级计算机所需要的计算时间究竟需要1万年还是仅仅需要2天半的时间，在此暂且不做深究。Google公司Sycamore的量子超越性报道的核心是，量子计算机技术的发展证明了量子计算机能够轻易地超越传统超级计算机的计算性能，即使是在传统的超级计算机花费数年时间将其计算性能和处理性能提高数倍的情况下，量子计算机也能够轻易地实现计算性能的超越。更令人惊讶的是，Google公司的Sycamore量子计算机还是一台仅仅由53个量子比特构成的初级量子计算机。

虽然Sycamore量子计算机已经证明其比传统的超级计算机优秀得多，这一点是毋庸置疑的，但Google公司也并没有沾沾自喜。这是因为，正如费曼最初对量子计算机所设想的那样，在 Google 公司通过 Sycamore 量子计算机与传统的超级计算机展开的速度对决中，所采用的计算问题都是对量子计算机有利的，是量子计算机所擅长的问题。当然，Google 公司的研究人员早就知道这一点，因此 Sycamore 还应该向更高的里程碑迈进。

此外，量子计算机的厉害之处不仅仅在于它的计算能力远远超越了传统的超级计算机，量子计算机的耗电量也更少。从耗电量来看，量子计算机的耗电量不到传统超级计算机的千分之一，因此可以说量子计算机也是非常节能的。当今，在最先进的量子计算机系统开发中，为了实现稳定的量子处理，需要将机器冷却到绝对零度附近，这需要消耗大量的电力。同样地，电力驱动的传统超级计算机也需要冷却设备来冷却机器外壳发出的热量。通过包括冷却装置等外围设备使用的电力在内的综合能耗比较，量子计算机的功率仅是传统超级计算机的几十万分之一。量子计算机这样的能耗估算结果也是相当惊人的。

专栏

Google 公司的量子计算机

在 Google 公司所进行的 Sycamore 量子试验计算机中，所设计的量子计算处理的量子比特数量为 54 个（实际上由 53 个量子比特执行，因为有一个量子比特在试验中没有工作）。在 1 个量子比特的情况下，由于"$|0\rangle$"和"$|1\rangle$"量子态的叠加，可以实现 2 个量子状态的表示。在 53 个量子比特的情况下，则可以实现 2^{53} 个比特模式的量子态叠加。Sycamore 使用量子叠加所具有的大量操作比特模式作为存储器。在这种状态下，任意一个量子比特的运算内容发生变化，叠加的数量庞大的比特模式就会一起发生改变，从而使得这种能够进行并行处理的量子计算机比按顺序进行数据处理的传统计算机具有更快的处理能力。

Sycamore 的目的是展示量子计算机的优越性，因此使用了适合量子计算机运算处理的问题和程序进行试验。将来在具有通用性的量子计算机中，对于传统计算机不擅长的问题，也就是数量庞大的组合问题，量子计算机具有压倒性的优势。同时也期待在药物开发、蛋白质分析、化学物质合成等模拟试验中，以及图像和声音识别、医疗诊断等机器学习领域，量子计算机将发挥积极的作用。

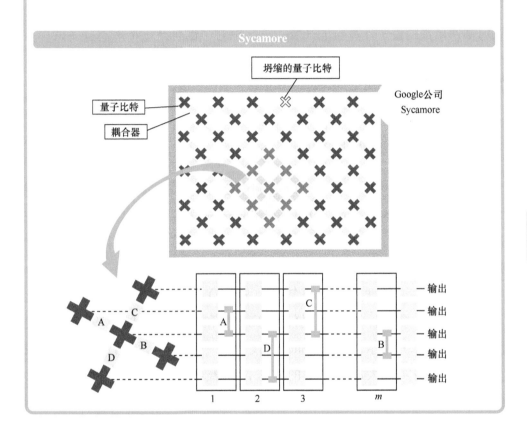

量子计算机的开发

现如今，以美国 IBM 公司和 Google 公司为代表的大型 IT 企业正在致力进行高通用性的量子计算机的开发。与此相对，也有员工不足 100 名的小型企业，如美国的雷格蒂计算公司（Rigetti Computing，Inc）和 IonQ 量子计算公司等加入了商用量子计算机的开发竞争。

▶▶ 量子计算机的历史

量子计算机的概念最早可以追溯到 20 世纪 80 年代。1981 年，著名物理学家理查德·费曼（Richard Feynman）首次提出使用量子系统进行计算的设想。在费曼提出"基于量子"计算的量子计算机必要性的几年后，英国物理学家戴维·多伊奇（David Deutsch）提出了第一个量子算法——戴维·多伊奇算法，定义了一个量子版的图灵机。此后一段时间，量子计算的进展仅限于理论和算法的发展。1994 年，美国数学家彼得·秀尔（Peter Shor）设计了一种利用量子计算机可以在多项式时间内实现大质数分解的算法，即著名的秀尔算法。这样一来，由于传统计算机分解质因数的困难而成立的 RSA 密码的安全性就受到了威胁。

在 2000 年之前，量子计算机硬件的发展很缓慢。主要原因在于无法保持和成功控制系统的量子特性，量子系统很容易因外部物理刺激而改变状态，因此会造成量子计算机的计算错误（量子错误）。这一重大挑战也成为量子计算机发展过程中的一大难题。

到了 21 世纪，量子计算机终于问世（尽管只是试验性的）。2001 年出现了核磁共振式量子计算机（NMRQC），2007 年出现了光量子式量子计算机（OQC），2008 年出现了用激光冷却离子的离子阱系统式量子计算机（TIQC），2009 年出现了半导体式量子计算机（SQC），不同类型的量子计算机相继出现。

日本在量子计算机技术方面的贡献包括量子比特的开发和量子隐形传输等。日本在 1998 年成功开发出了量子比特，中村泰信和蔡兆申利用超导技术成功实现了量子比特的开发。古泽明实现了量子隐形传输，这些量子计算机技术成果都被之后的研究所继承，成为量子计算机技术的基础。

世界上第一台商用量子计算机是 2011 年由加拿大的 D-Wave Systems 公司销售的，这台 D-Wave One 系统的价格大概是十几亿日元。

第 2 章

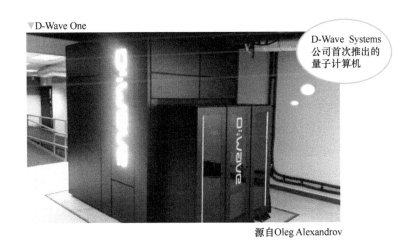

▼D-Wave One

D-Wave Systems 公司首次推出的量子计算机

源自 Oleg Alexandrov

如果要对传统计算机（当今正在使用的计算机）和量子计算机进行性能比较，一般采用基准测试法来进行，即让待进行性能比较的计算机解决某个共同的问题，并分别测量得出问题答案所需的时间。这样的性能对比测试结果显示，D-Wave Systems 公司的量子计算机比传统计算机速度要快数千倍。但是，D-Wave Systems 公司制造的计算机是否可以被称为量子计算机，这在国际上还没有完全达成共识。之所以会出现这种情况，是因为人们对量子计算机还没有一个明确的定义。这表明，基于量子技术的计算技术已经广泛存在并在不断扩展之中，人们正在进行各种计算方法的研究，以打破改进传统计算机性能的僵局。与大多数技术发展早期所出现的情况一样，量子技术的发展也呈现出了这种常见的百花齐放的技术发展态势。因此，在当前量子计算机技术激烈发展的竞争中，只有当某种量子计算方法能够以最快、最稳定和最便宜的优势胜出时，这种胜出的计算方法才能占据下一代计算机的核心位置，即量子计算机的核心地位。而这种方法也最终将成为量子计算机的定义。

2-6

退火方式和门控方式

目前，量子计算机的实现大致分为两种方式。美国 Google 公司和 IBM 公司等正在致力进行研究的是一种被称为门控的方式，而在此之前已经实现了商品化并积累了实践经验和知识的是 D-Wave Systems 公司等的量子退火方式。

▶▶ 量子计算机的实现方式

退火方式量子计算机实现方式中的退火一词，在日语中为烧きなまし（退火）。到目前为止一直被采用的量子退火（Quantum annealing）的量子计算机实现方式是由当时还是博士研究生的门胁正史和东京工业大学教授西森秀稔于 1998 年提出的。所谓退火方式，是指利用由自旋量子组成的晶格构成的伊辛模型（Ising model），推导出由自旋引起的磁相互作用和由外部磁场引起的能量的最小状态的方法。

使用退火方式的量子计算机可以说是从 D-Wave One 开始的，该型计算机随后通过与 Google 公司进行的合作开发，成为 D-Wave Two 型计算机。也许是因为量子退火方式是基于日本研究人员首次提出的理论，在日本有许多大学和研究机构目前正在进行基于这种方式的量子计算机的开发。例如，日立公司已经开发了一个能够模拟伊辛模型操作的半导体电路（CMOS 退火机）；NEC 公司的目标则是要在几年内将自己生产的基于退火方式的首台量子计算机投入实际应用，实现量子计算机的商业化。除此之外，从 2020 年起，NEC 公司还会将自己生产的超级计算机（SX-Aurora TSUBASA）和 D-Wave Systems 公司一起为用户提供模拟量子计算机的服务。当前，宣布使用 D-Wave 的企业和研究机构有 Google 公司、美国国家航空航天局（NASA）、大众汽车公司、Recruit 公司和 DENSO 公司等。

门控量子计算机是一种基于费曼的量子计算机梦想的量子计算机实现方式，被称为量子计算之父的牛津大学物理学家戴维·多伊奇（David Deutsch）为其设计了一个具体的逻辑电路。多伊奇因创立了量子计算学科、确立了量子计算的基本概念获得2021年艾萨克·牛顿奖章，他是牛津大学卡伦顿实验室量子计算中心（CQC）原子和激光物理系的客座教授。他通过为量子图灵机制定一个描述，以及指定一个运行在量子计算机上的算法，开创了量子计算领域。他还提出将纠缠态和贝尔定理用于量子密钥分发，并且是量子力学多世界解释的支持者。

门控量子计算机被认为是一种多功能的万能量子计算机，因为它被设想为比退火方式有更广泛的用途。美国的Google公司在开发D-Wave退火量子计算机的同时，也开发了一台门控量子计算机。2019年，Google公司宣布其53个量子比特的门控量子计算机已经表现出超越传统计算机的性能。根据当时的论文，Google公司的门控量子计算机（Sycamore）使用微波来控制被冷却到接近绝对零度的量子元件，并通过量子叠加进行并行计算，得出了被认为是正确答案的解。据说该门控量子计算机的计算速度比超级计算机的计算速度快几千万倍。

虽然门控方式的量子计算机实现在技术上比量子退火方式的实现更困难，但门控量子计算机的硬件配置与传统计算机相似，并且类似于传统计算机的编程语言也已经被开发出来。这可能是Google公司和IBM公司以及微软公司等目前正在致力于门控量子计算机开发的重要原因。

量子退火方式的量子计算机实现和门控方式实现之间的区别不仅仅是硬件上的区别。由于一些研究人员认为量子退火方式实现的计算机还不能被称为真正的量子计算机，这种类型的量子计算机不具有通用性。基于量子退火式实现的量子计算机所擅长解决的是组合优化问题，甚至也可以说量子退火方式实现的量子计算机是专门用于组合优化问题研究的。尽管如此，人们对这种类型的量子计算机依然是有需求的，一部分原因是用传统计算机解决这些组合优化问题需要的时间较长，另一部分原因是量子退火方式的量子计算机实现比门控方式的实现更容易开发。

　　事实上，现代社会生活和生产活动中具有大量的组合问题需要解决。例如，当我们需要向市面上的数十家便利店进行商品配送时，如何制定配送的路径和方案才能使得商品配送的运转效率最高？这个问题就是一个典型的组合优化问题。像这样的组合优化问题在我们的日常生活和生产活动中还有很多，例如，导航系统中嵌入的最短距离搜索程序，确保安全性和效率性的交通信号灯的控制及多个道口交通信号灯的同步，从一张确定大小的铁板上为了不浪费资源尽可能多地切出产品零件的切割布局等。如果可以期待通过优化提高效率来降低成本的话，那么就有很多人会想到使用专门进行这种组合优化的计算机。

　　除此之外，D-Wave 量子计算机的弱点是实现量子比特耦合连接的组合数被限制在 6 个以内，无法达到与其量子比特位数相匹配的计算性能（新机型已经放宽了这一限制）。量子退火方式实现的量子计算机专门用于组合优化问题的处理，基本上不需要对其进行编程。实际上，在利用量子退火方式的量子计算机进行组合优化问题的解决时，只需要为其准备好一个进行问题优化的函数，并设定好函数的参数即可。这样的处理方式看起来类似于利用 Excel 数据机型的函数模拟。

使用来自云端的量子计算机

在此，让我们尝试通过互联网来进行 IBM 量子计算机 IBM Quantum Experience（IBM Q）的使用。IBM Q 是一种门控方式实现的量子计算机，通过将 1 个或 2 个量子比特的量子门按照运行时间顺序排列来进行编程。

▶▶ 每个人都可以使用的量子计算机

加拿大的 D-Wave Systems 公司是世界上最早开始销售商用量子计算机的公司，据说其首台量子计算机 D-Wave One 系统的单台价格在 10 亿日元左右。像这样的高额购买活动能否将其落实到自己公司的事业中（能否赚回利润），或者是以投资为目的（首先投资什么），都是一项不能轻易决定的事情。

要成为量子计算机这一新型计算业务的使用者，除了独立购买一台量子计算机这样的方式外，还可以选择通过互联网从网上进行量子计算业务的租用方式，这就是量子计算机云服务的利用。

2016 年，美国的 IBM 公司推出了 IBM Quantum Experience 的量子体验服务。2018 年，中国的阿里巴巴公司推出了阿里巴巴量子云服务。2019 年，微软公司推出了 Azure 量子云服务，亚马逊公司则开通了 Braket 量子云服务。如果想要享用这些量子云服务带来的好处，除了要注册成为云服务的会员以外，还需要支付一定的费用。不过，如果只是一些少量量子比特使用的话，也可以免费使用。

▶▶ 如何在 IBM Quantum Experience 上进行量子算法程序的运行

1）当你使用 Web 浏览器访问 IBM 量子体验网站 IBM Quantum Experience 时，你必须先创建一个账户。账户的创建可以通过下图所示的网页进行，单击网页中的 "Create an IBMid account." 图标，进行

IBMid 账户的创建。如果你已经拥有 Twitter、LinkedIn 等账号，也可以使用这些社交网站的 SNS（Social Networking Services，社交网络服务）账号进行登录。此时需要单击对应的 SNS 图标，进行登录账号的设置。账号准备好后，即可登录 IBM Quantum Experience。

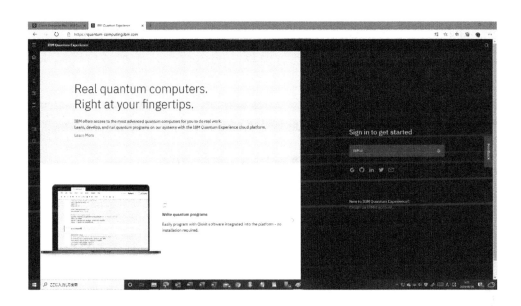

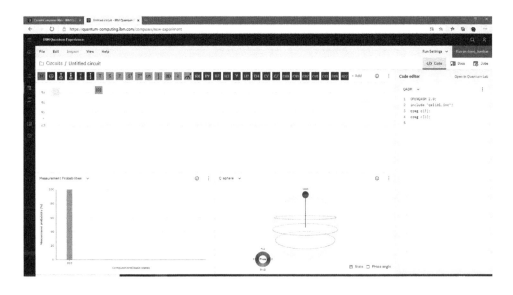

2）IBM Q 的编程是在"Circuit Composer"窗口中进行的。首先在 IBM Quantum Experience 最左边的菜单栏中单击"Circuit Composer"选项，然后在弹出的 Circuit Composer 窗口中，可以进行量子电路的设计，以进行量子算法的执行。用鼠标拖动 1 个或 2 个量子比特的量子门图标，然后将其放置在电路的任意位置。电路设计完成之后，每次都会自动将其保存到云端。

3）每放置一个门，都会进行该算法的运行，并显示运行的结果。

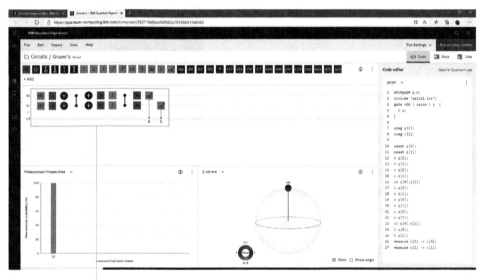

量子算法完成

量子计算机的应用领域

随着量子计算机技术的发展，也许十几年后我们所处的社会会发展成为普通大众都能够使用通用量子计算机的发达社会。但在此之前，以 D-Wave 为代表的、擅长解决组合问题的量子退火方式实现的量子计算机将成为主流。因此，本节将介绍量子退火方式实现的量子计算机目前的应用情况。

▶▶ 量子计算机的应用实例

当前，量子退火方式实现的量子计算机已经领先于其他方式实现的量子计算机得到了实际应用。但是，量子退火方式实现的量子计算机还不能像通用的传统计算机那样成为办公场所的 PC，这是因为目前市场上每台基于量子退火方式实现的 D-Wave 量子计算机的价格都要十几亿日元。

除此之外，目前的量子计算机还是一种专门用于解决组合优化问题的专用计算机，因此，如果是需要进行文档的编辑制作，或者是照片修饰这样的应用，则还是需要利用传统计算机来进行，且其处理更有优势。

▶▶ 在社会基础设施中的应用

大众汽车公司认为，量子计算机的应用可以为日常社会生活带来最大贡献的一个领域就是量子计算机高超的交通拥堵缓解问题的解决能力。2017 年，大众汽车公司通过与 D-Wave Systems 公司的合作，开始了缓解大型城市交通拥堵的模拟试验。2019 年，开发出了能够预测交通流量、运输需求和出行时间的交通管理系统。通过该系统的使用，出租车和快递员可以提供高效的服务。

大众汽车公司与 D-Wave Systems 公司合作研究中使用的大数据是

基于众多智能手机所提供的 GPS 匿名数据。当然，这些大数据的收集和整理都是在传统计算机上完成的。传统计算机首先将这些海量数据收集并整理好，然后再将整理好的大数据交由量子计算机进行组合优化算法的处理。量子计算机利用其所擅长的组合优化问题的高超解决能力，高效实现组合优化问题最优解的搜索，从而推动交通拥堵问题的解决。

大众汽车公司所进行的量子计算机组合优化算法在大型城市交通拥堵问题缓解的实际应用效果表明，这一举措的有用性已经在北京和巴塞罗那等大型城市得到了实际验证和证明。据该公司的分析师称，在这些大型城市，通过城市交通大数据的获取和整理，再通过量子计算机高超的组合优化算法应用，能够有效实现大型城市交通拥堵问题的缓解。像这样的量子计算机组合优化算法的应用，不仅可以应用于类似规模城市的交通系统，还可以应用于相比而言更大和更小的城市。

除此之外，大众汽车公司目前还在葡萄牙的里斯本启动了全球首个采用量子计算机进行城市公共交通优化的试点项目，并将其作为当前最新成果的试验场。该系统的技术合作伙伴已转向 Google 公司，并将使用人工智能技术来缓解交通的拥堵。该系统正被安装在该市的公共汽车上，并正在进行高效运行的测试。

量子计算机还将在私人汽车、公共汽车、电车等交通基础设施的高效运营方面发挥巨大作用。对于生活在城市里的人们来说，通过交通基础设施的高效运行，提高交通出行的效率，缩短出行时间是一项非常值得关注的工作，因为这也有助于减轻日常生活中的出行压力。另一方面，减少交通拥堵还可以降低汽车尾气的排放和燃料成本，从而带来更大的社会和经济效益，同时还有助于节约能源和低碳环保事业的发展。因此，即使运行一台昂贵的量子计算机，若能够取得这样的社会效益与经济效益，也能配得上其高昂的成本。

以大众汽车公司为首的世界各地的汽车制造商及其相关企业，将在道路上行驶的车辆看作行进中的机器运行，从系统的角度推进这些机器的运行优化。在此背景下，他们还看准了系统优化之下的机器运行自动化。也就是说，在单台车辆的自动驾驶系统中加入运行的优化控制。未来，城市的汽车系统将通过人工智能技术实现运行的自动化。这样的技术前景的实现是通过单台汽车中的人工智能系统自主运行加以实现，还是通过一个集中的人工智能中心给各台汽车发布中央控制指令，抑或是人工智能中心的中央控制指令与单台汽车中人工智能系统自主运行的混合操作，还有待观察。但很明显，无论将来采用哪种方式进行具体的城市汽车交通系统优化实现，均需要能够进行组合优化问题快速处理的计算机。可以设想，如果这样的交通自动运行系统得以建立，能够将私人汽车、出租车、公共汽车以及其他城市交通系统的所有动态行为数据化，并对每一辆车的目的地和路径进行最优化，就可以将拥堵和交通事故减少到极限。

在生产汽车相关机械的 DENSO 公司也正在自己的工厂内进行无人搬运车运行的实证试验，并使用 D-Wave 量子计算机实时优化无人运输车的路线和速度。这些试验的结果显示，由于量子计算机的实时优化，使得实际的运行效率提高了 15%。

▶▶ 在市场营销、金融业务领域的应用

量子计算机在市场营销、金融业务等商业领域的试验性应用目前还在努力进行之中，以便将量子计算机用于实际的商业用途。

日本的著名企业 Recruit Communications 公司运营的旅游网站"Jarannet"和美食网站"Hot Pepper 美食家"等，均属于商业服务领域的 Web 服务提供者网站，进行着服务消费者和服务提供者的匹配服务。这一类网站能否成功运营，很大程度上取决于如何将用户想要的搜索结果排在用户搜索结果表单的最前面，以最大限度地提高服务消费者和服务提供者的"匹配效率"。这种服务消费者和服务提供者的匹配通常是一个将用户的个人资料（如居住地、年龄、性别、职业、家庭结构等）与消费发生的时间、消费发生的状况条件等进行组合的

优化问题。因此，该公司利用量子计算机将消费者的个人信息与服务提供者服务资源中心所收集的历史消费数据进行组合优化，最终找出服务消费者和服务提供者的最佳组合，并在网页上进行有效的商业广告投放。

人们还考虑使用量子计算机来实现投资策略的最优化。在进行投资项目的选择、投资策略的优化、投资时机的确定时，金融工程学的方法是一种非常有用的工具。现代的社会经济也越来越多地利用数学方法来解释。

除此之外，在资产管理方面，资产整体收益的稳定性是资产管理的关键。因此，通常采用将资产通过若干种不同类型资产的组合进行分散投资的投资策略。通过分散投资，可以尽可能地降低单一类型资产价格波动带来的投资风险。为此，分散投资需要创建一个最佳的"投资组合"，这种最佳"投资组合"的搜索和制定也需要采用量子计算机来进行优化。自 2018 年以来，日本野村控股公司和日本东北大学一直在使用 D-Wave 量子计算机进行这种投资组合的优化工作。

▶▶ 在药物开发和新材料创造领域的应用

在药物研发领域，量子计算机也有望发挥积极作用。目前，用于药物研发的主要手段是超级计算机的应用，应用超级计算机的强大计算能力进行新型药物的发现。首先，疾病是由物质（主要是蛋白质）引起的，这些物质是引起疾病和身体不良状况的根源。通过各种不同功能和不同类型的药物与这些致病蛋白质结合，则可以防止它们对人体产生负面作用。换句话说，一旦确定了致病蛋白质的分子或分子结构，就能找到或制造出可能与致病分子结合的特定物质，这些物质与新型药物的开发（药物发现）是息息相关的。在实践中，即使是确定了致病蛋白质的分子或分子结构，找到了与致病分子结合的特定物质之后，还要进行一系列的临床试验以检查这些特定物质所谓的安全性和其他因素的确定性。因此，通常来说，一种新药的开发需要 10 年以上的时间。

超级计算机被用来寻找与疾病的致病分子相匹配的特定物质的分子结构。通过超级计算机或超越其计算能力的量子计算机的使用，可以实现这种特定物质分子结构的虚拟筛选。通过这种虚拟筛选技术，可以应用目前还不实际存在的物质分子结构进行与疾病致病分子的匹配，从而扩大候选新药的范围。因此，在新型药物的发现过程中，计算机技术被充分利用，能够尽可能多地找到可能的候选药物，并将其修剪到某个特定的分子结构，然后再通过一系列的临床试验，最终实现新型药物的临床应用。在这个领域中，擅长组合优化的量子计算机有望得到应用。

有机化合物的基本组成元素是碳原子和氢原子等几种非金属原子，并由这些基本元素的原子以各种不同的复杂方式组合而成。原子之间的结合大多是通过电子的共享而形成的化学键实现的，关于这种化学键结合形式的组合，可以用计算机进行模拟和计算。基于量子力学从理论上探究原子间的这种化学键结合形式的学科就是量子化学。在量子化学领域，人们期待着具有良好亲和性的量子计算机能够发挥更好的作用。

一旦量子计算机能够在短时间内探索出有机化合物化学键结合的电子状态，那么我们就可以实现化合物的化学反应模拟。也就是说，在理论上，化学反应可以通过计算机实现准确的再现。如果能够做到这一点，我们就可以通过这样的方法，在计算机上通过模拟实验实现各种新物质的合成。

在工业领域，由碳原子组合而成的新材料备受关注。通过超级计算机或超越其计算能力的量子计算机的使用，将来有可能在比以往更短的时间内开发出新的电介质聚合物、高疏水性纤维和对自然环境友好的环保塑料等基础材料。

▶▶ 在生物化学、医疗领域的应用

随着量子计算机性能的进一步提高，使得更多以往难以由传统计算机解决的复杂问题有望得到解决，这是因为量子计算机的超越性能能够突破传统计算机的性能极限，特别是以门控方式实现的量子计算机的性能提高，使得量子计算机解决问题的领域有望得到进一步的扩展，而不是局限于量子退火方式实现的量子计算机所擅长的组合优化单一领域。例如，对于由原子聚集而形成的分子，人们想知道在这样的分子中各个原子所属的电子在分子间是如何迁移的。对于这样的问题，随着原子所具有电子数的增多、分子组成成分及结构复杂性的增强，会使得这一问题变得越来越复杂，解决这一问题的计算量也会变得越来越庞大，其计算规模甚至是难以想象的。在本书编写时，我们还仅仅只能模拟由两个只有一个电子的氢原子构成的氢分子的量子状态。在当前的技术条件下，即使是这样的结构简单的氢分子也是很难模拟的。如果能够实现量子比特数超过 1000 的高性能量子计算机的话，就可以实现分子量为 100 左右的复杂化合物量子状态的模拟。即便是达到了当今看来如此之高的量子计算水平，这样的分子量大小的化合物也不及微小蛋白质分子的分子量。因此，量子计算机要想在量子化学领域得到广泛应用，需要具有 10 万左右的量子比特。当前，利用传统计算机已经能够实现小分子量分子的反应和量子状态变化的模拟，但是使用量子计算机可以大大缩短模拟的时间。

在量子化学和物理学的模拟中也有利用量子计算机的例子。例如，利用 VQE（Variational Quantum Eigensolver，可变量子特征值求解器）算法进行分子模拟和蛋白质立体结构的掌握，已经取得了一定的成果。此外，还有日本大阪市立大学的工位武治和他的研究小组发现了一种基于 FCI（Full Configuration Interaction，全排列相间相互作用）方法的有效量子算法，该方法是一种变分波函数的构造方法，考虑到了分子中的所有电子构型。

除此之外，如果量子计算机能够发展到具有模拟化学物质和蛋白质之间的相互作用和化学反应的能力，并将其应用到新型药物的发现和开发中，将能够加速开发出无副作用的新型药物。此外，通过量子计算机对 DNA 序列和功能的有效模拟，可以促进真正个性化医疗的进步和实施。例如，提出考虑到针对各民族和地区的病原体抵抗力的治疗方法，以及考虑到个人基因构成的治疗和处方制定等。

▶▶ 量子计算机的潜力

像前述所介绍的那样，具有超越传统计算机计算性能的量子计算机在城市交通和物流等社会基础设施、金融业务交易和市场营销等商业领域、新型药物发现和新材料的开发等方面均有着巨大的应用前景。在这些领域中，一直以来均是通过传统超级计算机来进行的，从庞大的数据中进行适当的组合优化，以快速发现可能的组合模式匹配和匹配区域。像这样的工作将来很有可能由量子计算机来承担。

迄今为止，人类还从未使用过像量子计算机这样强大的"智能工具"。在目前的技术条件下，即使是使用传统的超级计算机，完成前述应用领域庞大规模的复杂计算任务也往往需要几个月的时间。为了改善这种耗时过多的情况，目前所能采用的方法是从算法上进行改进，提出更高效的算法，以便在现实的时间内完成这些耗时巨大的复杂计算。未来，如果量子计算机一旦建成，其计算速度将比当前传统的超级计算机快 1 亿倍，计算能力也有超乎寻常的提升。如果以这样的速度和计算能力完成上述庞大规模的复杂计算任务的话，那么我们是不是可以再次挑战人类迄今为止从未探索过的领域呢？例如，气味物质的分析和化学合成（分析化学），探索大脑神经元的连接模式和记忆之间的关系（脑科学），开发万能疫苗（药物发现），如此等等。因此，面向未来，我们非常期待具有超越传统计算机性能的量子计算机能够开创一个前所未有的美好未来。

近年来，日本每年都遭受着巨大的自然灾害。在海啸或台风等自然灾害将要发生时，如何提前预测并发出避难信息，以便提前将居民顺利转移到避难所？在这样的研究中，也有人提出利用量子计算机来进行。例如，日本东北大学的大关真之等研究人员正在利用 D-Wave 量子计算机进行自然灾害发生时避难路径的搜索优化问题研究。

如果在人工智能研究领域中使用量子计算机，则会使得人工智能计算的处理速度得到显著的加快，从而使得机器学习的速度得到有效提高。机器学习分为有监督的机器学习和无监督的机器学习，无论是哪一种机器学习方式均需要大量的学习数据。即使是被称为大数据的海量数据处理，量子计算机的应用也会使得其计算和处理能够比现在更快地完成。

量子计算机的输出是基于概率分布来决定的，因此比传统计算机的输出更具有"模拟性"。在量子计算机中，给出的不都是"白"和"黑"这样具有明确界限的结果，有时还会出现"白"和"黑"都不能确定的模糊输出。这样的表现在人类的思维中是很常见的。这表明，当量子计算机成为人工智能的大脑时，有可能出现这种模糊的处理方式，从而意味着人工智能可以真正成为一个类似人类的思考者。同时，这样的人工智能技术也可能会理解人类的文学和艺术，并产生出类似人类的情感。

2-9

量子比特的制备方法

在诸如 D-Wave 等很多量子计算机中，通常需要将量子元件的温度降低到接近绝对零度的程度，以便使得量子计算中使用的量子保持稳定的量子状态[⊖]。众所周知，当物质的温度降低到接近绝对零度时，物质将进入超导状态（超导体），物质中的量子波动性也会凸显出来。

▶▶ 量子比特的硬件

量子计算机充分利用了量子叠加和量子纠缠的量子特性，其所使用的量子通常是电子和光子等这样的微小粒子，因此量子均对其所处环境的细微变化非常敏感。电子不仅对轻微的电刺激（能量）敏感，而且对温度和磁场也会产生敏感的反应。在量子比特中，这些来自外部的电磁波、磁力、光等噪声是导致量子比特出现量子错误的主要原因。一直以来，在量子计算机中如何在尽可能长的时间内保持量子比特的稳定存在是量子计算机实现实用化的一大挑战。

在 Google、IBM 等公司的量子计算机中，所搭载的量子元件都是采用超导体构成的超导电路系统来实现的。其典型的量子计算机为 D-Wave 量子计算机。在这样的超导电路系统中，根据以铌（Nb）为材料的环形超导电路中电流流动方向的不同，可以实现两个不同的量子比特。

除了上述基于超导电路方法的量子比特实现以外，还有其他的几种不同实现方法，其中的一种即为基于光学方法的量子比特实现。在基于光学方法的量子比特实现中，通过对光具有致偏作用的晶体进行量子比特的实现。在这种基于光学方法的量子计算机中，通过两个相

⊖ D-Wave 2000Q 需要将温度降低至 0.015K。

互垂直的偏振片作为光的起偏器，将光分为水平方向偏振光和垂直方向偏振光两种不同的偏振状态，以分别对应于"$|0\rangle$"和"$|1\rangle$"的两个不同的量子状态。除此之外，还将使得这两个量子比特处于量子纠缠状态，以用于量子计算。这种基于光学方法量子比特的实现的优点是光子可以稳定地存在，从而使得光学量子计算机可以在常温下运行。不过，目前由于光学设备小型化的技术尚未成熟，因此在基于光学方法量子比特的集成化实现方面仍然存在挑战和技术难题。

基于超导电路方法的量子比特实现

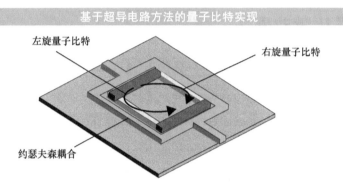

左旋量子比特

右旋量子比特

约瑟夫森耦合

　　为了实现这种具有两个量子状态的量子比特的制备，日本的古泽明和武田俊太郎等研究人员于 2013 年用量子传导技术开发出了一种进行量子运算的装置，并将其作为使光子相互作用的方法。此外，他们还在 2017 年通过将光源发出的光子切分为短脉冲的方式成功地生成了大量的量子比特。在这种基于光学方法的量子比特实现中，可以通过量子传导方法的使用来实现量子版 XOR 等的计算处理。当前，以这种基于光学的方法进行量子计算机开发的企业包括加拿大的量子计算巨头 Xanadu 以及微软公司投资的 Psi Quantum 等。与基于超导电路方法的量子比特实现相比，基于光学方法量子比特实现的量子计算机开发较晚，但由于其具有量子叠加时间（相干时间）长、不需要冷却等优点，并且由于光的使用使其与光通信的相合性也很好，因此具有良好的发展前景。

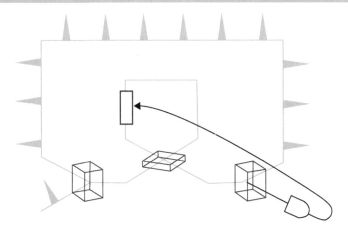

另一种不同于基于超导电路方法的量子比特实现是基于离子阱的实现方法。基于离子阱的量子比特实现方法是在真空中使用激光对离子进行冷却，并利用离子自身的电特性使其浮在空中，进而将其作为量子用于量子计算。被捕获的离子稳定，相干时间长，从而使得这种实现方法具有运算精度高的优点。除此之外，在这种实现方法中，不仅采用激光对被捕获离子中的电子进行运算控制，而且进行量子计算的量子比特运算结果也通过激光的再次照射被读取出来。

基于离子阱的量子比特实现

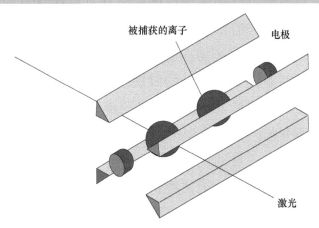

被捕获的离子　电极

激光

目前，在以这种基于离子阱的量子比特实现方法进行量子计算机技术开发的创业企业中，率先致力于推动这项量子计算技术发展的是总部位于美国马里兰州的 IonQ 公司。该公司已经获得了亚马逊公司、三星公司、微软公司和其他公司的资助，以开展研究。除此之外，美国的 Honeywel 公司也正在进行这种基于离子阱的量子计算机开发。在这种类型的量子计算机中，镱（Yb）离子扮演着量子比特的重要角色。

另外一种不同于基于超导电路方法的量子比特实现是基于半导体的实现方法。基于半导体的量子比特实现方法和当前传统计算机的 LSI 一样，是一种以在硅晶圆上集成量子比特元件为目标的方法。该方法将两种不同类型的半导体薄膜进行层状的接合，从而使得电子可以在两种不同类型的半导体薄膜边界处的二维面上自由移动。这种基于半导体的量子比特实现方法实质上是一种通过电极将电子限制在某个特定区域进行控制的方式，并因此可以利用电子的自旋特性进行量子比特实现的方式。这种基于半导体的方法不仅能够实现量子比特的高密度集成，还可以利用在传统计算机发展过程中积累的半导体制造技术。正是因为这些的原因和特点，使得著名的英特尔公司和其他的一些企业正在积极进行这种基于半导体的量子比特实现方法的研究和开发。

2020 年，日本东北大学的研究人员小林崇发现了一种特殊的半导体材料，该材料不仅可以保留半导体量子计算机所具有的强电子自旋作用，同时又具有很长的相干时间。对于这种特殊的半导体材料，可以通过对含有硼杂质的硅施加压力，并使其产生晶体形变，从而制造出具有量子特性的空穴。从长远的发展来看，这种特殊的半导体材料有望促进基于半导体的量子计算机的进一步发展。

对于以上所介绍的各种类型的量子比特不同实现方法而言，虽然这些方法都分别具有各自的优缺点，但由于很多企业在很早以前就开始了基于超导电路方法的量子比特实现研究和开发，并积累了一定的研究成果，因此大多还是希望通过基于超导电路的方法探索"量子计算机"的可能性。目前，虽然人们已经开始意识到量子计算机的伟大和卓越，但实际上，从量子计算机的技术而言，目前所能够采取的各种量子比特实现方法都还处于发展的阶段，不仅每一种方法都具有其优点和缺点，甚至可以说每一种方法都是利弊参半的。

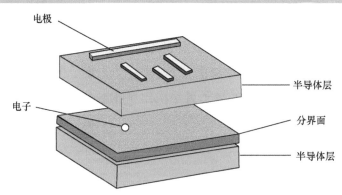

基于半导体的量子比特实现

电极
半导体层
电子
分界面
半导体层

除此之外，即使量子计算机在硬件上能够稳定地运行，对于如何进行量子计算机的实际应用仍然存在诸多问题，值得研究人员展开进一步的研究。例如，未来的量子计算机将应用于哪些领域？是否可以真正实现量子计算机的通用化？量子计算机的算法和编程语言将如何进行？如此等等。另外，作为量子计算机的实际应用，人们还提出了一种混合使用的方法，即不是量子计算机的单一使用，而是与传统计算机相结合的使用模式。预计到 21 世纪 20 年代中期，量子计算机有望在性能上超越当前任意一种单一类型的计算机，并达到商业化实际应用的程度。

量子计算机开发的竞争

过去一段时间量子计算得到了不断的进步和发展，量子体积（Quantum Volume，一种度量量子计算机真实性能的指标）的增长可以说是 IBM 版的摩尔定律。该公司 2017 年推出的量子计算机 "Tenerife" 的量子量（也是一种度量量子计算机性能的指标，简单理解的话可以将其理解为量子比特数）是 4，2018 年的 "Tokyo" 是 8，2019 年的 "Johannesburg" 是 16。到了 2010 年，该公司推出的量子计算机 "Raleigh" 的量子量增长到了 32。由此可见，IBM 公司量子计算机的量子量呈现出了指数增长的态势，量子计算机的性能也正在成倍地提高[⊖]。

▶▶ 量子比特数的竞争

2019 年，当美国 Google 公司制造的量子计算机击败了当今最快的传统超级计算机的消息发出时，立即震惊了世界，并迅速传遍全球。当时，很多人是第一次听到量子计算机这个词，他们可能也想知道量子计算机究竟是怎样的一种存在，不禁发出了 "这是一项什么样的技术?" 的好奇。

费曼率先将 "计算机" "相对论" 和 "量子力学" 联系在一起，其巨大的科学洞察力令人印象深刻。这三项技术和理论被并称为 20 世纪科学的伟大理论，其中的 "计算机" 技术是涵盖从半导体晶体管等电子技术到因特网、无线通信等 IT 技术的核心。费曼说，为了进行奇特的量子世界的计算，我们需要一台基于量子力学理论的计算机。

实际上，Google 公司制造的量子计算机 "Sycamore" 也仅仅是一台具有很强的试验意义的量子计算机。"Sycamore" 量子计算机的问

⊖ IBM 公司将量子计算机的量子体积在一定时间内翻一番称为 "甘贝塔定律"。

世，也仅仅证明了在某个特定问题上，它的计算速度远远超过了传统的超级计算机。这样的情况当初也出现在传统计算机的鼻祖"ENIAC"上，当初"ENIAC"的问世也是作为一种专门进行密码破译的计算机，以满足当时社会环境下的形势需要。我们无法想象，即将问世的"真正的量子计算机"将给人类社会和自然界带来怎样的变革。

量子计算机的开发需要巨额资金、大量参与开发的优秀人才以及高度先进的技术能力。像美国的 Google 公司和 IBM 公司等这样的全球性大型 IT 企业，目前正在围绕着量子计算机的量子比特数展开激烈的竞争和角逐。量子比特数是反映量子计算机性能的一个重要指标，也是量子计算机众多性能指标中的一个。虽然量子比特的数量越多，量子计算的能力就越强，但对于量子计算机来说，量子比特的"质量"也极大地影响着量子计算机的性能，甚至会在很大程度上左右其性能。与传统计算机不同，量子计算机中使用的量子本身非常的微小，以至于来自量子计算机内部和外部（振动、电场、磁场、光、空气、温度等）的轻微噪声波动都会导致量子比特错误的产生。因此，相对于传统计算机而言，量子计算机更加需要具有高容错性的量子比特，以应对量子比特自身的这种脆弱性。除此之外，由于较长的量子位之间的纠缠时间对基于量子的计算更加有利，因此量子的"相干时间长度"也被作为一种衡量量子质量的指标，对于量子计算机的性能也非常重要。IBM 公司使用量子体积（Quantum Volume，QV）的概念作为量子计算机的性能指标，该指标将量子计算机的量子比特数量和量子相干时间等结合起来，是一项能够反映量子计算机实际性能的综合性指标。IBM 量子体积的概念指标由量子计算机的量子比特数、耦合性以及门误差、测量误差等量子自身的脆弱性引起的量子错误率等来定义，IBM 公司表示，这一指标与量子计算机的量子硬件实现方式无关。

IBM 公司旨在提高此类产品性能的开发过程表明，量子计算机的基本架构已经完成。据悉，目前该公司已经进入探索量子计算机的实用性阶段，例如量子计算机将有助于哪些领域应用问题的计算。

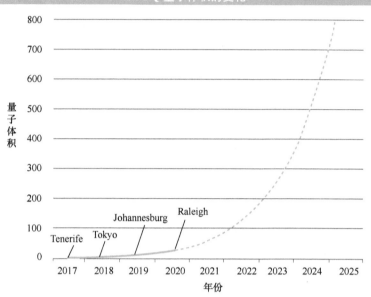

极简图解量子技术基本原理

当前的量子计算机

作为量子计算机发展过程中的一种过渡机制，在廉价的、多功能的、普通人也能简单使用的量子计算机出现之前，当前有一个正在进行的实际方向，就是试图在不纠错的情况下，制造出性能超过传统计算机的量子计算机系统。这样一个具有误差的中等规模的量子计算机被称为 NISQ（Noisy Intermediate-Scale Quantum Computing）。

▶▶ 当前的量子计算机

通用门控量子计算机的实际应用有望比量子退火方式实现的量子计算机在更早的时间得到实现。如果 IBM Q 和其他公司量子计算机的量子量能够在一年内实现翻番，那么对于门控量子计算机的实际应用来说，所存在的主要技术瓶颈就是量子纠错技术，通过该技术将量子计算机的量子错误率控制在有限的范围内。

很多从事量子计算机研究和开发的研究人员一致认为，要实现多功能和无差错的量子计算机，仍需 10~20 年的时间。目前量子计算机存在的主要问题是很难实现量子计算的长时间、不间断的连续运行。由于量子是一种非常敏感的东西，所以很难保持其稳定的量子状态，因此，要想实现量子计算机的大规模批量生产，目前还有很多其他的技术问题需要得到进一步的解决。

NISQ 是一种允许存在量子错误的量子计算机。因此，这一类型的量子计算机并不适合诸如结果是"白"还是"黑"这样具有确定性问题的应用。由于自身的计算存在着量子误差，因此像 NISQ 这样的量子计算机，适合于以概率的形式给出问题的结果，如"白"的概率是 White%，"黑"的概率是 Black% 等。尽管 NISQ 是一种允许存在量子错误的量子计算机，但是在量子计算机开发和试验领域，很多从事实

第2章

际研究工作的研究人员认为，即使是只能呈现出这样结果的 NISQ 仍然也是具有实用价值的，所以目前也正在推进 NISQ 的实用化。如果用汽车行业来做比喻的话，这样的情形就像电动汽车和氢燃料汽车的发展一样，在不依赖汽油、对环境几乎没有负担的汽车普及之前，混合动力汽车在这一较长转变进程的实现过程中，承担着过渡作用。

实际上，设计为 NISQ 的量子计算机也是一种量子计算机与传统计算机的混合体。在这样的混合体中，量子计算机利用其庞大的存储性能负责并行计算的处理，传统计算机则一如既往地负责其他计算的处理和数据的输入输出等功能。采用这种混合方式实现的量子计算机与传统计算机的混合体，能够使得计算机的用户界面保持不变，因此可以很容易实现传统计算机上所进行的计算和处理到量子计算机的转移和过渡。

但是，关于 NISQ 研究的未来前景如何，目前还不能一概而论。NISQ 出现的最初阶段，据说在这种量子计算机中发生错误的概率是 0.1%~10%。如果在没有采取任何努力和手段来减少这种错误概率的情况下，所进行的 NISQ 量子计算机能否提供解决问题的正确答案呢？并且，在量子计算机中，量子态的纠缠规模越大，发生错误的概率也会越高。基于这样的原因，这种通过模拟方式进行的量子计算，是否能够比传统计算机的数字计算具有更高的准确性，其最终输出的正确性如何，以及这种 NISQ 量子计算机与传统计算机相比有多大的优势等，目前还有待进一步的观察。

由此可见，即使是像 NISQ 这样的过渡性量子计算机，要想轻易地实现也并非易事。NISQ 的作用，说到底只是具有高通用性的真正量子计算机出现之前的一种过渡方案。因此，应该将其应用于量子计算机所擅长的组合优化问题、人工智能以及模拟等有限的领域。由于人们早已熟悉和习惯了传统计算机的应用模式，在转向使用量子计算机这种新型计算机的过程中，自然也需要一个由生疏到习惯的过程。作为一种由传统计算机到新型量子计算机的过渡方案，当前的 NISQ 量子计算机即使很难用于要求高精确的物理计算等领域，也可以用于模拟数据分析等领域。

目前，D-Wave 和 IBM 等公司正在以云服务的形式向用户提供量子计算机的按使用时间租赁服务。NISQ 量子计算机的普及目标也将以这样的云服务方式进行。当前，我们正处于量子计算机的早期阶段，是量子计算机的黎明和曙光初现的时期，我们对量子计算机具有更多的期待，但是诸如量子计算终将如何进行，以及我们该如何使用量子计算机，这样的一些思考和想法仍然处于萌芽阶段。

量子计算机对组合问题的求解

量子计算机所能解决的问题以及解决问题的方式与传统计算机是不相同的。目前，致力于量子计算机研究和开发的研究人员已经提出了几种适合在量子计算机上解决问题的方案（算法）。

▶▶ 量子计算机的算法

量子计算机在原理上有别于传统的计算机，后者是由冯·诺伊曼的思想发展而来的。当我们采用传统计算机解决问题的时候，数据和程序首先均存储在计算机的存储器中，在程序开始进行计算时，预先存储在计算机存储器中的数据和程序则在计算设备和存储器之间来回移动，依次进行数据的处理。与此不同的是，量子计算机利用量子状态进行数据的表示和数据的处理。在量子计算机中，对于不同的数据来说，只要这些数据执行的操作相同，就可以将这些数据集中在一起，通过一次量子操作的执行，即可完成全部数据的处理。另外，在执行结果被最终输出之前，也会以量子状态的形式进行保存。因此，量子计算机也不需要向存储器存取数据。这就是量子计算机擅长并行处理，可以一次性解决类似组合问题优化的原因。

以下给出的是当前所提出的适合于量子计算，实现组合优化问题求解的算法。

- 量子近似优化算法（Quantum Approximate Optimization Algorithm, QAOA）。
- 可变量子特征值求解器（Variational Quantum Eigensolver, VQE）。
- 可变量子线性求解器（Variational Quantum Linear Solver, VQLS）。
- 量子神经网络（Quantum Neural Networks, QNN）。

这些算法均是用于寻求优化数据组合的解决方案，并被认为适用于量子计算。目前正在考虑如何结合将这些优化算法应用于系统资源的整合与利用上，以期获得最佳的资源利用效果，或者将这些优化算法应用于人工智能的深度学习领域，以实现多层深度学习神经网络的参数优化。

其中，量子近似优化算法（QAOA）是解决组合优化问题算法中的一种，通过该算法可以解决一些常见的组合优化问题。例如，在日本战国时代，曾经有五个诸侯国的领主不服从标榜"以武力取得天下"的织田信长（如下图所示）。然而，这五位领主之间的关系也并不是牢不可破的，在他们之间也包括了由于过往的缘由而产生过仇恨的人。在下图中，领主之间的联系用一条带有双向箭头的线来表示，线上标注的数字代表领主之间联系的强度。现在，织田信长想把这五位领主分成两组，以弱化他们之间形成的联盟。这一问题就是一个典型的组合优化问题，可以使用量化近似优化算法（QAOA）来进行这一问题的求解（此示例问题的正确答案是如下图所示的虚线进行的分割）。

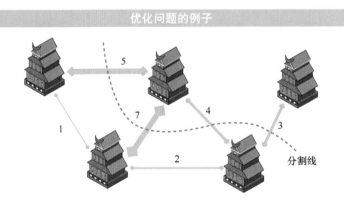

优化问题的例子

可变量子特征值求解器（VQE）有助于计算量子化学中使用的基态能量。例如，在通过共价键进行分子形态的模拟时，需要计算原子之间的电子概率。此时，随着分子量的增加，分子中的原子数量也就越多，需要进行的计算也会越复杂，所需要的计算量也越大。要完成这样的计算，对于经典计算机来说则需要大量的计算资源才能胜任。实际上，在这样的应用领域也是期待着量子计算机的发展和进步，以快速地解决此类应用问题。

可变量子线性求解器（VQLS）是一种能够用于线性方程有效求解的算法。量子神经网络（QNN）则是一种能够通过量子计算机进行机器学习的神经网络算法，该算法可以应用于语音和图像识别、自动驾驶等领域。

到目前为止，比传统计算机更受期待的量子计算机应用领域是与药物发现和新材料制造紧密相关的计算化学领域，以及旨在解决各种复杂社会问题的组合优化、人工智能应用等领域，期待量子计算机能够比传统计算机发挥出更积极的作用。

RSA 加密体系

目前被广泛使用的任何一种数字加密技术，从理论上来说均是可以通过计算机来进行破解的。但是，即使这样，也还是可以说这些数字加密技术是安全的，因为通过传统的计算机来进行任何一种数字加密技术的破解均需要很长时间。而这个所谓的很长时间，通常是在现实中不可能具有的时间。然而，随着量子计算机的出现，意味着原有的数字加密技术有可能在现实的时间内被攻破。

▶▶ 使用最广泛的加密技术

当我们在网上冲浪，或者是通过一个搜索网站访问以进行必要信息获取的时候，PC 会将这些信息访问请求分别发送到相应的网络服务器上，网络服务器在收到这样的访问请求后会根据具体的信息访问要求将我们所需要的信息发送到我们的 PC 上。在这样的网络访问场景下，PC 上的重要信息通常不会发生泄露。但是，在我们利用购物网站进行网络购物活动时，情况就发生了变化。在这样的活动中，我们的信用卡 ID 和安全码等敏感信息就会通过 PC 泄露到互联网上。互联网上的信息传送与使用日本电报电话公司（NTT）专用线路（如固定电话）的信息传输不同，数据信息首先被分割成若干个更小的数据包，然后再通过互联网上的一些通信服务器计算机进行传输。因此，这种在互联网上进行的信息传输方式会使得数据在传输过程中可能被不明的第三方拦截。例如，如果我们一旦进行了一个电子邮件的发送，所发送的电子邮件则将在一个专门的电子邮件服务器上存储一段时间。这就可能使得电子邮件服务器的管理员很容易窥探到电子邮件的内容。

在这种利用互联网进行的各种信息服务中，由于这种风险的存在，因此很早以前就在各种互联网的信息服务中采取了对传输的数据本身进行加密的机制。一旦数据被加密，即使在传输的途中被窥探，信息也会因为被加密而不会被窥探者读取。

RSA 加密体系是由美国的罗纳尔多·利维斯特（Ronald Rivest）、阿迪·夏米亚（Adi Shamir）和莱昂纳德·阿德尔曼（Leonard Adleman）三人发明的一种加密技术，并由三位发明人名字中的首字母缩写命名为 RSA 密码。对于这种广泛应用于因特网的加密技术，对于非密码持有者来说当然是不容易破译的，但反过来，对于有权进行信息查看的密码持有人来说，还要求其破译过程必须容易实现。RSA 加密体系正是因为满足这样的要求，而成为当今互联网世界中使用最广泛的加密技术。

RSA 加密体系是一种基于公钥和私钥的非对称密码体系，加密过程通过公钥进行，解密过程则必须通过私钥才能完成。基于 RSA 加密体系，为了在互联网的公共环境下实现数据和信息的安全接收，信息的接收者需要创建两个 RSA 密钥，一个是用于数据加密的公钥，另一个则是用于解密的私钥。因此，这两个"密钥"通常是以字符串的形式存在，均是在计算机上对数据和信息进行加密或解密所必需的关键字符串。信息接收者持有他人不知道的私钥，与私钥配对的公钥则在互联网上公开，任何人都可以看到。信息发送者使用此公钥对信息进行加密，并通过互联网进行传送。加密的信息和数据只有拥有私钥的特定信息接收者能够对其进行解密[⊖]。

在 RSA 加密体系中，创建私钥和公钥的算法以及使用公钥的加密算法和使用私钥的解密算法均是公开的，并且也没有使用多么复杂和难以进行的算法公式[⊖]。实际上，RSA 加密体系中的一对密钥（秘密的私钥和公开的公钥）均是基于 2 个大质数创建的，并且这两个大质数的乘积也被作为公钥信息的一部分被公开，因此，只要知道这两个

⊖ 解密，是指将加密数据恢复到原始文本的操作。
⊖ RSA 密码体系的算法均是基于费马小定理的。

大质数中的任何一个，也就知道了另一个，进而也就知道了处于保密状态的私钥信息，使得加密体系遭到破解。为了找到这里的两个大质数，就必须通过大质数乘积的因子分解来进行密钥分析。因此，如果计算机能够在短时间内完成这种大质数乘积的因子分解，那么 RSA 密码体系就会遭到破坏。20 世纪 90 年代的 RSA 密码体系采用的是512 位长度的 RSA 公钥，据悉，若要破解这样的 RSA 密码，以当时的PC 计算能力需要超过 35 年的时间。迄今为止，还没有发现一种算法，能够在短时间内通过当今的计算机实现这种大质数乘积的因子分解（包括当前推荐的 2048 位长度公钥的 RSA 加密体系）。因此，在当前的技术条件下 RSA 密码被认为是安全有效的。RSA 密码安全性的高低取决于密钥的长度，密钥的长度越长，破解就越复杂，需要的时间也越长，安全性自然更高。随着密码破解技术的进步，以及计算机性能的提高，RSA 加密体系密钥生成时所设定的密钥长度也会逐渐增加，会变得越来越长。目前使用的 RSA 加密密钥长度的标准为 2048 位，这一密钥长度能够保证安全有效的极限时间估计能到 2030 年左右，之后的密钥长度预计为 3072 位。

缩短加密体系的密钥长度有助于加密、解密处理速度的提高。因此，人们设计了几种与 RSA 加密算法不同的加密体系，其中的一种便是基于椭圆曲线的密码体系。椭圆曲线密码体系使用比 RSA 密码更短的密钥也能实现同样程度的安全性，并能提供更好的处理速度。该加密体系使用某种形式的数学原理来进行密钥的计算，采用数字序列进行加密、解密密钥的生成，进而实现信息的加密和解密。基于这样的原理，理论上来说所有的密码体系总有一天还是会被高性能的计算机破解。但问题在于，破解这样的密码所需要的时间是否在现实范围之内。如果一台超级计算机需要花费几十年的时间来破解银行卡的密码，那么说明这样的加密体系实际上的安全性是很高的。但是，如果量子计算机一旦实现，就可以瞬间破解 RSA 这样的复杂密码。

量子通信

通信技术的两大主要问题可以概括为如何提高信息传输的质量和数量以及如何提高信息传输的安全性。随着量子技术的出现和发展，诞生了一种新型的量子通信，且量子通信技术在安全性方面具有无可比拟的优势。

▶▶ 新的通信手段

在目前的互联网中，主干通信网络以及主干线路采用的主流传输技术是基于光纤的光通信技术。在这样的光纤通信技术中，为了在一根光纤中容纳不同波长的光信号，采用了大容量化多波长技术，以最大限度地提高单根光纤的通信容量。在当前的情况下，通信光纤中的能量密度与激光焊接机相当。因此，对于当前的传输技术来说，即使希望对其进行进一步的改进和提升，也基本达到了技术的极限。除此之外，随着量子计算机的出现，RSA 加密等公钥密码体系的安全性也受到了威胁。

到目前为止，关于通信和加密技术的研究和开发，一直以来都是基于电磁学和光学所构建的理论来进行的。不过，在这些技术研究的基础上，目前正在推进的是应用量子力学开创新型通信和加密技术的研究。

这种新型通信和加密技术即为量子通信。量子通信是一种利用光子和电子的量子特性实现的新型通信手段。在量子通信中，发送方首先将信息加载到处于量子纠缠状态的两个量子中。然后，将这两个处于量子纠缠状态的量子中的一个发送给接收方。此时，如果能够使得这两个量子的纠缠状态保持不变，则发送方加载到这两个处于量子纠缠状态的量子中的信息即会到达接收方。

量子通信是一种基于量子传输特性的信息通信技术，在这样的量子通信技术中，处于量子纠缠状态的两个量子在被观察到的那一刻就决定了它们的信息状态。因此，如果量子上携带的信息在通信过程中被窃听者观察到，则当量子到达接收方时，接收方将能够知道在通信过程中是否存在窃听行为。换句话说，在量子通信技术中，所传输的信息在理论上是不能被窃听或篡改的。

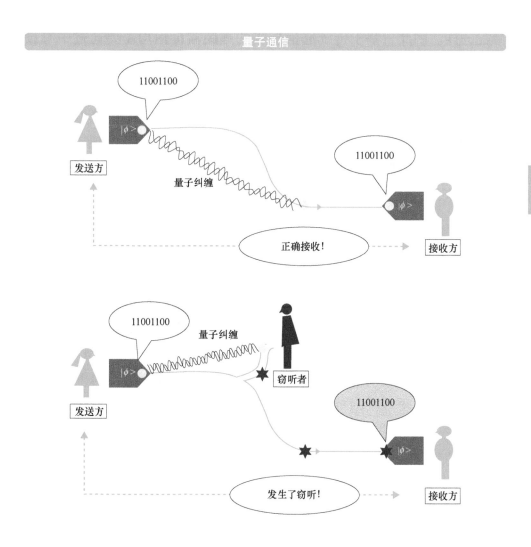

在实际的量子通信过程中，信息发送方首先制备一对处于量子纠缠状态下的光量子，并在这样的光量子对上进行信息的加载。然后，

将处于量子纠缠状态下的光量子对的一个量子用光纤发送给接收方用于信息的确认。但是，由于量子承载的信息对噪声的抵抗力非常弱，因此人们一直认为长距离的量子通信很难实现。此外，在用光纤进行光子发送的情况下，最大限度的传输距离只有 100km。

实际上，在传统的通信技术中，无线电波和光的能量在长距离的通信传输中也会发生衰减，这与量子通信中的量子难以长距离传输的情况一样。因此，基于传统通信技术的远距离传输均需要通过中继设备对信号进行再生和放大，然后再继续进行信息的转发。如果在量子通信技术中，也能像传统通信技术的中继那样，对每个承载有信息的量子实现复制，使得承载有信息的量子的数量得到增加，这似乎可以弥补长距离传输中的信息衰减。但这样的复制并不容易实现，因为如果量子一旦被复制，那么其承载的信息就会遭到破坏。

因此，在量子通信中，若要实现较远距离的信息传送，也需要采取传统信息通信技术中进行的通信中继。量子通信中的通信中继能够在信息发送方和信息接收方之间起到中间桥梁的作用，甚至通过多次通信中继实现较远距离的信息发送方和信息接收方之间的关系保持稳定。例如，假设在发送位置的量子 A 和中继位置的量子 B 之间存在着以量子纠缠方式进行的量子通信，在中继位置的另一个量子 C 和接收位置的量子 D 之间也存在着同样的以量子纠缠方式进行的量子通信。在这种情况下，如果在中继位置将量子 B 和量子 C 通过贝尔测量使其处于量子纠缠状态，则可以通过中继位置的这种量子纠缠，实现发送位置的量子 A 和接收位置的量子 D 的量子纠缠，从而能够实现量子通信距离的延长。

2016 年，由日本信息通信研究机构和日本电子通信大学组成的联合研究团队，通过这样的量子中继技术成功地将现有量子通信技术实现的信息传输距离提高了 1000 倍。该研究团队将这种量子中继的原理称为量子纠缠交换。在该项量子中继研究中，研究团队通过使用自主开发的量子纠缠光源和超导光栅检测器，在光纤上实现了高速量子纠缠交换，从而向着量子中继的实际应用方向迈进了重要的一步。以此成果为基础，该研究团队目前仍在继续进行量子中继技术实际应用的进一步研究。

当前，现有的通信网络（如因特网和局域网等）已经实现了世界范围的广泛覆盖，能够为世界各地的用户提供全方位的信息通信服务。如果能够将量子通信与这种遍布全球的现有通信网络连接起来，将是一个非常实用的技术实现方案。这样的连接如果能够实现，则可以在互联网中使用光纤网络作为主干线路，在市区等有限范围内连接高度安全的量子通信网络，或者通过量子局域网实现量子计算机中心的通信连接。

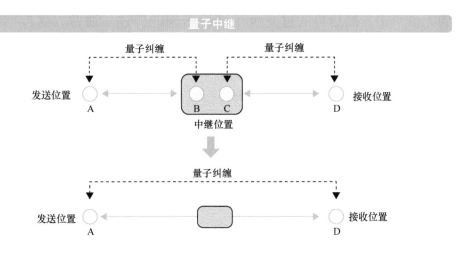

绝对安全的量子加密通信

量子密钥分发是量子加密通信技术中的一种，该技术以共享保密信息为目的，通信双方都拥有能够根据量子力学检测是否被窃听的加密密钥（该密钥还用于葡萄酒的时间戳等），并使用该密钥进行信息的安全发送和安全接收。

▶▶ 量子通信协议

在量子密钥分发中，首先将用于信息加密和解密的"密钥"加载到光量子中，然后再通过光量子进行密钥的传递。通常，这样的密钥是由"0"和"1"组成的随机比特串。将密钥中的这些"0"和"1"的信息加载到光量子中并通过光量子发送出去，在确认中途没有被窃听后，即可以此密钥作为密码进行信息的加密和解密。

由于这种密钥传递方式是通过光量子进行的，因此可以使用光的性质。可以通过偏振片等的使用来任意改变光的性质，例如可以使用偏振片制造出垂直偏振光和水平偏振光等。除此之外，还可以将光衰减到极限变成脉冲光，从而可以实现单一光子的独立发送，如此即可通过这种单一光子的独立发送实现加载到光子上的信息"0"和"1"的发送，进而实现一个密钥的发送。

1984 年，美国的查理斯·贝内特（Charles Bennett）与吉尔斯·巴撒德（Gilles Brassard）提出了第一个量子密钥分发协议，即"BB84"协议。

BB84 协议使用垂直、水平、右旋（45°）和左旋（45°）四种不同的偏振光进行量子密钥的传送，发送方可以随机选择这四种偏振光中的任意一种进行密钥的发送。接收方则随机选择垂直、水平偏振体系和右旋、左旋偏振体系这两种中的任意一种进行密钥的接收。当发送方和接收方的偏振方向一致时，可以知道密钥信息的具体内容。

接收方在接收到发送方发送过来的光量子后，会告知发送方自己选择的是垂直、水平偏振体系和右旋、左旋偏振体系中的哪一种进行密钥接收的。作为回应，发送方也会回复接收方发送其所采用的接收偏振体系是否正确。接收方等待这一答复，以确定所收到的密钥传送信号是否正确。

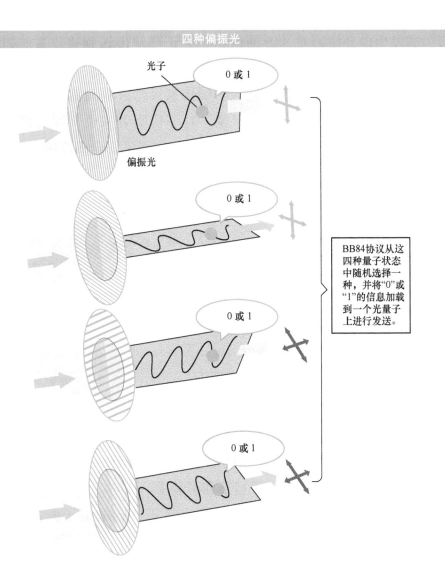

四种偏振光

第 2 章　量子信息处理、量子加密通信

在这样通过光量子进行的密钥信息传送中，即使光子在传输过程中被实施窃听行为的第三方截获，窃听者也必须像接收方一样选择正确的接收偏振器才能实现正确的信息接收。由于窃听者不能向发送方发出询问信号，因此窃听者接收到的密钥信息正确与否的概率只有 50%。

也就是说，窃听者不能够知道正确的密钥信息。另外，由于窃听行为的发生也会使得发送方的信息不能正确地传送到接收方。如此一来，发送方和接收方就能够发现窃听行为的发生。

除此之外，如果接收方发现密钥信息异常，则只需废弃该密钥并重新发送另一密钥即可。也就是说，对于窃听者来说，通过窃听得到的密钥信息将是无用的。这就是量子通信之所以安全的原因。

量子密钥传输（BB84 协议）

瑞士的 id Quantique 公司和美国的 MagiQ Technologies 公司等都在销售支持 BB84 协议的量子加密设备。在日本，NEC、东芝和三菱电气等公司也已经成功地开发出了量子加密装置。

另外，在这里所介绍的使用偏振光量子进行的量子密钥传送中，由于光量子承载的信息状态不能在光纤中得到适当的保持，所以这样的密钥传送不能使用光纤进行。因此，日本电报电话公司（NTT）正在进行差分相移量子密钥传输的研究，这种密钥传输方式使用相位调制的光量子实现信息的承载，接收方在接收到光量子时通过传统信道将检测到的光量子相位发回发送方。

BBM92 量子通信协议是 BB84 协议与量子纠缠的量子特性相结合而出现的高一级量子通信协议。在该协议中，发送方以处于量子纠缠状态下的光量子向接收方发送密钥，发送方的偏振方式和接收方的偏振方式在观察的瞬间是由其中任何一方确定的。利用这种量子特性可以使得发送方和接收方之间拥有相同的密钥。因此，BBM92 协议是一种基于量子纠缠的高度安全的量子加密通信协议。

目前，BB84 量子通信协议的实现技术已经基本完成，量子通信中通信距离最多为 200km 左右的弱点也可以通过量子中继的方法来加以解决。美国和中国对长距离量子加密通信特别感兴趣。

在美国，连接波士顿和华盛顿特区等东部主要城市的量子加密通信网络已经完成，并于 2018 年开始商业运行。在这个网络中，有很多金融机构使用的数据中心，并计划在未来将网络扩展到美国西海岸。

在中国，北京和上海之间已经建立了一条用于量子通信的线路，以进行基于量子密码学的量子加密通信，距离约为 2000km，目的是防止网络攻击。

此外，量子加密通信技术的发展也引起了人们对量子加密卫星通信的关注。2016 年，中国发射了世界上第一颗量子加密通信卫星墨子号。在墨子号量子加密通信卫星发射 4 个月后，在距离 1200km 的青海省和云南省接收到了从墨子号量子加密通信卫星发送的处于量子纠缠状态的光子。这意味着在中国境内，在距离 1200km 的两个不同地点之间可以实现量子密钥的发送和接收。而且，由于这样的量子通信是通过卫星进行的，因此无法进行密钥信息的拦截。即使处于量子纠缠状态下的光子遭到了拦截，由于量子通信的性质，发送方也会知道截获情况的发生。

日本于 2017 年发射了由日本国家信息和通信技术研究所（National Institute of Information and Communications Technology，NICT）开发的小

型（50kg 左右）人造卫星，并成功进行了量子加密通信试验，日本在量子加密通信领域也具有全球优势。日本在量子加密通信技术方面处于世界领先地位，这听起来可能有一些出乎意料。但在这个领域，日本之所以能够引领世界，是因为在过去的几十年里积累了大量的基础技术。

除此之外，以 NICT 为中心，在 NTT、东芝、三菱等公司的研究人员的辛勤努力下，日本还在量子加密通信领域率先进行了相关技术的标准化推进，目前在标准化方面也处于领先地位。东芝公司和 NEC 公司开发的量子加密装置也被认为能够满足高速和长距离通信的需求，堪称世界领先水平。

当前，在利用人造卫星进行量子通信方面，除了美国和中国之外，德国、瑞士、新加坡和澳大利亚等国家也在加速研究。为了保持这种优势，有必要进一步积累实绩，例如发射多颗装载了可进行光通信的量子加密装置的人造卫星等。

第 **3** 章

量子束

使用激光束的加工技术有利于加工操作的参数化，因此很容易实现加工操作的自动化。本章总结了包括激光在内的量子束的种类和特征。量子束的应用领域非常广泛，包括从工业用加工机器、材料分析设备到医疗仪器等。

能量的最小单位

人类从古代开始就一直在进行元素本质的思考，但关于这一问题的思考直到 20 世纪才能够以科学为基础接近问题的实质。而且，随着原子物理学的发展，人们发现有些事情并不符合在此之前的"常识"，其中之一就是能量也具有最小的单位，这样的最小能量单位是一个不可再分的基本物理量。

▶▶ 物质能被分割到什么程度

如前所述，人类对物质本源的认知和探究活动从最早的远古时代就自发地开始了，并且一直在持续地进行着。自古以来，各个时代的哲学家和科学家们也都在致力于这一问题的研究，并力图找到问题的终极答案。早在公元前，人们已经有了这样的见解，即"如果把物质分解得越来越细，就会找到无法再分割的物质的元素（element）"。这一问题的核心在于"物质的基础"是什么？

基于现代科学，特别是现代物理学的发展，现在我们知道，物质的最小构成单位是原子，而且原子是由更小的基本粒子组成。原子的大小因元素种类和所处状态的不同而有所不同，其大小约为 0.1nm。这个大小是 1m 的 100 亿分之一（1×10^{-10}m）。

由于这个事实是由普朗克在 1900 年通过实验推导出来的，所以也相应地将这个能量的最小单位称为普朗克常数。

根据普朗克定律，频率为 ν 的光波，其能量（E）可以表示为普朗克常数（h）与频率（ν）之积的整数倍。由于频率是光速（c）除以波长（λ），所以能量也可以用波长来表示。其中，$h\nu$ 或 hc/λ 即为该光波所对应的能量最小单位。

$$E = h\nu = hc/\lambda$$

如果将这样的能量最小单位应用于原子的电子轨道，则可以将原子中的电子划分为具有最小电子能的电子（基态能级的电子）和具有次高电子能的电子。因此，电子所具有的能量也不是连续的，并不具有连续的电子能值，而是在相邻轨道之间具有一定能量的间隔，从而将电子轨道划分为不同的能级。我们将此称为量化能级。

作为量子的电子，除了表示电子基波频率（电子波动的基础频率）的主量子数（n）之外，还有表示电子轨道方向和形状的方向量子数（l）、磁量子数（m）以及自旋量子数。电子自旋量子数的取值为 1/2 的整数倍（如 1/2、3/2 等）。例如，一个碳原子含有 6 个电子，其主量子数 $n = 1$，2；方向量子数 $l = 0$，1；磁量子数 $m = -1$，0，1。在正常状态下，原子的结构决定了它们的电子轨道配置，从而将电子的整体能量降低到某个最低水平，以维持原子内部电子的稳定状态。对于一个一共具有 6 个电子的碳原子来说，这 6 个电子从最低能级的电子轨道开始按顺序进行排列。这样一来，碳原子核外层的 2S 电子轨道上具有 2 个电子，2P 电子轨道上具有 2 个电子。因为该 2P 电子轨道具有容纳 4 个电子的能力，因此就会有足够的空位，可以再容纳来自其他原子的 4 个电子。

对于元素编号比碳元素大一个数的氮元素来说，其原子序号比碳原子序号多一个数，原子中的电子排列也比前面看到的碳原子的电子排列多一个电子。这个额外的电子将进入氮原子核外层的 2P 电子轨道的空缺位置之中。同样地，从锂原子开始，一直到原子序号增加到氖原子为止，电子均可以以这样的方式增加。在氖原子中，主量子数 $n = 2$ 的电子轨道中的电子数达到该能级轨道电子数的上限。若氖原子中的电子数再增加一个，原子则成为钠原子。在钠原子中，这个额外的电子将被置于主量子数 $n = 3$ 的电子轨道中，该电子轨道的能级与之前的氖原子 2P 电子轨道相比，具有较高的能级跳跃。

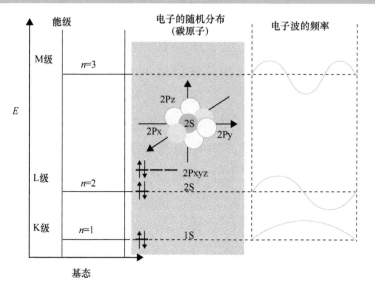

3-2

电子在量化能级上的跃迁

在诸如原子这样的微小粒子中，电子的能量是量子化的，其能量是以离散的能级分布的。由于这个原因，当电子在移动到不同的能级时，就意味着其能量发生了向上一个能级或向下一个能级的跳跃。因此，在像原子这样的微小粒子中，电子的能量是不可能出现连续斜线那样的逐渐上升或下降。

▶▶ 原子的模型与光的产生

当原子内部的电子被赋予能量时，电子的状态并不会随着能量的赋予而立即改变。只有在电子被赋予足够的能量，并能够使其上升到高一级能级时电子才会发生能级的跃迁。在此之前，电子会一直处于其当前所在的能级。

从 20 世纪初开始，一直到 20 世纪中叶，在这个长达半个世纪的时间里，物理学家的兴趣一直都集中在弄清原子的结构上，力求阐明原子的内部结构。英国人 J. J. 汤姆森（J. J. Thomson）提出了一个原子模型，认为原子是一个实心的球体，正电荷均匀分布在球体内，电子像面包里的葡萄干一样镶嵌在其中，围绕着一个带正电的球体散射分布（汤姆森模型）。之后，欧内斯特·卢瑟福（Ernest Rutherford）以试验为基础，提出了带正电荷的原子核位于原子中心，周围有电子围绕其旋转的卢瑟福模型。几乎在同一时期，日本的长冈半太郎也提出了原子核周围有电子的土星型原子模型。

丹麦的尼尔斯·玻尔（Niels Henrik David Bohr）于 1913 年发表了第一个基于量子理论的原子模型，被称为玻尔原子模型。在玻尔所

▼ 尼尔斯·玻尔

设想的原子结构中，中心有一个带正电荷的原子核，电子按照预定轨道从内到外依次排列在原子核的周围。这些电子的轨道，从最接近原子核的轨道开始，依次被命名为K层、L层、M层……每个轨道层的电子数量都有一个确定的限制数值。在玻尔原子模型中，特别重要的一点是，各个轨道上电子的能量都是离散分布的。一个电子轨道和下一个电子轨道之间的能量水平（能级）不是连续的，而是跳跃变化的。也正是这一点，使得玻尔模型成为一个可以解释量子行为的原子模型。

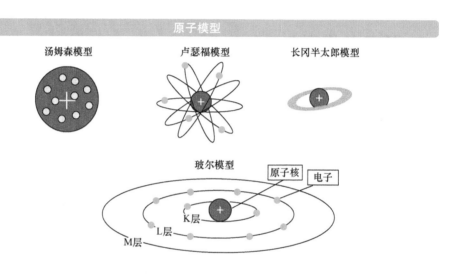

现在让我们用玻尔模型来解释一下氖气发出红色光的原理，看看红色光究竟是如何从氖元素气体中发出的。19世纪后半叶，英国著名物理学家与化学家威廉·克鲁克斯（William Crookes）发明了一种阴极射线管（CRT），被称为克鲁克斯管。克鲁克斯管的发明证实了电子在真空中飞行能够产生电子射线的现象。如果玻璃管内的气压降低，就会出现真空放电，并根据玻璃管内部的气压情况，可以看到辉光放电，玻璃管壁的一部分会发光。此外，如果将各种气体密封在玻璃管内，就会从气体中发出明亮的有色光。如果氖气被密封在里面，则会发出明亮的橘红色光。

氖原子被归类为惰性气体原子，这种气体是自然界中的稀有气体，其原子很难与其他元素的原子发生化学反应。之所以如此的原因是在氖原子中，主量子数为 2 的电子轨道层的能级是稳定的。也就是玻尔原子模型中的 K 层和 L 层中均充满了电子，因此通常不能与其他原子的外层电子产生共价结合。但是，如果将氖气密封在玻璃管中，并降低玻璃管内的气压时，发生真空放电现象释放的电子就会与氖原子发生碰撞。当这种相互碰撞的电子能量较低时，释放的电子则会被氖原子排斥。然而，当电子的能量逐渐增加，最终电子的能量与氖原子中电子的激发能量相对应时，放电现象释放的电子的能量就会被氖原子中的电子吸收。结果，就会有一部分氖原子内的电子被激发。

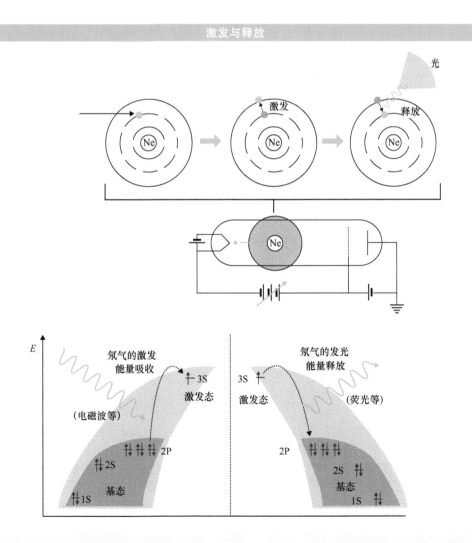

激发与释放

但是，如果电子的能量水平上升到比其所处能级更高的程度，电子则会变得不稳定，处于一种非稳定状态。在这个能量提升的过程中，电子因受到激发而积累的能量，由于这种不稳定的状态，经过一段时间后容易被释放，从而使其重新回到原来的稳定状态。因此，受到激发的电子会返回到其基态能量水平，使其处于稳定状态。此时，释放出的能量会被转换成光，而作为氖元素的气体，所发出的正好是橘红色的光。

3-3

什么是激光

激光（laser）一词是 Light Amplification by Stimulated Emission of Radiation 的首字母缩写。翻译过来的意思就是 "由受激辐射产生的光放大"，这一短短的术语实际也说明了激光产生的原理。

适合成为激光的光

与普通的光相比，用于激光笔的红色激光，具有不易向周围扩散的性质（高指向性）。除此之外，激光还是一种单色性很强的光。如果对太阳光等白色光通过棱镜进行分光的话，就会将白色光分成如彩虹那样的多种颜色的光。由此可见，白色光实际上是一种由多种颜色的光聚合而成的复合光。与白色光相比，激光不仅具有单色性强的特点，并且是一种频率一致的单色光。除此之外，激光波形的相位也具有高度的一致性。因此，激光是由相干光（可干涉）聚合而成的光，光的这种性质被称为相干性。相干的光即使通过棱镜进行分光，也不会出现像太阳光那样散射成多种颜色光的情况。

简单来说，激光就是原子内的电子被激发，受到激发的电子因为需要返回到其原有的稳定状态释放出激发过程所获得的能量而发出的光。关于激光的详细原理将在后续的内容中进行进一步介绍。因此，对于从不同位置、不同时间随机发射出来的光，如果能够将这些光合并为一个光束，就能够形成一个高能量的激光束。在进行这种光束（合成光）的合成过程中，如果作为合成成分的各个分量光的相位和频率不同，这些分量光就会因为波峰、波谷的相互叠加而被平均化。在这种情况下就难以形成一个高能量的一致性光束，因此这样的光也不适合于激光束的形成。

对于频率一致、相位关系稳定的相干光来说，因为各光分量的波峰和波谷的叠加关系具有一致性，因此可以合成一束波形一致的激光束。

1960 年，美国贝尔实验室的理论物理学家唐纳德·赫利奥特（Donald Herriott）、旅美伊朗物理学家和发明家阿里·贾万（Ali Javan）以及威廉·贝内特（William Bennett）三人开发出了使用氦气和氖气混合物的激光器（尽管此时的氖气发出的是红外辐射……）。之后，同为贝尔实验室的阿兰·怀特和达内·里格登成功地实现了632.82nm 红色激光的发射，这种红色激光至今仍然被广泛应用，如激光笔、条形码阅读器和激光打印机等。

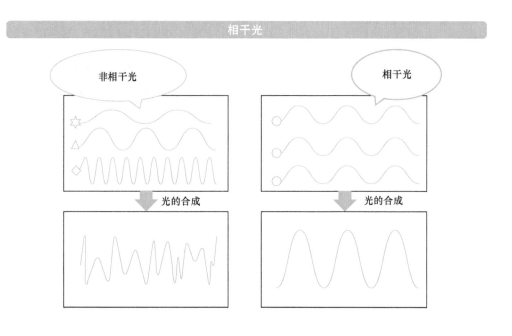

如果要实现一台能够进行实际应用的激光装置，则需要这样的装置能够持续地进行激光的发射。为了让氖气能够进行这样的激光持续发射，则需要维持氖气原子中电子激发态的持续产生。为此，所采取的方法是将激发电子的能级直接提升到更高的激发能级，而不是仅仅提升到比基态高一级的能级上。这意味着将有更多的电子停留在较高的能级上，从而使得这些电子即使在进行能量释放时，也不会立即返回到能量较低的基态，而是停留在高能量水平的能级上。如此一来就实现了高能级上电子数量的增加。如果持续进行这样的电子激发，不断提供激发电子的能量，那么被激发的电子数量就会超过处于基态的电子数量。这种状态被称为高能级电子数的反转。

此时，采用与这些反转分布的电子发射的波长相同的光对其照射。这样一来，被激发的电子就会发出与照射光波长、相位、频率相同的光。也就是说，完全相同的光会增加一倍。这就是所谓的诱导发射。

当这样的诱导发射发生时，光还会击中下一个处于反转分布的激发电子，并使得该激发电子向同一方向发射相同波长的光。通过这一过程的不断重复，则可以产生大量波长、相位、频率相同的相干光。

在氦-氖激光器中，通过氦原子对氖原子进行了这样的激发。将氖气浓度小于15%的氖气和氦气的稀薄混合气体放入玻璃管中并施加电压进行放电时，放电产生的电子会对氦气的原子进行激发，从而使其处于激发态。处于激发态的氦原子与氖气中氖原子的碰撞，会使得氖原子被激发，进而使得处于激发态的氖原子中的激发电子数得到增加。当氖原子中激发电子数实现反转分布时，对其采用632.82nm的红光进行照射，处于激发态的氖原子就会发射出相同波长的红光。并且，诱导发射出来的光还会对另一个处于激发态的氖原子产生新的诱导发射。

以两位法国科学家命名的法布里-珀罗（Fabry-Pérot）谐振腔（又称为F-P谐振腔），是一种通过一对位于谐振腔两端面的平行反射镜实现光放大的激光部件。该部件能够使得谐振腔内的光在两面镜子之间不断进行反射，并通过这种高相干光的多次往返通过，实现激光的成倍放大。这个光谐振腔也是激光装置的关键部件。

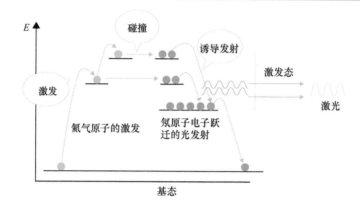

氦-氖激光器的能量状态图

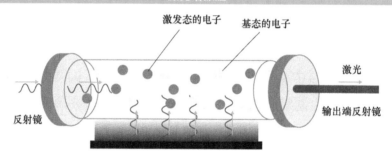

激光谐振腔

半导体激光器

对于一台激光器，要求其能够以稳定的方式发出相同频率的光。由于这个原因，经常也使用半导体发光器件 LED（发光二极管）作为激光器的光源。LED 是由 p 型半导体材料和 n 型半导体材料构成的 p-n 结器件。

p 型半导体材料是在 4 价的硅元素晶体中混入少量的硼等 3 价元素而制成的。通过在硅的共价键中加入缺少 1 个电子的硼原子，则可以在晶体内形成缺少电子的空穴（电子的空洞）。如此形成的半导体材料，由于晶体在整体上略微偏向于正电荷的性质，因此称其为正型半导体材料，即通常所称的 p 型半导体材料。

与此相对应的是，n 型半导体材料是在 4 价的硅元素材料中掺入少量 5 价的磷元素原子制成的。这样一来，从总体上来说在这样的材料中就存在着富余的电子。因此，材料晶体整体会略微偏向于负电荷的性质，所以称其为负型半导体材料，也就是通常所称的 n 型半导体材料。如果将这两种不同性质的半导体材料接合在一起的话，就会在两种材料的结合部位形成一个 p-n 结器件。

当对一个这样的 p-n 结器件施加电压时，电子会在 p-n 结的附近区域进行交换。这种情况的发生与受激电子返回其基态的方式相同，也就是说会有光的产生。此时，所产生光的频率根据半导体材料原子结构内电子能级之间的能量差异而不同。在半导体激光器中，光是由 p-n 结器件产生的，与 LED 的发光方式相同，并且可以发射出单一频率的光。由于激光是一种具有高指向性、相位一致的光束，因此要成为一个激光器，还需要在 p 型和 n 型半导体之间加入一个激光晶体，以进行激光的形成。通常情况下，该激光晶体的两个端面会起着一个半反射镜的作用，其工作方式就像一个激光器中的激光谐振器一样。具有这种简单结构的半导体激光器被称为法布里-珀罗型半导体激光器。

与气体激光器等其他类型的激光器相比，半导体激光器的体积更小、重量更轻，具有不可比拟的优势。尤其是法布里-珀罗型半导体激光器，由于其结构简单，被广泛应用于光盘和激光打印机等领域。

事实上，法布里-珀罗型半导体激光器输出的激光光谱并不是单一的，而是略微混合了一些其他频率的成分。为了产生用于光纤通信的单一波长的激光，采用了 DFB（Distributed Feedback，分布反馈）型半导体激光器。该类型的半导体激光器在 p 型半导体层和激光晶体层之间的边界上形成了衍射光栅，从而能够确保其所产生的激光束波长的完全一致性。这种 DFB 型半导体激光器通常被用于长距离、高容量的光通信等领域。

DFB 型半导体激光器难以制造且价格昂贵，而 FBG（Fiber Bragg

Grating，光纤布拉格光栅）型半导体激光器是一种能够以更便宜的价格实现单波长光振荡的激光器。该激光器是一个长度仅为几毫米的衍射光栅，不仅具有发出激光波长稳定的优点，而且因其是一个长度仅为几毫米的衍射光栅，便于实现激光器与光纤的耦合。半导体激光器发出的光经 FBG 的窄带滤光器透射稳频后引导进入光纤，从而形成单一波长的激光束。

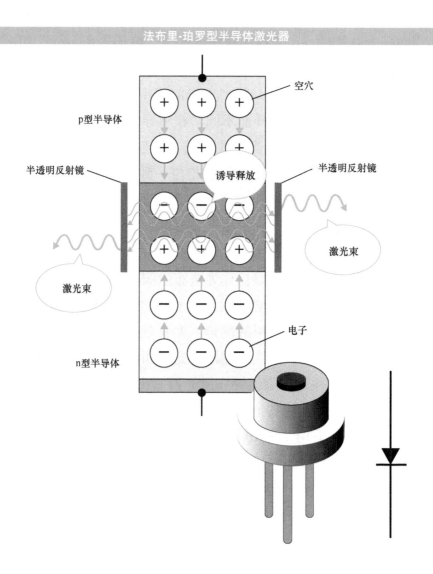

法布里-珀罗型半导体激光器

极简图解量子技术基本原理

3-4

未来武器

由于激光器中谐振腔的作用，使得激光器发出的激光束具有优异的单色性、单指向性和干涉性。激光束的这种特性使其能够将能量集中在一个狭窄的区域，目前正在进行将激光束的这种特性应用于武器的研究。像动画片《AKIRA》和《机动战士高达》中出现的激光枪，是出现在众多科幻电影中的未来武器，过去一直被认为只会存在于未来的世界中。但是从目前的发展情况来看，距离实战配备的日子并不遥远。

▶▶ 激光武器

拉斐尔先进防御系统公司是以色列最大的武器制造公司之一，其在 2014 年的航展上展示了一种被称为"Iron Beam"的激光武器，即目前广为人知的"铁穹"导弹防御系统。这种"Iron Beam"激光武器也有地面部署的版本，其体积小到足以装入一台专用运输车辆的货箱，以运输到任何需要的地点。"Iron Beam"激光武器射程约为 7km，可以攻击和摧毁飞行而来的导弹和大炮发射的炮弹。其进行激光束发射的输出功率为几十 kW，摧毁一枚导弹只需要短短的几秒钟时间。因此，这种激光武器的出现可以使得以往很难被摧毁的攻击性武器在其击中目标之前被摧毁。目前来看，这种武器在战场上的实战部署仍然需要很长的时间。当前，即便是输出功率高达数百 kW 的红外激光，也只能摧毁无人机一类的运动速度相对缓慢的物体。

目前，除了以色列以外，还有许多国家也在进行激光武器的研究和开发。这是因为激光武器造成破坏的成本比传统的炮弹更低，而且还具有不用担心弹药耗尽，安排少量人员即可完成操作的诸多优势。

美国海军也早在 2012 年就进行了激光武器试验，并在此之后一直在进行激光武器的研发。大功率激光武器并不轻便，其便携性和重量成反比，因此美国空军也将其搭载在大型飞机 AC-130 上。

　　动画片中所描绘的激光武器可以在瞬间摧毁目标物体，但在现实中，任何激光武器的能量熔化装甲并侵入其内部实际上都是需要时间的。因此，以破坏为目的将激光作为武器的实际应用可能还很遥远。

▼激光武器

正在推进实战部署的高能激光武器

源自美国海军研究办公室(Office of Naval Research)

激光在工业领域的应用

当前，激光已经被作为一种实用技术广泛地应用于各个领域。但在激光技术研究的早期阶段，主要进行激光产生机理的研究，一般认为属于"量子电子学"的学术研究领域。目前的激光技术研究侧重于其光学性质的研究，因此被认为属于"量子光学"的研究领域，其目的在于将激光用于通信和测量等方面。

激光的多种应用场景

氦-氖激光器使用氦气和氖气的混合气体作为激光产生的增益介质，通常被称为气体激光器，激光手术中使用的准分子激光治疗仪就是一种气体激光器。除此之外，音乐演唱会以及其他娱乐活动中使用的氩离子激光和氪离子激光也是由气体激光器产生的，用来营造特殊的灯光效果。

与其他类型的气体激光器相比，使用二氧化碳（CO_2）作为激光产生增益介质的二氧化碳气体激光器具有更高的能量效率，可以获得较高的激光输出功率。此外，通过使用一种被称为 Q 开关的激光功率增强技术，二氧化碳气体激光器的激光输出功率最终可提高到几千 MW。正是由于这种高输出功率的特点，二氧化碳激光器多用于加工和焊接等工业生产领域。但在通过控制，能够实现输出精确调整的情况下，也常将其应用于整形外科和皮肤科等激光治疗领域。

除了使用气体作为激光器的增益介质以外，也有一些激光器采用固体或液体作为激光产生的增益介质。实际上，在氦-氖激光器开发的同一时期，红宝石激光器也应运而生了。红宝石激光器是一种固体激光器，其采用人造红宝石作为激光产生的增益介质，能够发射出

第3章

694.3nm 的红色激光束。红宝石激光器多用于工业应用、材料加工和点焊等。同样以宝石作为激光产生增益介质的还有掺钛蓝宝石激光器，这种激光器产生的激光被常用于双光子激发的荧光显微镜中。

上述所称的宝石类激光器，实际上均是以某种晶体材料作为激光产生增益介质的。这一类激光器还有常见的 YAG 激光器，用于金属材料和塑料材料的标记和修整。此处的"YAG"指的是一种含有钇元素（Y）和铝元素（Al）的晶体，其化学组成分子式为 $Y_3Al_5O_{12}$，常将其作为激光器的激光产生增益介质。由于目前常用的 YAG 激光器在其增益介质中添加了钕元素（Nd），因此称其为 Nd：YAG 激光器。

常见的 Nd：YAG 激光器，其输出功率为几 kW，输出激光脉冲的频率为几 Hz 到几 kHz 之间。使用此类激光器可以对各种不同类型的材料进行切割、钻孔和焊接等，因而广泛应用于材料加工领域。

▶▶ 用于精细加工的激光技术

激光已经被广泛应用于工业领域，以实现各种不同材料的激光加工。例如，在观光景点的旅游纪念品以及各种活动的标志性纪念物等文旅产品中，我们经常可以看到玻璃体内呈现出的精美造型，如立体雕刻的白色雕塑以及玻璃内层的立体雕花等。这些精美的艺术雕刻（标记）通常被称为 3D 晶体微雕，是激光加工的杰作，是通过激光在玻璃等材料内部采用微小裂纹的制造所进行的细微切割所形成的微雕结果，最终呈现出美妙的视觉效果。在 3D 晶体微雕的制作过程中，来自不同方向的激光穿过透明玻璃，并在透明玻璃内聚焦于一点，使得被加工的材料仅在此焦点处吸收高额的能量。这种现象被称为多光子吸收，3D 晶体微雕就是通过这种方式加工制作而成的。

通常，为了激发分子内的 1 个电子，分子只需要吸收 1 个光子的能量。但是当照射到分子上的光子密度非常高时，多个光子聚集在一起会同时被分子吸收，并进行电子的激发。这种现象就是多光子吸收。

当来自各个不同方向的激光穿过透明玻璃，并在玻璃材料内部聚焦于某一点的时候，由于激光集中在玻璃内部的狭窄区域，因此会发生多光子吸收的现象，能量迅速被焦点处的玻璃材料吸收，从而使材料产生细小的玻璃裂纹。据 3D 晶体微雕的制造商称，当对高度透明的玻璃材料照射输出功率约为 1W 的激光时，玻璃材料可产生大约 0.01mm 间距的微小裂纹。

3D 晶体微雕的加工制造需要采用高能量密度的激光进行。在这个过程中，如果激光照射的时间过长，玻璃材料就会破裂。因此，在进行 3D 晶体微雕的加工制造过程中需要控制激光照射的时间，以极短的时间对玻璃进行激光照射，从而控制材料产生裂纹的程度。为了实现这种极短的照射时间，通常以激光脉冲的形式对材料进行照射，以此来满足照射时间足够短的加工要求。当脉冲产生的时间长度（脉冲宽度）可以以飞秒（fs）为时间单位进行度量时，这样的激光被称为飞秒激光[○]。1fs 为 10^{-15}s，也就是一千万亿分之 1s。

当以飞秒激光这样超短脉冲宽度的激光脉冲对材料表面进行照射时，即使激光照射产生的热量集中在某个狭窄的区域，但由于激光照射的能量足够微小，所以由此产生的热膨胀或振动不会导致周围材料产生裂纹或断裂。因此，通过多光子吸收的利用，可以采用超短脉冲宽度的激光脉冲对玻璃和钻石等透明材料进行内部加工，通过多光子吸收的利用，实现材料的超精细加工。飞秒激光的脉冲强度可以达到 TW 级的输出功率，但对于金属材料等超精细加工，仍然可以达到数十 nm 的加工精度。除此之外，目前正在开发一种以 10^{-18}s 为脉冲宽度度量单位的脉冲激光，被称为阿秒激光，其脉冲强度接近 PW 级的输出功率。通过这些高能超短脉冲激光的使用，可以对金属和硅等材料进行超精细加工。

○ 脉冲宽度在 10^{-12}s 级的激光为皮秒激光，脉冲宽度在 10^{-18}s 级的激光为阿秒激光。

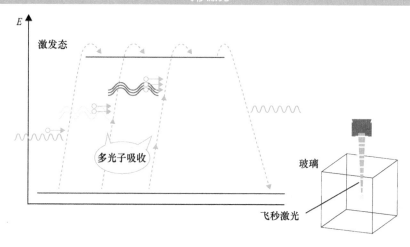

激发态

多光子吸收

玻璃

飞秒激光

专栏

光频梳

光频梳是光学频率梳技术的简称。20世纪末，德国的特奥多尔·亨什（Theodor Hensch）和美国的约翰·霍尔（John Hall）成功开发出了光学频率梳技术，使得长度的国际标准单位能够通过一把拥有精密刻度的光学尺子来进行度量和定义。光学频率梳是一些离散的、等间隔排列的激光波形成的像梳子一样形状的光谱。其中，每一个波峰均为一个激光脉冲，脉冲时间间隔以飞秒为时间单位进行度量，激光脉冲持续发生的时间以纳秒为时间单位进行度量。目前，包括日本在内的很多国家均使用通过光学频率梳定义的1m长度国际标准作为长度标准单位。

光学频率梳的每个波峰之间的时间间隔非常狭窄，利用这样狭窄的间隔已经开发出了一种进行原子和分子分析的方法（双光梳光谱）。此外，还开发出了一种通过一次激光照射测量物体的三维形状的技术。目前，基于光学频率梳的光晶体钟和原子冷却等众多领域的应用研究也在火热进行中。

CPS 型激光加工

CPS（Cyber-Physical Systems，赛博物理系统），是一个包含计算、网络和物理实体的复杂系统。通过对专业技术人员工作过程的定量捕捉，CPS能够将迄今为止需要由工程师和技师等专业技术人员完成的工作过程借助计算机进行再现。对于在此所称的 CPS 型激光加工，这里的 C（Cyber）指的是基于计算机和互联网实现的模拟器，P（Physical）即为激光加工。

▶▶ 激光加工的高效化

随着人口老龄化社会问题的加剧，日本的制造业也正面临着劳动力减少和熟练操作人员老龄化的问题。迄今为止，制造业的加工操作一直依赖于工程师和技师等专业技术人员的经验和直觉，如何进行这种工作技艺的传承一直是困扰制造业的一个问题。随着激光加工技术的发展，激光已经被用于各种电子元件的制造以及半导体基底的加工。在这样的激光加工中，通常需要为激光加工机预先输入加工所需要的加工参数，而这些参数通常取决于专业技术人员的经验。现在，通过CPS 型激光加工，基于赛博物理系统的支撑，可以将传统激光工艺所需预先设定的加工参数减少90%。

采用 CPS 支持的激光加工的具体过程是，CPS 首先使用各种传感器监测工程师和技师等专业技术人员的实际激光加工过程，同时收集包括温度、湿度、蒸汽压力、断裂应力、激光束反射等众多与加工相关的过程数据，然后再在这些数据的基础上，通过 CPS 实现高度自动化的激光加工。

这样的数据采集和收集更多的是在互联网等网络环境（Cyber）构成的网络空间进行的，以利于数据收集的广度和数据的共享。所收集到的大量数据最终将转化为专业的加工工艺数据库，用于 CPS 自动化激光加工过程的监督和指导。除此之外，还可通过有监督的深度机器学习，从这些大量加工数据中提取有用的特征量，以便在网络空间进行加工过程的模拟，并以此为基础在物理空间实现自动化激光加工。

在自动化激光加工过程中，自动加工的状态实时在 Cyber 网络空间中进行监控，同时进行模拟和优化。通过这样的物理空间与虚拟网络空间之间的不断交互，可以提高自动化激光加工的加工精度。

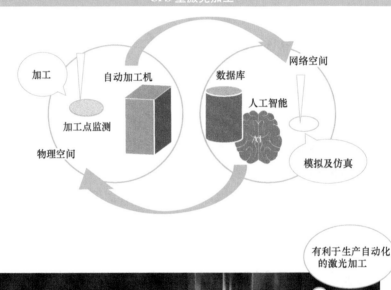

CPS 型激光加工

有利于生产自动化的激光加工

极简图解量子技术基本原理

当前，世界各国对于自动化激光加工机的竞争正如火如荼地进行着。德国已经建立了政产学研联合体，以促进激光加工机的技术创新和技术进步。再把目光转向亚洲，印度也正在以国家为主体，推进自动化激光加工技术的发展。在本书撰写时，全球激光加工设备市场的规模约为1.5万亿日元，并且以10%左右的年均增长率增长。预计今后的相当长时期，各国的技术竞争会越发激烈。

　　在日本，各公司多年来一直围绕着CPS型激光加工系统技术进行自主研发，并随着国外市场的快速增长得以迅速发展。目前，提升和强化CPS型激光加工竞争力是日本的国家重点战略项目之一。

多光子吸收的应用

若2个光子同时被一种材料的某个原子吸收，并使得原子的1个电子处于激发态，那么激发该电子的光波长是单光子激发光波长的两倍。利用这一特性可以开发出利用多光子吸收性质的器件，这样的开发工作目前也正在进行中。

▶▶ 多光子吸收的应用

在2个光子的多光子吸收中，使电子处于激发态的单一光子的能量是单光子激发时光子能量的二分之一，也就是电子能级上升到激发态所需能量（能级跃迁能量）的一半。在3个光子的多光子吸收中，单一光子的能量仅为电子能级跃迁能量的三分之一。在多光子吸收中，用于电子激发的光子的能量是基于"$E=h\nu=hc/\lambda$"这一公式的，这意味着即使是长波长的光也可以像激光那样，将电子和分子等微小粒子激发到激发态。例如，即使是近红外光，通过多光子吸收也有可能用于粒子的激发。

在荧光显微镜中，通常可以采用激光作为光源对被观测物体进行照射并使其发出荧光，以便通过荧光探针进行观察。此时，如果使用一个聚焦的激光器，则可以使得荧光探针处的被观测物体产生多光子吸收现象，仅使非常有限的被观测物质分子处于激发态。这样的情形就如同在进行3D晶体微雕加工制造时一样，只会激发非常有限范围的物质分子。在荧光显微镜中，这样的有限范围物质分子的激发，会使得只有非常狭窄范围内的被观测物质分子发出荧光。

除此之外，通过多光子吸收可以使得用于激发的激光的波长范围得以扩展，因此可以使用对生物组织具有高透射性的较长波长的光作为激发光源。这意味着通过荧光探针可以选择性地观察到更深区域的蛋白质。

目前，已经有许多制造商能够制造和销售双光子激发的荧光显微镜。双光子荧光显微镜由于使用掺钛蓝宝石激光器，以近红外激光作为激发光源，因此可以在距离组织表面几百 μm 的深度获得显微图像，并且由于对活体组织的损害较小，可以延长观察的时间。

多所大学合作研究机构生理学研究所的双光子激发荧光寿命成像显微镜是目前最新型的显微镜，结合了双光子激发荧光显微成像的机制，可用于生物体内活体细胞成像（In Vivo Imaging）和神经细胞信号传递的可视化等。

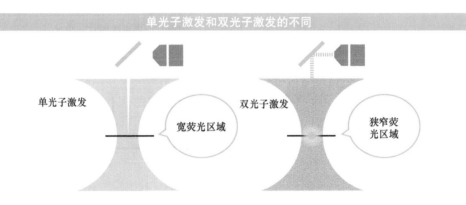

单光子激发和双光子激发的不同

单光子激发　　　　宽荧光区域　　　双光子激发　　　狭窄荧光区域

能够实现双光子吸收的激光器，可以只在非常有限的区域内进行电子和分子等微小粒子的激发。由于这种只在非常有限区域内的激发方式会使得激发而引起的物质改变能够集中在某个狭窄的区域内，因此可以利用双光子吸收这一特有的性质进行新型器件的制造和传统设备的技术升级。人们首先想到的一个应用就是光盘等大容量数据存储系统的研发和技术改进。在大容量数据存储光盘中，信息的记录是通过在存储介质的表面形成三维的信息记录凹坑（全息图的形成）实现信息刻录的。由于双光子吸收能够将这样的信息记录凹坑控制在非常狭窄的区域内，因此可以实现超大容量的信息记录。到目前为止，我们已经通过这种方式实现了 CD、DVD 和蓝光光盘（Blu-ray Disc，

BD）等大容量化的信息刻录光盘。除此之外，利用双光子吸收，可以制作数百层的信息记录凹坑。这意味着每张这样的光盘可存储 400 张 BD 的信息，存储容量高达 10TB。

当前，日本工业技术综合研究所（Advanced Industrial Science and Technology，AIST）和大金工业联合开发了一种能够利用双光子吸收技术进行大容量信息刻录的存储介质，其信息记录凹坑是用 8ns 脉冲激光照射在介质上形成的，写入速度大约是 BD 记录速度的 3.5 倍。

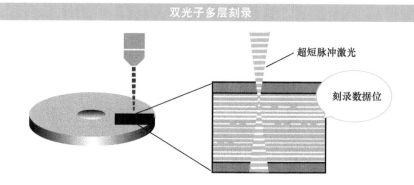

双光子多层刻录

超短脉冲激光

刻录数据位

专栏

利用半导体激光技术进行的视力矫正眼镜

在企业主导的技术和产品开发中，新能源和工业技术开发组织（New Energy and Industrial Technology Development Organization，NEDO）一直为高风险的技术和产品开发以及应用示范提供支持。

NEDO 网站上介绍的其中一项成果是"利用半导体激光技术进行视觉辅助的眼镜"。进行该项成果开发的公司是由富士通的研究机构牵头成立的 QD-Laser，这是日本的一家从事激光半导体研发和制造的公司。这款基于半导体激光技术的视觉辅助眼镜是该公司联合东京大学研发的最新视网膜投影 AR 眼镜，并在 NEDO 对大学联合研究的支持下实现了产品的商业化制造和销售，产品被称为"RETISSA Display（雷蒂萨激光扫描眼镜）"。

RETISSA Display 的核心是该公司的"Visirium for AR"技术，该技术不同于传统的 HMD（Helmet Mounted Display，头盔显示器）。HMD 是在人眼视野中的显示屏上进行图像的叠加，而 Visirium 技术则将半导体激光器产生的三原色激光直接投射到人眼的视网膜上，因此不会像 HMD 那样在实际视图和视觉图像之间产生焦点的偏移。

此外，该公司还应用该 Visirium 技术开发了一种医疗设备（RETSSA 医疗），用于角膜或晶状体有病变或屈光异常的人眼视力矫正。使用这种视网膜激光扫描眼镜，为那些通过普通眼镜或隐形眼镜无法获得满意视力的人群提供了视力矫正的可能性。

RETISSA 医疗

使用半导体技术的视力矫正眼镜

第3章

超短脉冲激光

脉冲激光能够产生比电信号更加短暂的时间间隔和持续时间，因此可以利用激光的这一特性产生电信号难以达到的超短时间间隔和信号的持续时间。超短脉冲激光的使用可以使得深入了解在非常高速度下发生的现象成为可能。目前，正在应用超短脉冲激光进行分子运动测量和化学反应过程的研究。

▶▶ 超短脉冲激光

超短脉冲激光是一种具有非常短暂的发生时间间隔和持续时间（脉冲宽度）的离散激光信号。人类 1 次眨眼动作的平均时间大约是 100ms，现代照相机闪光灯的 1 次点亮时间大约是 $1\mu s$，当今的 CPU 时钟周期大约是 1ns。超短脉冲激光的脉冲宽度与这些时间值相比都要短暂得多，大约从几 ps 到几 fs 不等。对于我们熟知的光来说，光的传播速度大约为 30 万 km/s，即使是以这样的速度传播，1fs 也只能传播约 $0.3\mu m$ 的距离。

利用飞秒激光具有极短照射时间的特性，可以进行各种物质状态的观察以及微小材料的测量。特别是在微细加工和医学领域，飞秒激光得到了广泛的利用。之所以如此，是因为飞秒激光能够在非常短的时间内提供强大的能量，并将热量对周围分子和细胞造成的损害保持在最低的限度。

众所周知，在激光的输出能量保持不变的情况下，脉冲激光的强度（峰值输出功率）与其脉冲宽度成反比。也就是说，脉冲宽度越短，单一脉冲激光的输出强度就越高，这就是飞秒激光的性质。

目前，能够产生这种超短脉冲激光的皮秒和飞秒脉冲激光器越来越趋于小型化和微型化，以至于在医院的眼科和牙科治疗装置、精密加工机床等日常生活和生产活动中就能经常见到。飞秒激光的产生广泛使用波长为 800nm 的掺钛蓝宝石激光，其最短脉冲宽度大约为 203fs。

由于飞秒脉冲激光具有极短的发生时间间隔和持续时间，因此也可用于分子运动的观察和跟踪，此外，目前对超短脉冲激光的研究已经由飞秒脉冲激光推进到时间单位为 1/1000fs 的脉冲激光（阿秒脉冲激光）。

实际上，通过阿秒脉冲激光，可以捕捉到比分子反应速率更快速的变化，甚至足以捕捉到原子中电子的运动。

与飞秒脉冲激光相比，阿秒脉冲激光需要更高次的谐波发生技术，这是一种不同于飞秒脉冲激光的发生技术。高次谐波可通过可见光范围内的飞秒激光对气体的照射获得，与同步辐射相比，其具有更加优越的特性。

2017 年，早稻田大学的新仓弘伦等人组成的国际研究小组成功地通过阿秒脉冲激光辐射描绘出了氖原子的电子云状态。由于电子运动而产生的变化通过具有量子特性的波函数表示，使得通过阿秒脉冲激光进行的观察可以捕捉到这样的电子运动瞬间变化。像这样对电子运动所进行的观察控制方法被称为相干控制，但是这种相干控制方法目前仍尚未使我们能够掌握固体或液体状态下原子和分子的电子运动状态。另一方面，为了能够直接进行物质或材料化学反应的确认和检查，并在电子水平上进行化学反应的操纵，还需要开发出脉冲宽度更短、能量更可控的阿秒激光。

此外，由日本理化学研究所的 Schwabin 等人组成的一个国际研究小组目前已经开发出了一种用于飞秒脉冲激光的激光合成器，可以实现三种颜色飞秒脉冲激光的合成。利用这种脉冲激光合成器，可以通过飞秒脉冲激光的合成产生强度高达 2.6TW 的超高强度阿秒激光。进行该项目的专业研究人员期待，随着这项研究工作的深入进行，有望在软 X 射线区域稳定地产生阿秒脉冲激光。

飞秒脉冲激光和阿秒脉冲激光也有望应用于纳米级超精细材料的加工，这在当今热门的纳米材料加工领域备受期待。在基于摩尔定律的集成电路制造技术的开发竞争中，人们在光刻技术光源方面也对飞秒脉冲激光和阿秒脉冲激光寄予了厚望。除此之外，作为支持纳米制造的检测技术，目前也在飞秒脉冲激光和阿秒脉冲激光方面正在进行知识的大量积累，这也是当前的热门技术领域。

激光在医疗领域的应用

在医疗领域，激光已经被广泛应用于各种疾病的治疗。激光的特点是可以将其能量集中在某个非常狭小的局部区域，因此常被用作外科手术的手术刀，进行激光手术的视力矫正以及癌症的治疗等。

▶▶ 激光手术

作为一种有益于人类社会的和平利用方式，激光在日常生活中的应用已经逐步普及。实际上，在这个发展过程中我们已经亲眼见证了其发展历史。

由于激光具有不易扩散的高指向性，因此可利用这一特性将激光用于距离的测量。除此之外，特定波长的激光（对应于不同的光色）还具有能够被特定物质或颜色吸收的特性。利用这一特性，可以将激光作为一种脱毛的手段。

当以适当能量强度的激光对皮肤进行照射时，皮肤中的深色区域，如毛发根部的毛囊细胞及周围组织会密集地吸收激光束的能量，并在局部区域引起灼烧而使得少部分组织受损。通过这样的技术，可以使得实现毛发生长的毛囊细胞失去活性，从而实现永久化的脱毛效果。但也正是因为这样的脱毛机理，使得激光脱毛不适合浅色毛发（如金发）的去除，也不适合深色皮肤的人群。

实际上，皮肤表面通常都存在一定数量的处于休眠状态的毛发，这些毛发随着条件的具备随时都会出现在皮肤的表面，因此皮肤表面的毛发生长是一个常态化的自然现象，激光照射的毛发去除也需要定期进行。在美容领域，激光照射还经常被用于皮肤表面雀斑和痣的去除。激光在这样的美容整形、美容外科用途中，通常使用的是 Nd：YAG 激光，并且以 10ns 左右的激光脉冲来进行。

在医疗领域，Nd：YAG 激光也常被用于视力的矫正。在日本，每年大约有 12 万例这样的眼科手术。

视力矫正手术采用的是准分子激光，是一种以氯气、氟气、氙气、氪气和氩气的混合物作为增益介质的激光。

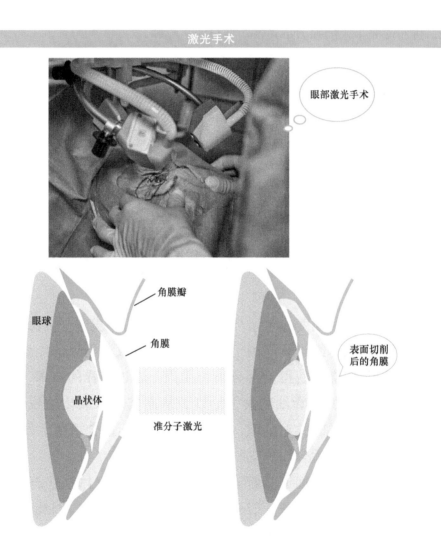

激光手术

眼部激光手术

角膜瓣

眼球

角膜

晶状体

准分子激光

表面切削后的角膜

进行这样的激光视力矫正手术，手术的第一步是进行将麻醉剂直接滴入眼内的术前麻醉。然后，医生会用一种特殊的器具在表面进行

极简图解量子技术基本原理

眼角膜的固定，再打开被称为角膜瓣的角膜覆盖物，并用准分子激光对角膜进行照射。由于激光的照射，部分角膜的表面被切除，使得角膜能够按照需要进行重新塑形，从而实现视力的矫正。在手术的最后，将打开的角膜瓣放回原位，并对角膜瓣进行消毒后，手术即宣告完成。这样的激光视力矫正手术，全过程大约仅需要 30min 的时间。

由此可见，在以激光作为手术刀的近视矫正手术中，通过角膜表层的激光切削改变了角膜的屈光度，从而能够在视网膜上得到正常的成像。

在眼科疾病的治疗中，适合于激光应用的手术还包括老年性黄斑变性。所谓老年性黄斑变性是一种由于年龄增长导致的视网膜中心部位受损的疾病。这种眼部疾病，随着病情的发展患者会出现眼中所看到的物体出现扭曲变形，或大小看起来与实际不同等症状。对这种老年性黄斑变性的治疗，以前采用的激光治疗通常是通过激光粉碎引起黄斑变性部位的新生血管，而当今最新的光动力学疗法（Photodynamic Therapy，PDT）采用的是先通过静脉注射 Visdyne（药物名称）光敏剂，然后再进行激光照射的治疗方法。

在用于人体的激光手术中，采用准分子激光取代传统的外科手术刀，进行手术创口的创建以及病变组织的切除等。

科学家发现，准分子激光可以发射紫外光脉冲，并且还可以干净利索地进行塑料等材料的切割。正是因为这样的特性，据说是 IBM 公司的托马斯·J·沃森（Thomas John Watson）研究实验室的研究人员率先提出了将其用于人体的大胆想法。1981 年，他们在一只感恩节吃剩的火鸡残骸上尝试进行准分子激光威力的测试，结果发现通过激光对火鸡进行切割时，因切割造成的断面周围的组织几乎没有任何损伤。这样的结果与红外光激光截然不同，紫外光激光并没有烧毁被照射的组织，而仅仅是分解了断面表面的分子结构。这意味着准分子激光的切割对底层组织没有任何损伤。

通过准分子激光进行手术切割，除了对创口底层的组织没有任何损伤以外，以激光手术刀替代传统手术刀，还具有由于创面血管的激光封堵而起到的自然止血，缓解手术疼痛，有利于创面消炎和促进创口愈合等诸多优势。

▶▶ 癌症的激光治疗

恶性肿瘤，即癌症，仍然是日本主要的人口死亡原因之一。2018年，日本大约有 37 万人死于癌症。为此，人们一直在进行着癌症疾病的研究，探寻新的治疗手段，并且已经研究出了多种有效的治疗方法。作为使用激光的癌症疾病治疗方法，目前主要采用的是肿瘤消融术和 PDT。这两类治疗方法都是不需要大创面手术的低创伤性激光治疗方法，不仅能够取得与传统手术相同的治疗效果，还有利于患者的恢复和康复。

肿瘤消融术是一种利用激光的能量在病变部位局部促使肿瘤组织失活的治疗方法。对于肺癌，高功率的激光照射会经由支气管被引导至病变处，直接进行肿瘤的消融。对于堵塞支气管的大型肿瘤，通过激光进行的肿瘤消融术不仅能够在短时间内使得肿瘤被消融，同时还可以保证呼吸的正常进行。对于这样的肿瘤消融术，由于使用的激光功率很高，有时也会出现正常组织受到伤害的情况。

与肿瘤消融术相对应的是 PDT，这种癌症疾病的激光治疗方法主要用于肺癌的治疗。在日本，PDT 得到了广泛认可，并成为日本《肺癌治疗指南》中推荐的治疗方法，对早期肺癌、早期食道癌、胃癌、早期宫颈癌等癌症疾病的治疗具有确切的疗效，其治疗费用也纳入了医疗保险支付的范畴。

在 PDT 中，首先通过静脉注射，将具有容易在肿瘤部位聚集特性的光敏物质注入患者体内，以期光敏物质在肿瘤病变部位的聚集。当光敏物质在肿瘤组织中的聚集达到一定的浓度时，再通过特定能量强度的激光照射，使得肿瘤病变组织逐渐得到消融。在日本使用的光敏物质之一为卟啉钠（光敏化合物），剂量为每千克体重 2mg。这种光敏物质可以有选择性地被吸收到肿瘤组织中，并停留 48h 以上。一般在 48~72h 内对肿瘤组织进行激光照射。

通过 PDT 进行的癌症疾病激光治疗，照射激光的波长为 630nm，这是一种红色光的准分子激光。光敏物质起到的作用相当于为准分子激光提供了一个激光治疗靶⊖，接受激光照射的能量，并使得电子得到激发。激发的电子对肿瘤组织中的氧原子进行作用，产生具有活性的氧，该活性氧能够抑制肿瘤细胞线粒体的酶系统，最终使得肿瘤组织中的细胞受到损害。

虽然使用卟啉钠作为光敏剂的癌症疾病治疗取得了良好的治疗效果，但是治疗后的遮光期大约需要 1 个月的时间。因此，另一种替代性的光敏剂为塔拉卟啉钠（雷沙菲林），这是一种安全性更高的光敏物质。以雷沙菲林作为光敏剂的癌症疾病治疗，治疗后的遮光期缩短到大约 1 周。

PDT 有时也用于恶性脑肿瘤中的"胶质瘤"（神经胶质瘤）的治疗。在神经胶质瘤中，肿瘤以侵蚀正常大脑的方式生长。因此，在通过外科手术进行肿瘤切除时，希望尽可能多地保留正常的大脑组织。这样的肿瘤切除，难以保证肿瘤的完全切除，往往会产生肿瘤组织的残留。特别是肿瘤组织与正常的大脑组织融合紧密的情况下，甚至没有手术切除的可能。因此，在神经胶质瘤的治疗中经常需要引入特异性的光敏物质，通过光敏物质的选择性聚集，再对神经胶质瘤病变部位施以一定强度的激光照射，达到仅破坏肿瘤细胞的治疗效果。此时使用的光敏剂也是雷沙菲林。

此外，在对神经胶质瘤进行手术切除时，有时会采用光敏物质作为区分肿瘤组织和正常大脑组织的标记物。由于内源性卟啉Ⅸ容易积聚在神经胶质瘤中，并当受到激光照射时，会发出红色的光，因此可以用于肿瘤组织和正常大脑组织的区分。在神经胶质瘤切除手术中，

⊖ 激光治疗靶，是指通过光敏物质的选择性聚集形成的准分子激光作用对象。

以此作为肿瘤组织的标记物，可以保证肿瘤组织的切除而不留下残留。另外，关于神经胶质瘤中 PDT 的使用，也指出了副作用和激光深度等需要改进的地方。

在皮肤疾病的治疗领域，对于有可能发展为皮肤癌的病变，也可以引入 PDT 进行治疗。日光性角化病和鲍恩病（Bowen's Disease）等一直被认为是紫外线引起的皮肤癌的前兆，在发展为有可能转移的皮肤癌之前，应通过手术进行切除或药物去除。在通过 PDT 进行的皮肤病变治疗中，以 5-氨基乙酰丙酸（ALA）[⊖]作为光敏物质在患处进行涂覆。PDT 进行的皮肤变性症治疗，治疗痕迹不明显，而且几乎没有副作用，可以重复进行多次治疗。正因为 PDT 进行的皮肤病变治疗具有这样的诸多优点，因此，PDT 也常被用于痤疮的治疗。除此之外，ALA 作为荧光标记物，在医学领域也备受关注。例如，在通过尿道内窥镜操作的膀胱肿瘤电切除术（Transurethral Resection of Bladder Tumor，TURBT）中，通过该荧光标记物可以发现肌层非浸润性膀胱癌。

光敏剂（雷沙菲林）

⊖ ALA 是 Amino Levulinic Acid（氨基乙酰丙酸）的缩写，是由体内线粒体生成的一种氨基酸，也存在于红葡萄酒和人参等食品中。

X 射线在工业上进行进一步的普遍应用之前，其在医疗领域的应用已经广为人知，特别是在肺部和口腔的 X 射线成像，早已成为常规的医疗检查手段。作为癌症的三大疗法之一，通过 X 射线对肿瘤照射的癌症治疗也普遍存在。

在 X 射线或 γ 射线治疗中，需要从患者体外对肿瘤细胞进行高能量 X 射线（γ 射线）的多次照射。这种癌症治疗方法也会损伤肿瘤组织细胞周围的正常细胞，这样的治疗是基于正常细胞具有良好恢复力进行的。

通过 X 射线等放射线进行的癌症治疗方法与传统的手术治疗方法不同，因为不需要进行病患部位的切除，因此能够保留病患部位原本的身体功能和形状。因此，对处于发病早期的乳腺癌、舌癌、喉癌和阴茎癌等，这样的放射治疗方法是有效的。另外，对于诸如脑干部位的癌症摘除等手术原本就很困难的地方，放射治疗方法是一种优先考虑的治疗手段。对于诸如乳腺癌等术后癌细胞容易转移的肿瘤治疗，通常也需要采用 X 射线进行淋巴结的照射，以防止术后的肿瘤复发和癌细胞的转移。

近来，还出现了一些更加先进的高精度放射治疗方法，如可将肿瘤以外的照射范围控制在最小限度内的调强放射治疗（Intensity Modulated Radiation Therapy，IMRT）和立体定向放射治疗（Stereotactic Body Radiation Therapy，SBRT）等，这一类高精度放射治疗手段也在开展中。

半导体的激光制造

在半导体制造领域，光刻技术是一项极其重要的核心技术，也是半导体制造的关键技术。该技术起源于半导体材料硅的精细和精密加工，以便在半导体材料上制造出精细的电子电路。激光被用作光刻技术的光源。

▶▶ 半导体的激光制造

通过光刻技术形成半导体基底的工艺流程包括以下几个工序。

首先，需要制作一个绘有半导体器件和电路图案的掩模。这样的掩模通常由高分子材料制成，通过掩模可以将半导体器件以及导线的布线图（电路）等转印到半导体硅晶圆上。

然后在叠加了半导体材料的硅晶圆表面涂布抗蚀剂，并进行轻度的烧结。在此，抗蚀剂是一种保护膜，照射光或电子束通过掩模上的露光部分到达抗蚀剂表面，有光照射的抗蚀剂会发生溶解和变性。在半导体制造过程中，抗蚀剂就是这种能够通过光的照射发生性质改变的物质。

光掩模上绘制的半导体器件以及导线的布线图经过投影透镜缩小后，在对位器的控制下精确投影到涂布了抗蚀剂的硅晶圆表面，对抗蚀剂进行曝光。曝光后的显影处理和银盐胶卷的显影一样，通过特定的显影液对曝光后的硅晶圆进行浸泡和冲洗，以实现晶圆表面光掩模图案的显影。然后通过使用酸和碱的湿式刻蚀，或者利用高真空等离子体的干式刻蚀，对硅晶圆表面进行刻蚀。刻蚀完成后，剥离表面剩余的抗蚀剂和对位物后，就完成了半导体电路基础的制造。

在硅基底上通过不同半导体材料的配置，可以制造出众多的二极管、电阻和电容等电子元器件。作为计算机大脑的微处理器，在邮票大小的小芯片上配置了数千个以上的电子元器件，因此被称为大规模集成电路（LSI）。作为微处理器的 LSI，其中所配置的电子元器件数量，在一定程度上也体现了计算机的性能。

英特尔公司的创始人戈登·摩尔早在 1965 年就曾对半导体制造技术的发展做出预言，那就是著名的摩尔定律。摩尔定律认为，微处理器所配置的晶体管数量每 1~2 年的时间会翻 1 倍。如今的实践证明，戈登·摩尔在 1965 年做出的预言成为现实。实际上，为了提高集成电路的集成度，半导体制造一直在进行微细化加工技术的探索，不断缩小半导体集成电路的工艺制程。

但是近年来，人们已经逐渐认识到继续实现摩尔定律的难度越来越大，其中一个重要原因就是微细化加工技术的不断发展，目前已经接近物理极限了，这个物理极限就是原子的大小。

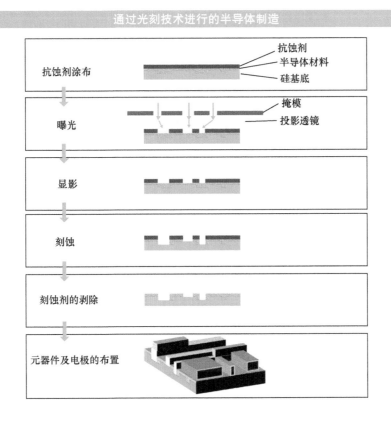

通过光刻技术进行的半导体制造

进行半导体微细化加工，其加工技术发展的物理极限据说只有几纳米。当前的半导体集成电路工艺制程是 14~18nm 左右，已经可以看到微细化加工工艺的极限了。在这样的微细化加工中需要采用激光作为光刻技术的曝光光源，只是随着工艺制程的不断缩小，对激光光源波长的要求也一直在提高，光源的波长一直在不断变短。当半导体集成电路的工艺制程达到 10nm 以下时，极紫外光光刻将是最先进的光刻技术。极紫外光曝光是通过具有 13.5nm 波长的电磁波进行曝光的。极紫外光光刻技术的核心是极紫外光光源，这种极紫外光介于紫外光区域（波长 10~380nm）和 X 射线区域（波长 1~10nm）之间，因此也可以说这种极紫外光就是 X 射线。2020 年，全世界的半导体制造厂商均将其生产目标确定在数纳米宽度的 LSI 上。

激光与半导体产业

日本的半导体产业目前已经处于世界先进水平，引领着产业发展的潮流。韩国掌握了成熟的半导体产业不可或缺的硅晶圆制造技术，同时也是半导体加工设备等的大供应商，目前也正在不断进行这些先进技术的自主研发。

▶▶ 半导体工业产业的发展历史

日本曾经拥有世界第一的半导体产业规模。1986 年和 1991 年，日本与美国签署了《日美半导体协定》，这一协定的签署使得日本半导体产业的快速发展宣告结束，并在其后的几十年时间里被迫进入了一个漫长的"停滞"期。加上当时日本经济泡沫的破裂，使得日本的经济大环境受到重创。在这样的大环境影响下，就连享誉世界的半导体制造商东芝和富士通也不可能免受其害，从而使得曾经炙手可热的半导体技术人员也遭遇了严重的裁员潮。韩国的三星公司等企业对日本的半导体技术觊觎已久，从那时起，韩国趁机获得了半导体产业的发展机遇，逐渐掌握了先进的半导体制造技术。

从另一方面来看，摩尔定律就是半导体集成电路的开发时间表。摩尔定律仿佛是半导体产业发展的魔咒，促使产业的技术研发人员持续进行革新性的技术的开发，以实现摩尔定律给他们定下的必须在 1~2 年内实现集成度翻番的目标。因此，半导体产业需要在世界范围内展开开发竞争，这需要投入大量的研发经费。另一方面，为了建立最新的技术开发环境，也需要投入巨大的资本进行半导体制造设备的建造。如东芝、富士通、索尼等日本的著名半导体制造商，都不是仅仅依靠半导体而发展壮大起来的，一般认为他们是知名度较高的家电企业。也许正是因为这些原因，这些企业才会犹豫要不要赌上企业的声誉来发展半导体产业。由于在进行半导体产业高风险应对时，与国

131

外半导体制造厂商的经营决策存在着时间上的差异，再加上日本国内通货紧缩的发展制约，以及各厂商其他自身原因的影响，使得曾经风靡世界的日本半导体产业已经完全没有了原有的面貌。

应用极紫外光进行的激光光刻技术是下一代半导体制造的关键。日本不断发展的纳米工艺基础设施开发中心（Evolving Nano-process Infrastructure Development Center，EIDEC）早在2011年即开始了极紫外光刻技术的研究，这也是日本极紫外光刻研究的国家项目。EIDEC是日本国内半导体制造商以及与半导体制造相关的掩模制造商、抗蚀剂制造商等，再加上海外5家相关公司联合成立的研究机构。自2016年退出国家计划项目研究以来，作为先进纳米工艺基础研究开发中心，EIDEC更加积极地推进产品的研究和开发。但在此期间，日本国内的半导体制造商基本上也都实质上消失了，研究的成果也没有了用武之地，EIDEC也因此于2019年4月宣布解散。

现在，世界上最大的、最领先的半导体曝光设备制造商是荷兰的ASML公司。据说大约80%的半导体制造商都在使用这家公司的曝光设备。ASML公司于2020年2月宣布，通过最新开发的极紫外光刻技术，成功形成了3nm晶体管的布线层。与此同时，美国的Lam Research公司与ASML公司共同宣布成功开发出了采用干式抗蚀剂的极紫外光刻工艺。在极紫外光刻技术的革新中，最重要的是利用极紫外光激光进行光掩模的曝光，但同时也必须进行与该激光波长相对应的对位技术和抗蚀剂技术等的革新，这需要世界级的技术开发速度。在这种情况下，与分担技术开发的其他企业的合作和协作就显得尤为重要。2020年3月，Lam Research公司开始在韩国建立该公司的研发中心。同样，美国的杜邦公司（Dupont）、Lion Semiconductor公司，日本的东曹公司等也决定进军韩国。今后，日本在继续保持基础开发研究和应用研究这一优势和强项的同时，还需要从过去的失败中吸取教训和国际经验，在世界范围内构筑和建立合作者网络，做出高效、高速的决断。

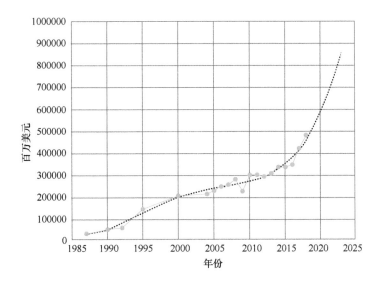

X 射线、软 X 射线

比紫外光波长更短的 X 射线，由于其波长等于或小于原子的大小（0.1nm），因此对物质具有更好的透射性。波长小于 0.01nm 的 X 射线被称为超硬 X 射线，波长在 0.01～0.1nm 的 X 射线被称为硬 X 射线，波长在 0.1～1nm 的 X 射线被称为软 X 射线。软 X 射线也和之前介绍的量子束一样可以进行物质的穿透，因此被用于探测物质内部的情况，使用软 X 射线还可以直接研究构成物质的电子。

▶▶ X 射线

激光光束是一种典型的量子束，是量子束的典型代表。从常见的激光笔到医疗手术用的激光手术刀，以及娱乐活动和演出中用到的激光灯具，一直到最先进的集成电路制造，激光被广泛应用于我们日常生活以及工业生产活动的方方面面。在本书中，将从紫外光到可见光，再到红外光等这一范围波长的光分类为激光。那么，激光以外的具有量子特性的光束是如何利用的呢？

在 X 射线摄影中，X 射线对人体透射所形成的图像有助于疾病的医疗诊断。1895 年，德国物理学家威廉·康拉德·伦琴（Wilhelm Conrad Röntgen）从放射性物质中发现了一种特殊的辐射射线，并将其命名为"X 射线"，这里的"X"就是未知的意思，X 射线在当时也就是一种未知的电磁波。

现在，除了从放射性物质中获得之外，还可以从一种被称为 X 射线管的装置中获得 X 射线。X 射线管使用钨丝作为阴极，从钨丝阴极处将加速的电子线向钼、铜等阳极照射，撞击阳极的电子会将阳极原子内低能级 1s 轨道中的电子撞飞而弹出，从而在原子内层低能级 1s 轨道中形成电子的空穴。此时，外层轨道中的电子则会跃迁到内层低能级 1s 轨道中进行空穴的填补，电子在进行这样的能级跃迁时，就会释放出 X 射线。

X 射线具有良好的透射性，因此，作为调查物性和状态的手段，使用 X 射线进行的 X 射线衍射得到了广泛应用。如下图所示，X 射线衍射是通过测量构成原子的电子的散射来进行的，X 射线入射的原子内的电子会与 X 射线相互干涉，引起衍射。通过分析衍射图案，可以了解物质的种类、晶体结构等。

荧光 X 射线分析是一种检测由于入射 X 射线激发并驱逐原子中的电子时产生的荧光 X 射线的方法。通过检测荧光 X 射线的方式，可以以一种非破坏性的元素分析方法，进行金属、矿物、水泥材料、土壤和食品等的元素分析。正是由于这种物质元素的分析能力，使得荧光 X 射线分析在这些材料分析中得到了广泛的应用。同样地，X 射线光电子能谱分析是一种通过向物质发射 X 射线并分析其发射出的光电子来进行物质分析的方法。

X 射线衍射

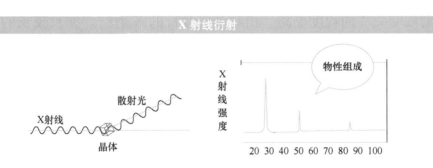

X 射线激光（X-ray laser）的产生原理大多都是利用等离子体，通过电子的能级差（能隙）的巨大转变来获得相干的一致性 X 射线。20 世纪末，美国开发的氖离子硒激光、镍离子 X 射线激光，英国开发的镍钯银激光，以及日本大阪大学开发的氖离子锗激光等相继出现，这些都是 X 射线激光的发明。

日本的量子科学技术研究开发机构，以及世界范围内各发达国家的量子科学研究和技术开发机构都在进行有关 X 射线激光的开发和应用研究。2019 年，已经有量子科学技术研究开发机构开发出了用于 X 射线激光振荡的玻璃激光，并在世界上首次成功产生了具有完全空间相干性的 X 射线束。2016 年，日本大阪大学研究生院的山内和人领导的研究小组成功控制了 X 射线光束纳米尺寸的聚光斑点。该成果是在兵库县世界最高水平的同步辐射设施 SPring-8 上成功实现的。

2019 年，日本理化学研究所的高桥幸生领导的研究小组使用 SPring-8 成功验证了"多光束 X 射线断层成像技术"。通过 X 射线测定进行的另一项应用是 X 射线显微镜，它使现有的 X 射线显微镜的空间分辨率有了飞跃性的提高，是迄今为止性能最好的 X 射线显微镜。将来，利用 X 射线束的分析和观测装置，将被用来揭示各种材料更细微的性质和结构，具有难以估量的应用前景。

▶ 软 X 射线

在量子束中，X 射线受到人们的特别关注，尤其是波长比较长的 X 射线受关注的程度更高。相对于短波长的 X 射线，波长较长的 X 射线被称为软 X 射线。如本节开头所述，软 X 射线也有一个相对明确的波长区域。在实践中，通常用 X 射线的能量进行描述和区分，软 X 射线指的是能量在 $0.1 \sim 2keV$ 这一区间的 X 射线。与此相对，比软 X 射线能量更高的 X 射线（大约 5keV 以上）被称为硬 X 射线。

以飞秒作为时间度量尺度对软 X 射线进行控制，实现飞秒级的软 X 射线激光，可以大幅提升其观测的分辨率，以用于电子运动的观测。此前采用红外飞秒激光进行的观测，分辨率仅为数微米，并且已经达到了其分辨率的极限。

此外，使用飞秒或阿秒的软 X 射线脉冲激光，还可以推测原子内部发生的磁场分布结构的变化。通过这样的观测手段，由于可以追踪到构成分子的任意原子的电子振动和旋转，因此可以期待通过电子状态变化的观测来查明物质的各种性质是如何发生的。这无疑会将人类对客观世界的探索向前推进一大步，从此前的分子、原子的尺度提升到电子运动观测的尺度，这将是前所未有的巨大进步。

为了制造出这种 X 射线波长区域的高强度激光光源，不仅需要通过直线加速器将电子的直线运动速度加速到相对论的速度，使得以接近光速运动的电子在电磁场中发生偏转时，沿切向方向可以发出电磁辐射。还需要通过自由电子激光中使用的扭摆器⊖使高速运动的电子产生同步辐射，并对辐射光进行放大。这样的大型设备需要巨额的建造费用，如 1997 年建造的 SPring-8，其建造成本就超过了 1000 亿日元。

在日本，像 SPring-8 这样使用量子束的研究设施目前已经有好几个。但是，这些设施要么擅长于能量在 100eV 以下的真空紫外光，要么擅长于能量在 5keV 以上的硬 X 射线。对于软 X 射线能量区间的量子束研究，目前还没有能够利用的具有尖端性能的研究设施，这不能不说是一个遗憾。虽然软 X 射线的穿透性弱于硬 X 射线，但是对于详细了解物质表面或者接近表面的物质性质研究来说，软 X 射线具有正好适合需要的能量范围。因此，研究人员特别希望软 X 射线能在技术研究和产品开发中发挥其应有的作用。但实际情况是，软 X 射线连空气都无法进行较长距离的穿透，因此需要将试验装置放置在超真空的环境内，并填充透射性良好的气体，这样的设备制造和应用在技术上是非常困难的。

作为日本的大型同步辐射设施和大型 X 射线研究装置，SPring-8 在其建设的时期拥有世界首屈一指的性能，为微观领域量子技术的研究和发展做出了许多贡献。但随着世界范围内众多量子技术研究基础设施的发展，SPring-8 现在却有些被世界同步辐射设施的趋势所淘汰的感觉。20 世纪，日本在量子技术研究领域引领了世界，SPring-8 对

⊖ 扭摆器，是指一个创造周期性横向磁场的装置，使得高速电子产生摆动而形成正弦状的蜿蜒路径并产生同步辐射，然后被放大。

工业界的贡献得到普遍肯定后，世界各国竞相开展了微观领域量子技术的研究，先后建造了最新型的量子技术研究基础设施。其结果是，新的量子束设施的性能不断提高，以 SPring-8 目前现有的性能，却不能制造出当前所期望的高能量的软 X 射线，无法实现性能充分的辐射光，满足不了当前的迫切需要。

X 射线及其他电磁波的波长

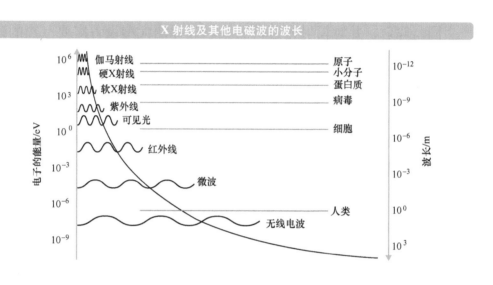

目前，每年大约有 2600 人次使用 SPring-8 进行量子技术的研究，将其用于开发和研究目的的企业也达到了 180 家。正是微观领域量子技术研究成果所表现出来的创新性和引领性，使得越来越多的企业考虑将相关的尖端前沿技术应用于实际产品的开发和应用等诸多领域。很明显，日本目前的量子束辐射设施在不久的将来将无法满足工业界的需求，因此希望建设具有不输于世界最先进设施和设备的新同步辐射设施。目前，日本东北部地区通过公私合作以及地区伙伴联合推进的下一代同步辐射基础研究设施就是其中的具体项目之一，表明了这样的发展动向。

用于微小物体观测的波长更短的光

从分辨率的角度来看，观测采用的光的波长越短，所能看到小物体的极限就越低。在以激光为光源的激光显微镜中，使用短波长的激光，可以降低观测的极限，看见更加微小的观测对象。

▶▶ 激光和 X 射线的利用

人眼之所以能够看到某些物体，是因为视网膜能感知到这些物体所发出或反射的光，并且这些光的频率处在人眼视网膜所能感知的范围之内。在这个频率范围内的光就是可见光，其波长范围大约为 350~750nm，也就是我们通常所能看到的紫色光到红色光的范围。

对于人眼的视觉感知来说，除了能否看见以外，还有究竟能看到多么微小物体的问题，这就是我们通常所说的分辨率，用来表示人眼视觉感知所能分辨的程度。分辨率是指，当非常接近的 2 个点在一起时，人眼的视觉感知仍然能够分辨出这 2 个点的最小距离。在显微镜下，通过透镜对微小的物体进行放大，使得人眼的视觉感知能够分辨更小的物体，大大提升了人眼视觉感知的分辨极限。由于光的衍射性质，即使在显微镜下能够看到某个点，但其周围也会变得模糊不清。这样的模糊范围即为某个观测点所呈现的光斑，其大小可以由 0.61×（光的波长）÷（透镜数值孔径）[⊖]来定义。其中，数值孔径（Numerical Aperture，NA）是决定镜头性能的参数，由镜头的屈光角、镜头之间的介质折射率和镜头焦距共同决定。通过在光的传播介质中使用油等，可以提高透镜的数值孔径。一般光学显微镜的数值孔径约为 1.4~1.7。因此，使用可见光的显微镜，其分辨率约为可见光波长的 60%，具体

⊖ 此为瑞利分辨率。在诸如激光的相干条件下，采用对常数 "0.61" 进行修正的阿贝分辨率。

的计算结果为 180~380nm。这就是光学显微镜的分辨率极限，也是通过光学显微镜所能看到的物体的最小极限。人类细胞的大小通常有几十微米，因此在光学显微镜中也能清楚看到。线粒体的大小通常也有几微米，同样也可以看到。但是，由于形成它们的蛋白质的大小只有 1nm 左右，所以在光学显微镜中无法看到。

以激光为光源进行的观测，无论是通过光学透镜还是电子透镜，其情况都是一样的，只要使用了透镜就会产生因光的衍射而出现的像差，所以也都有分辨率的极限。对于电子显微镜来说，通常认为这个分辨率极限大约为 0.1~1nm。

德国马克斯·普朗克生物物理化学研究所的斯蒂芬·赫尔（Stefan W. Hell），因为成功开发出了一种能够看到活体蛋白质的显微镜而获得 2014 年诺贝尔化学奖⊖。其开发的激光显微镜——STED（Stimulated Emission Depletion，受激发射损耗）显微镜，使用了一种突出样品本身发出的荧光的方法，成功地将 200nm 的观测极限降低到了 10nm。

除了可见光以及可见光波段的激光以外，其他的量子束也被用于显微镜中，如使用电子束为光源的电子显微镜等。以电子束为光源可以实现比可见光更短的波长，因此电子显微镜能够让我们看到通过可见光无法看到的更加微小的世界。但是，由于使用比可见光更短的波长进行观测，因此电子显微镜的图像一般都没有颜色。

日本有多家从事电子显微镜开发、销售和维护管理的公司，向国内外客户提供了大量的电子显微镜产品。从中小企业使用的价格比较低廉的电子显微镜，到大学和企业研究所使用的功能先进的电子显微镜，提供的产品一应俱全。

当采用一束可见光或电子射线等量子束作为显微镜的光源时，光源的波长取决于量子束能量的大小。在波长较短的情况下，作为光源的量子束则具有很高的能量，如果将这种高能量的量子束照射到样品

⊖ 因开发出超分辨率荧光显微镜获得诺贝尔化学奖。

上，电子和光子就会从样品中飞出。如果能够很好地利用这种现象，则可以进行样品材质和物质状态的分析。但是，从真正想要观测的区域以外发射的电磁波会降低观测的分辨率。

电子显微镜的原理

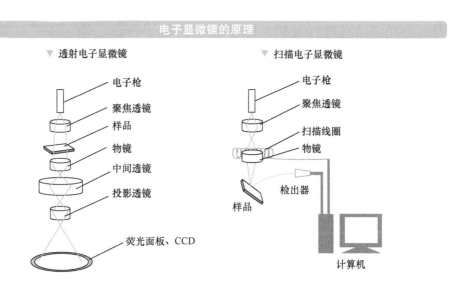

▼ 透射电子显微镜

电子枪
聚焦透镜
样品
物镜
中间透镜
投影透镜
荧光面板、CCD

▼ 扫描电子显微镜

电子枪
聚焦透镜
扫描线圈
物镜
检出器
样品
计算机

X 射线是由放射性元素因辐射而产生的辐射光，因而具有非常好的透射性。X 射线的这种强透射性，可以用来进行物质性质、结构或状态的研究，因此也相继开发了许多利用 X 射线的分析方法和成像方法。

光电子能谱法是一种利用高能量的电磁波对样品进行照射，测量单色辐射从样品上打出来的光电子的动能，并由此测定其结合能、光电子强度和这些电子的角分布的方法。通过该方法获得的信息可以用来研究原子、分子、凝聚相，尤其是固体表面的电子结构。用 X 射线取代电磁波进行的光电子能谱测定方法即为 X 射线光电子能谱法（XPS）。X 射线荧光分析法是向样品发射 X 射线，激发元素原子内部的电子，捕捉到其他电子跃迁到电子空穴时释放的 X 射线进行分析。此外，用电子束和质子等撞击样品，也有类似的分析方法。X 射线荧光分析法是一种非破坏性的分析方法，也可以用于定量分析。除了用于工业产品的质量控制管理之外，还用于环境领域。作为这些分析方法的 X 射线源，一般使用 X 射线管，不过，也可以利用同步加速器的辐射光。

在 X 射线吸收光谱法中，通过对照射在样品上的 X 射线的吸收而得到的光谱信息进行分析，除了物质的电子状态之外，还可以了解原子周边的结构等。X 射线发光光谱法是一种分析由激发跃迁引起的 X 射线发光光谱的物质分析方法。由于通过 X 射线发光谱法对材料的研究受到的限制很少，因此在各个不同的领域被广泛使用。这两种分析方法都需要使用大型的同步加速器进行。

X 射线衍射法是 1912 年由德国物理学家马克斯·冯·劳厄（Max von Laue）发现的利用 X 射线衍射现象进行的物质分析方法，是一种使用 X 射线探测某些分子或晶体结构的研究方法。众所周知，X 射线是一种穿透性很强的电磁波，进入物质内的 X 射线的一部分会被物质内的电子散射。由于被散射的这一部分 X 射线与入射 X 射线保持相同的频率，因此这样的散射 X 射线与入射 X 射线即会发生干涉，这样的相互干涉所产生的信息将成为探索物质结构的重要线索。X 射线衍射法是在很多领域都被广泛利用的分析方法。在 SPring-8 产生的量子束中，即有用于工业应用的 X 射线，能够提供 X 射线衍射服务，进行蛋白质的结构解析和新药开发的数据收集等。

3-14

除激光和 X 射线外的量子束

日常生活中经常使用的激光和 X 射线束等都属于量子束的范畴。但是，可见光和 X 射线区域以外的光（电磁波），作为一类长波长的量子束，能够在哪些领域得到利用，如何进行利用呢？

▶▶ 量子束的利用

荧光显像管电视机使用的是电子束（Electron Beam，EB）进行图像显示的。顾名思义，电子束是由高速运动的电子形成的电子流，也是量子束的一种。

除此之外，真空电子管比这种电视荧光显像管还要古老，曾经也被广泛应用于真空管构成的电子电路中，用于电路电流和电压的控制。也许这样的介绍可能会让人觉得这是一项落后于时代的技术，但实际上，以电子为粒子形成的量子束却具有其他量子束所不具备的优秀特性。电子束以外的量子束是利用光子或光波、电磁波等形成的量子束，而电子流量子束是利用电子作为粒子形成的高速电子流。由于光子是没有质量的，但是电子却是一种具有质量的微小粒子，即使其质量非常微小，并且还带有负电荷，因此以电子形成的量子束具有更强的粒子性质和许多独特的性质。

利用电子流量子束的这一种性质，还可以将其用于细菌的灭活，广泛应用于医疗以及工农业生产、生物工程、日常生活等诸多领域。当电子流量子束作用于生物的 DNA 时，会造成生物 DNA 的断裂，细菌也因此会被杀死。另外，电子流量子束还能够诱发 DNA 附近水分子自由基的反应，从而导致 DNA 的损伤。

通过电子流量子束进行的这种电子微生物的灭菌处理除了用于医疗设备、医药用容器、卫生用品等的灭菌外，还可以通过对食品包装物等的外部照射，实现对包装物内部物品的灭菌操作。除了电子流量子束外，还可以使用紫外线和 γ 射线的量子束进行这样的微生物灭菌处理，实现与电子流量子束相同的电子微生物灭菌处理。从这个角度来说，这些量子束具有相同的用途。其中，通过紫外线进行的灭菌处理操作最简单，成本也比较低，但与电子流量子束相比，其透射力较弱，无法实现电子流量子束所进行的从多层包装物外进行的灭菌处理。γ 射线比电子流量子束具有更强的灭菌效果，而且具有更强的透射性。但是，在使用 γ 射线时必须进行严密的遮蔽，以防其泄露到周围环境中，因此存在着操作难以进行的缺点。

实际上，也有可以不使用量子束的灭菌处理，如通过环氧乙烷气体进行的灭菌处理，但这样的灭菌处理通常是很耗时的，存在着需要时间进行残留气体消散的问题。由此可见，利用电子流量子束进行灭菌处理，不仅不需要大规模的设备，而且具有比 γ 射线更适合高速操作等诸多优点，已得到广泛应用。

除了上述介绍的电子流量子束外，还有一种由中子形成的量子束。对于中子量子束来说，由于中子不带有电荷，因此具有更加优异的穿透性。利用中子量子束的这种性质，日本理化学研究所成功地对混凝土内部的劣化过程进行了非破坏性的观测。此外，日本原子能研究开发机构也正在利用中子衍射法分析钢材的内部结构，为高强度钢材的开发提供有针对性的指导和帮助。

位于日本茨城县东海村的 J-PARC（Japan Proton Accelerator Research Complex）是一个拥有世界上最强大脉冲中子束之一的脉冲 μ 子束试验设施。μ 子是一种亚原子粒子，也被称为缪子。缪子束是一种宇宙射线，是由于超新星爆炸等原因从宇宙中到达地球的质子和氦核等，进入地球大气层与氮分子和氧分子发生碰撞，所形成的量子束。缪子的质量是电子的 200 倍，是氢原子核的九分之一，具有带有正电荷和负电荷两种不同的类型。缪子具有非常高的透射性，寿命为 2.2μs，在亚原子基本粒子状态下能够保持相对稳定的状态。2.2μs 后，缪子会衰变为电子和中微子。

中子束还可以用于物质中原子和分子状态等的研究，通过缪子的自旋、弛豫和共振（Muon Spin Rotation/Relaxation/Resonance）技术（μSR 法），可实现物质内部磁场的观察，为物质内部磁场结构的研究提供一种全新的技术手段。

除此之外，将中子束用于癌症的治疗也可以说是具有悠久的历史，最早可以追溯到 1936 年。早在 1936 就已经开始出现将中子束用于癌症治疗的呼吁，也是在这一年首次进行了中子束用于癌症治疗的应用。然而，在经历了很长时间之后，这项应用才达到了实用的水平。目前，在使用中子束进行的最新癌症治疗方法中，有一种疗法是通过硼中子辅助捕捉的疗法（Boron Neutron Capture Therapy，BNCT），旨在通过中子束进行类似于激光的 PDT。在 BNCT 中，辐射源发射出来的中子束通过预先给药的硼化合物进行吸收，进而对肿瘤组织发生作用。硼化合物在此也起到了相当于治疗靶的作用。硼化合物在进行中子捕获后，其原子核在中子的作用下会产生能够放出 α 射线的放射性锂元素。由于这些硼化合物只在肿瘤组织中聚集，因此这样的作用也只对肿瘤组织起作用而杀死肿瘤细胞。由于在中子作用下产生的这种 α 射线几乎不具有流动性，因此正常细胞也几乎不会受到损伤。目前，BNCT 的适应证包括恶性脑肿瘤、头颈部肿瘤、肝癌、肺癌、胰腺癌、间皮瘤等。日本是世界上率先在癌症治疗领域开展 BNCT 的国家。

在对癌症疾病进行的放射治疗中，传统放射疗法使用的是 X 射线、γ 射线和电子束。目前，采用这些治疗方法的设施遍布日本全国各地，用于通常的癌症疾病治疗。在这些放射线和电子束中，X 射线对人体具有良好的穿透性，这样的性质已经通过医学 X 射线成像而广为人知。使用 X 射线进行的癌症疾病治疗正是利用了 X 射线的这一性质，通过 X 射线对肿瘤的照射来杀死肿瘤中的癌细胞，或者抑制其生长。详细观察 X 射线对人体的穿透性可以发现，随着远离人体表面，射线的能量会逐渐减弱。对于位于人体深部的肿瘤，通过设计 X 射线照射的次数和方向，进行了最大限度地提高治疗效果的研究。在与 X 射线放射疗法几乎相同的时期，也产生了采用其他放射线以同样的方式进行癌症疾病治疗的想法，并对具体的治疗方法进行了研究。其中，在使用粒子射线进行的癌症疾病治疗方面，粒子射线医疗设备的开发近年来在不断发展，并最终成为一种先进的医疗设备应用于癌症疾病临床的治疗。在这样的先进医疗设备中，将质子射线应用于癌症治疗的就是当今所能见到的质子射线治疗设备。通过质子射线对人体的照射，具有某种深度能量能够达到最大的特性。利用这一特性，能够实现一种瞄准肿瘤细胞并只杀死肿瘤细胞的治疗方法。

在日本，目前拥有 20 家能够进行"质子射线治疗"的医院。例如，位于名古屋市的"名古屋质子射线治疗中心"，能够对前列腺癌、肝癌、肺癌、骨软部肿瘤、头颈部肿瘤、胰腺癌、小儿癌症等进行质子射线的治疗。另一方面，虽然采用质子射线的癌症疾病治疗能够取得较好的治疗效果，并且也有其独到之处，但由于这样的治疗毕竟是一种先进的医疗手段，因此也需要花费很高的治疗费用（该中心的花费情况约为 290 万日元）。

重粒子射线疗法是一种放射性碳离子射线治疗方法。在日本全国范围内，能够进行这种治疗的设施仍然很少。重粒子射线治疗与手术或 X 射线放射治疗相比，患者身体所需要承担的负担较小，因此老年人也可以进行这样的治疗。日本群马大学医学部附属医院重粒子射线医学中心的治疗费用超过 300 万日元。

尽管重粒子射线的治疗已经普及到大众人群，使得作为一个普通人的患者也能够有机会进行这样的先进治疗。但由于制造和控制这种重粒子射线的设备依然非常昂贵，因此进行这种治疗的费用也非常昂贵。2020 年，日本量子科学技术研究所的德·巴拉斯等人发现了一种新的理论模型，该模型将能够使得进行这样的癌症疾病治疗所需的重粒子射线加速器小型化和低成本化，从而使得原本非常昂贵的治疗费用有望得到降低。目前，该研究所还在开发一种可用于重粒子射线癌症治疗的量子手术刀。

日本的量子束研究设施

在日本，目前除四国、北陆、冲绳以外，其他各个地区均拥有自己的量子束设施。但这也并不是说每个地方都拥有相同的量子束设施，而是这些设施可以处理的量子束种类和输出功率各不相同。

▶▶ 同步辐射发生设施

位于兵库县的 SPring-8 是日本目前最大的量子束基础设施之一，不仅拥有数十条常规的量子束产生线，还拥有通过同步加速器进行的辐射光发生设备。同步加速器产生的同步辐射一般用于电磁辐射的产生，同步辐射是由同步辐射器产生的电磁波。SPring-8 的同步加速器是一个巨大的环形设备，位于巨大的环形设施之中，通过控制磁场和频率来进行粒子的加速。

当同步加速器将电子加速到接近光速时，会向电子轨道的切线方向发出高指向性的同步辐射光。这种同步辐射光包含有超强的 X 射线，其强度超过当前医疗用 X 射线的 1 亿倍。这种超强的辐射光以往很少被重视，仅仅是将其视为同步加速器的副产品。但现在，通过量子束设施开辟的全新领域，人们对此抱有很高的期待。

同步加速器产生的辐射光

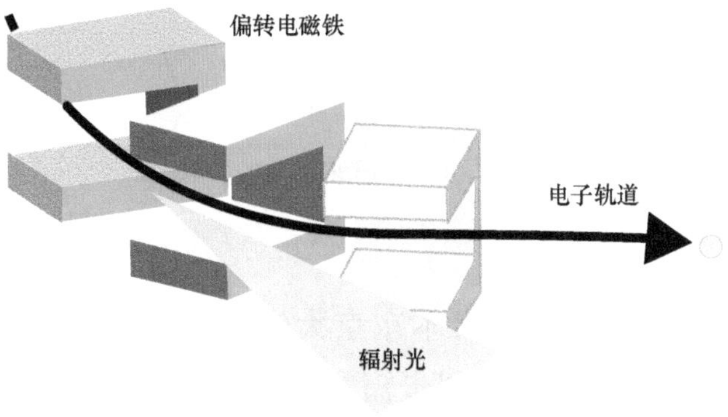

偏转电磁铁

电子轨道

辐射光

设施或光束名称	主要量子束	运营主体
电子加速器中子源：HUNS	中子束（小型）	北海道大学
LINAC、RCS、MR	质子束（作为二次光束的中子、介子、中微子、K介子）	J-PARC（JAEA，KEK）
JRR-3	中子束	JAEA
电子光学研究中心	电子束	日本东北大学
新一代辐射光设施	第4代辐射光	公私合作组织（东北）
PF、PF-AR	辐射光	KEK
质子射线医疗应用研究中心	质子束	筑波大学附属医院
SuperKEKB	电子束、正电子束	KEK
HIMAC	重量子束	QST
RIBF	离子束	理研仁科加速器科学研究中心
TIARA	离子束	QST（高崎量子应用研究所）
佩雷特龙	重离子束	东京工业大学
UVSOR-Ⅲ	极紫外光	日本自然科学研究机构 分子科学研究所
AichiSR	辐射光	科学技术交流财团
原子反应堆实验室电子加速器中子源	中子束（小型）	京都大学
质子加速器中子源：KUANS	中子束（小型）	京都大学
激光Ⅷ号 LFEX 千兆瓦激光器	激光	大阪大学
J-KAREN 激光器等离子体软X射线激光器 QUADRA-T 激光器	激光	QST（关西光学研究所）
质子加速器中子源：RANS	中子束（小型）	日本理化学研究所
立命馆大学 SR 中心	辐射光	立命馆大学
SPring-8	辐射光	日本理化学研究所
SACLA	X射线自由电子激光	日本理化学研究所
NewSUBARU	辐射光	兵库县立大学
HiSOR	辐射光	广岛大学
FFAG 加速器	离子束	九州大学
SAGA-LS	辐射光	九州同步加速器光研究中心

　　早在 20 世纪 60 年代，日本东京大学就开始了同步加速器（INS-RING）的研究，并将其用于同步辐射的试验。1974 年，世界上第一台

专门用于同步辐射的同步辐射器（SOR-RING）成功建成，为半导体等的发展做出了贡献。这也成了之后光子工厂（Photon Factory，PF）和SPring-8诞生的契机。

作为日本的辐射光发生设施，光子工厂位于茨城县的高能加速器研究机构（KEK），非对称正负电子对撞机（KEKB）位于筑波市的科学城。其中，光子工厂是日本在X射线领域的首台同步辐射加速器，其光子工厂环可以产生6.5GeV的同步脉冲辐射。该光子工厂还拥有一个增强器（光子工厂增强环），所产生的同步辐射光也会用于大学和相关组织开展的各类试验。不过，最近与日本国内企业的联合实验似乎在减少。

除此之外，诸如SPring-8等众多日本量子束设施运营机构不仅将其设备出借给大学和其他研究人员，提供量子束设施及设备租赁服务，同时还为这些进行各种相关产品开发的企业提供设备使用的咨询和技术指导。例如，在与住友橡胶工业有限公司的联合研究项目中，利用软X射线进行的显微光谱测量，开发了一种具有超强耐磨性的新型汽车用轮胎（搭载了红色耐磨损橡胶的轮胎）。除了SPring-8之外，该项目还得到了日本原子能研究开发机构（JAEA）和日本高能加速器研究机构（KEK）联合研发的高强度质子加速器（J-PARC）和超级计算机"京"的支持。

第3章

专栏

量子仿真器

如果我们能够在纳米尺度了解化学变化是如何进行的以及磁性物理学的内在原理，了解电子和质子是如何相互作用的，以及这些作用又是如何对化学变化和磁性物理学施加影响的，那么就有可能在理论上预测发生在量子尺度上的现象。然而，以目前的科学能力来说，要进行这种系统的了解是非常困难的。例如，即使是由30个具有量子行为的粒子构成的系统的行为，也很难用一台超级计算机来实现计算和模拟。

因此，人为地构建一个可控制的粒子系统，如原子，并利用它来模拟粒子行为的努力正在引起人们的注意。这样的构想也被称为量子模拟仿真。2016 年，日本分子化学研究所的大森贤治（Kenji Omori）等人通过对冷却至绝对零度的原子群施加激光脉冲进行控制，实现了能够模拟 40 个以上原子之间相互关系（强相关关系）的量子仿真器。

极简图解量子技术基本原理

3-16

新一代同步辐射设施

最先进的同步辐射设施对于支持先进工业技术和下一代能源发展的基础研究，以及对于日本在量子技术研究方面的领先地位是不可或缺的，这些技术预计将被用于全球范围内竞争加剧的行业。

▶▶ 同步辐射设施

目前，一些寄希望于新技术的利用，通过新技术的发展以重新引领下一代产业技术的国家正在积极进行同步辐射设施的建设，特别是那些可以覆盖软 X 射线和硬 X 射线波长范围的同步辐射设施。预计在未来的一个时期，科学水平的进一步提高、先进技术的发展、新的高性能工业产品的创造以及物理学、化学和生命科学等领域的重大突破和重大发现均将取决于量子技术的进步，量子技术已经成为决定未来发展成功与否的关键技术，也是准确理解纳米世界的一种重要手段，因此各国均在争相进行最先进同步辐射设施的建设。之所以如此，是因为他们均已认识到量子技术的绝对必要性，尤其是未来工业领域的发展更是会起着决定性的作用，因此也都纷纷加大了该领域科学研究和技术开发的投资。

当前，日本拥有光子工厂和 SPring-8 等量子技术开发设施，这些设施引领了世界量子技术的发展。在此，我们将这些设施与其他国家已经建成或计划建成的大型同步辐射设施进行一个简单比较。

对于大型同步辐射设施的性能比较，通常可以通过加速器的"加速能量"和其产生辐射光的"亮度"或"发射度"进行。通过这些综合性能进行的这种简单比较也是很容易理解的。在这些同步辐射设施中，由于产生辐射光的目的是想要看到（知道）如电子那样尺寸非常小的物质粒子，因此高亮度的辐射光自然也具有更好的性能。发射度，表示辐射光在传播过程中所产生的光强度分布，发射度越小的辐射光将会具有越高的光强度。如果辐射光具有较高的光强度，则在实验过程中更容易进行光束的处理，例如试验中进行的光束分割等。辐射光的"输出（加速能量）"值一般随着蓄积环的周长变长而变大。目前世界上最大的同步辐射设施的蓄积环周长超过 1km，同步加速器的输出功率约为几 GeV。对于目前被定位为第 3 代同步辐射设施的日本 SPring-8 的性能，其蓄积环周长为 1436m，同步加速器的最大输出功率约为 8GeV，同步辐射的发射度为 3nm·rad。

自 SPring-8 以来，全球范围内已经建成了 11 个性能与 SPring-8 相当的第 3 代同步辐射设施。此外，在美国、瑞典等其他国家，3GeV 的低一级同步加速器现在也已经开始投入运行。

在 21 世纪开始的第一个十年里，同步辐射设施的建设取得了新的突破，从而使得同步辐射设施的技术发展也迈进到了第 4 代同步辐射设施的时代。除此之外，在这些新型同步辐射设施中，还允许在波长比之前的软 X 射线还要短的 X 射线[一]和硬 X 射线[二]之间的波长区域进行研究和开发。

到目前为止，关于高亮度同步辐射设施技术性能方面的竞争主要在日本、美国和欧洲等国家和地区之间进行。当同步辐射设施发展到第 3 代和第 4 代以后，巴西等国家将加入到这种技术竞争中。

日本的 SPring-8 是世界上第一个启动的第 3 代同步辐射设施，为尖端技术的开发和发展做出了贡献。然而，从那时起，日本就再没有建造过性能超过 SPring-8 的同步辐射设施。与此相对的是，在这一时期，同步辐射设施获得了高速发展，高亮度的同步辐射设施却在世界各地相继建成。

世界主要的高亮度辐射光设施（包括正在建设和计划中）		
辐射光设施名称（国家）	能量/GeV	发射度/nm·rad
SLS（瑞士）	2.4	5.0
SOLEIL-Ⅱ（法国）	2.75	0.072
ALBA（西班牙）	3	4.3
DIAMOND（英国）	3	2.7
NSLS-Ⅱ（美国）	3	1.5
MAX-Ⅳ（瑞典）	3	0.33
HEPS（中国）	6	0.05
Sirius（巴西）	3	0.28
ESRF-EBS（法国）	6	0.15
APS-Upgrade（美国）	6	0.147
SPring-8-Ⅱ（日本）	6	0.1
PETRA-Ⅳ（德国）	6	0.01
新一代辐射光设施（名称未定：日本）	3	1.14

在这样的形势下，以具有危机感的相关研究人员为核心，发起了进行第 4 代同步辐射设施建设的计划，并先后将其付诸实施。建设成果的其中之一是 SPring-8-Ⅱ，它是 SPring-8 的升级。另一个是新建设的新一代同步辐射设施。到目前为止，所有大型同步辐射设施都是由国家主导规划并推进建设的，但目前日本东北大学校园内正在建设的新一代同步辐射设施（计划于 2023 年投入运行）则是通过公私合营的方式推动进行的。下一代同步辐射设施将在充分利用高性能的同时，也将注重和重视设施的效率，希望由此提升研究人员和公司用户的数量。

激光冷却

从与原子运动相反的方向向真空中的原子进行激光照射，通过其能量的吸收来停止原子运动的技术称为激光冷却。目前，通过激光的照射来降低高压气体温度的实验也已经取得了成功。

利用激光冷却，停止原子群的运动后，有意地只对其中的某个原子通过脉冲激光等进行照射，以此改变其行为，进而观察原子群的运动。激光冷却也在这样的原子群等模拟实验（量子仿真器）中得到了应用。

此外，利用激光冷却得到的冷却离子也可以作为量子计算机中的量子比特，这样的研究目前也在进行中。

功率激光

当试图通过阿秒脉冲激光来观察正在发生化学变化的物质的电子状态时，脉冲激光的能量必须得到适当的调节，以避免其对被观察物质造成的破坏。另一方面，当脉冲激光所具有的能量保持不变时，随着脉冲时间宽度的缩短，则其最大输出功率会变得越来越大。因此，许多国家也正在陆续进行超高强度激光设施的建造，竞相进行最大激光输出功率的竞争，以争夺技术的制高点。在这种超高强度功率激光的研究方面，由捷克和英国的研究机构联合开发的激光器——一种被称为 Bivoj 的激光设备，可以连续产生 1kW 输出功率的激光，并且连续输出的时间达到了 1h。目前，日本和美国也拥有 PW 级激光器，并且有计划在韩国建造 10PW 级的激光设施。这些激光器和激光设施均被称为功率激光器。

目前，功率激光的正式应用才刚刚开始，由于它们可以在瞬间向被照射物体提供极高的能量，因此能够获得很多出乎意料的效果。到目前为止，人们一直认为给一个物体施加一个非常高的压力是很难实现的，这种超高压力的实施目前也在考虑使用功率激光的方法。例如，在大阪大学的激光科学研究所，通过功率激光控制已经实现了超过 1000 万个大气压的压力，并成功制造出了比钻石更硬的超级钻石（虽然这种超高压力还只是瞬间的实现……）。功率激光是一种强大的激光，通过功率激光的使用，可以进行碳和硅材料的压缩，并使其金属化。因此也可以设想，如果通过功率激光的使用来对各种原子等进行压缩，可以生成我们从未知晓的物质，从而可以创造出未知的材料。利用功率激光还可以实现高密度、高温度的超常环境，因而可以将其用于核聚变的研究。这样的功率激光应用研究目前也正在进行中。除此之外，日本在 PW 级功率激光领域进行了世界领先的研究。

第 **4** 章

量子成像与量子传感

　　量子成像是一种主要用于生物科学领域研究的量子技术，量子传感是一种利用量子技术进行各种物理量测量的方法，两者都是纳米尺度的量子技术。量子成像与量子传感技术与纳米技术相结合，可以使得分子水平的科学研究和工程技术开发成为可能。

量子成像与量子传感

用电子显微镜观察纳米尺寸的物体时，可以看到非常清晰的图像。然而，为了更深入地了解生物细胞和组织的工作过程及运动情况，则有必要进行分子内部结构及运动的观察，例如比细胞、组织更小的蛋白质分子内部的观察。像这样，通过量子技术将分子甚至更小尺度的观察对象进行可视化被称为量子成像。

▶▶ 照亮观察对象的技术

蛋白质是构成生物体的主要有机成分之一，蛋白质分子通常均是由氨基酸与肽键结合而成的。在人体中，胰岛素（一种由胰腺合成的蛋白质）是人体内具有最小蛋白质分子的蛋白质之一，其分子量为5733。作用于肌肉伸展和收缩的肌球蛋白质，其分子量约为480000。作为人体中含量最丰富的蛋白质，胶原蛋白质的分子量约为300000，其结构呈纤维状，长约300nm，与此相对的是，一个原子的大小仅在0.1nm左右，所以就人体而言，所有的蛋白质分子大小都是以nm为单位来表示的。

蛋白质是生物体内的重要有机物质，对其分子结构和运动情况的观察可以帮助我们深入了解生命活动的本质，因此显得非常重要。在生物体内，蛋白质的运动控制着大量的生命活动，如酶的反应、神经信息的传输和肌肉的运动等。因此，深入研究蛋白质的行为在医学和生命科学领域至关重要，这项研究的最终目标是在纳米尺度上进行蛋白质化学反应和物理运动的直接观察，以揭示生命活动的本质。

传统上，显微镜是用于观察细微世界的仪器，如中小学课堂上使用的那种传统的显微镜。对于这样的显微镜，由于是通过可见光来观察物体的，所以只能实现常规尺寸物体的观察，纳米大小的物体是看不到的。因此，对于纳米级物体的观察需要使用波长小于可见光的光源进行，这样的显微镜也使用了量子技术。

另一方面，在通过显微镜对蛋白质进行观察时，通常很难区分观察到的对象究竟是众多蛋白质中的哪一组成成分，因此人们也探索出了一种只对特定蛋白质进行颜色编码的方法，这就是所称的荧光探针技术。通过荧光探针技术，能够使得仅有附着了荧光探针的蛋白质在受到特殊光线照射时才会发出荧光，从而实现特定蛋白质的观察。当前，分子水平的成像已经成为生命科学中不可或缺的重要技术。

一直以来，多采用有机荧光材料作为荧光探针，但现在使用通过人工制造的无机量子点的技术也在逐渐增加。

荧光探针成像

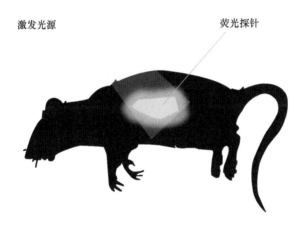

激发光源　　　　　　　　　　　　　　　　荧光探针

量子点由具有不同性质的无机原子组成，如镉和硒原子等。其结构由一个原子核和一个围绕原子核的壳构成，形成一个所谓的核-壳结构。在这种结构中，其核与壳之间具有较大的带隙，因此能够通过电子的带隙跃迁进行荧光的发射。当使用碳原子和氮原子进行晶体创建时，会形成一种独特的晶体结构，其中某些区域没有足够的电子可用于共价键的形成，这样的结构也被称为钻石 NV 中心。众所周知，像量子点一样，钻石 NV 中心也与量子点一样具有量子的性质。例如，将光（光子）照射到钻石 NV 中心时，钻石 NV 中心会以与荧光探针相同的方式发出荧光。不仅如此，钻石 NV 中心内部的量子状态还会因外部磁场、微波等的影响而发生变化。通过从外部观察这些微小的变化，钻石 NV 中心也可以作为一个传感器来使用，用于外部磁场等物理量的检测。

利用量子特性致力于量子传感器的研究并不是仅仅局限于钻石 NV 中心的。在量子计算机中，可以通过多种方法产生稳定的量子态，并通过微波等进行量子态的控制，以实现稳定的量子计算。此时，这样的稳定量子态可以使用通过激光创造出的稳定离子，或者使用光子。但是量子计算机的输出结果检测依然需要通过量子传感器来进行，因此量子传感器在量子计算机输出结果的提取中也起着非常重要的作用。

人工量子物质

量子点　　　　　　　　　　钻石NV中心

量子点利用电子的量子性质"自旋"来测量温度和磁场。通过将作为荧光探针创建的量子点或纳米钻石 NV 中心与生物体内的特定蛋白质联系起来，我们不仅可以通过荧光辐射来确定它们的位置，还可以获得细胞周围环境的磁场和动力学状态等信息。这种利用量子特性作为传感器的检测方法被称为量子传感，同时也将这种通过量子特性实现的传感器称为量子传感器。

由于通过量子传感器可以捕捉到非常微小的物理变化，因此量子传感器也被人们期待能够成为新一代高精度传感器，实现传统传感器无法达到的检测能量。量子传感器不仅适用于生命科学和医疗领域，还可作为各种设备的传感器。

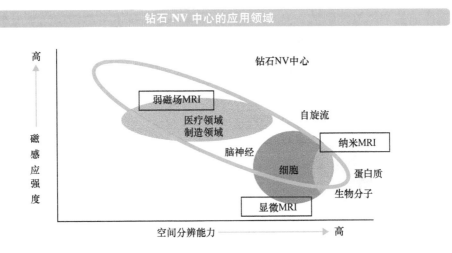

钻石 NV 中心的应用领域

更小微观世界的观察

在光学显微镜中，通过其镜头中各种不同光学透镜的组合，最终能够将镜头前的物体放大到数百至 1500 倍。然而，这种高水平的传统光学显微镜对量子技术的发现和发展是没有任何作用的。为了"看到"量子技术世界的小粒子、分子和原子，甚至原子中的电子和原子核等，人们已经开发出来了各种不同类型的新型显微镜，这是一类能够以与光学显微镜不同的方式来反映被观测对象状态和变化的显微镜。

▶▶ 显微镜

人类是从什么时候才开始知道自己的身体是由细胞这个微小单位构成的呢？人体细胞的大小约为 $10 \sim 30 \mu m$（$0.01 \sim 0.03 mm$），而人眼的分辨率却只有 $0.1 mm$ 左右，因此仅凭人眼的观察是无法看到和分辨细胞的。为了能够看到细胞这么微小的物体，我们必须发明一种能够放大小物体的工具，以便能够看到通常情况下无法分辨的微小物体，弥补人眼分辨率的不足。

在公元前 3 世纪左右我们就已经了解到这样的现象，即当通过水晶和玻璃等对周围的风景进行观察时，观察的风景会变得扭曲。这样的现象表明，这些透明的矿物玉石等对太阳光线具有汇聚作用，矿物玉石等对光的这种汇聚作用也正是光学透镜的工作基础。尽管人类很早就发现了这样的光学现象，但是通过凸透镜让小物体变大显示的放大镜究竟是什么时候发明的，到目前还不清楚，也没有明确的历史记载。玉石等透明的矿物体和荷叶表面的雨滴等能够将物体放大并不是一种很罕见的光学现象，所以随着玻璃加工技术的发展，这种光学现象也被认为是非常自然地得到了利用，并实现了各种不同作用光学透镜的制作。据说，早在 13 世纪左右，人们就开始了这些光学透镜的使用，发明了眼镜和其他用途的镜片，那时在意大利威尼斯已经制造出了高质量的玻璃。

显微镜的发明被认为是在 16 世纪末。进入 17 世纪，伽利略即开始通过显微镜来观察苍蝇复眼的结构。1665 年，英国科学家罗伯特·胡克（Robert Hooke）出版了一本《微观图集（Micrographia）》，这是一本显微镜下所获得的图谱，其中记载了通过显微镜看到的虱子、跳蚤等小生物的素描草图。在这本书中画着形似软木塞的细胞壁，第一次证明了生物的身体是由众多微小的"房间"所构成的集合。

罗伯特·胡克使用的是目镜和物镜相结合的显微镜，是一种结构类似于今天的光学显微镜。然而，在那个时候，镜头的加工精度仍然很差，因而不能在高倍率下看到清晰的图像，因此也难以实现高倍率的显微放大。

在 17 世纪 70 年代，荷兰商人和科学家安东尼·菲利普斯·范·列文虎克（Antonie Philips van Leeuwenhoek），独立改进了他的短透镜显微镜，从而达到了 200 多倍的放大率。利用这一显微镜技术突破，列文虎克发现了许多单细胞生物、细菌等微生物以及精子，从而获得了微生物学之父的美誉。从他画的草图中可以推测出，其改进的革命性显微镜的分辨率估计已经逼近了几微米。

生物体的最小构成单位是细胞，它就像一个能够单独行动的完整生物体。而在具有多细胞生命系统的高级生物体中，细胞还会发生分化，这一点也与细胞学说的分析结果相一致。作为细胞学理论的细胞学说，却一直到 18 世纪末和 19 世纪初随着病理学和生物学的发展才逐渐得到广泛认同，比细胞的首次观察发现晚了 1 个多世纪。

显微镜是一种允许我们观察微小世界的工具，通过显微镜我们才能够看到这个未知世界的各种秘密。通过显微镜，人类能够真正看到并实际观察到生物的身体是由什么构成的，各个构成元素的形状是怎样的，以及它们之间又是如何相互作用的，如此等等。显微技术的发展对人类认知的重要性是不言而喻的。

当亲眼看到一个细胞时，我们不禁会注意到其各种不同的组成部分。通过显微镜对细胞的观察，不仅使得我们能够根据组织的不同了解不同组织内细胞的情况，还可以根据生物物种的不同和个体的不同，观察到细胞的构成要素也会有不同的差异，并进而可以解释其不同的作用。显微镜使得科学家的兴趣转向了一个微小的世界，这并不奇怪，这也是我们需要更先进的显微镜来观察更加微小世界的原因。

▶▶ 肉眼观察微小世界的工具——光学显微镜

目前，用于细胞观察等的显微镜通常采用的是由一个或一对目镜和一个物镜组合构成的复合式结构。这种复式显微镜的结构是 1850 年左右由德国的卡尔·蔡司在其显微镜实验室里首次创建的。从那时起，光学显微镜根据所要观察对象的需要也经历了各种变化和改进，这种变化和改进一直发展到现在，但其结构没有根本的改变。通常使用的光学显微镜是通过透射光实现样品放大的明视场显微镜，这种类型显微镜的放大率上限约为 1500 倍，分辨率约为 100nm，可以进行活细胞内部情况的直接观察。这样的放大率和分辨率也基本达到了光学显微镜所能实现的极限。

▶▶ 电子显微镜

正如前面所述的那样，由于光学显微镜所能实现的放大率和分辨率基本达到了极限，因此在光学显微镜下将无法观察到 10nm 左右的微小病毒。除了技术参数的原因以外，究其根本原因是光学显微镜是通过从样品反射或透过的可见光来进行观察的，所以对于尺寸小于可见光波长的样品是无法看见的。因此，需要通过电子显微镜利用比可见光更小波长的电磁波进行样品的进一步放大。

比可见光波长短的电磁波和电子的发现是在 19 世纪后期。从那时候开始电子显微镜的开发，20 世纪 30 年代德国物理学家恩斯特·奥古斯特·弗里德里希·鲁斯卡（Ernst August Friedrich Ruska）等人在世界上首次成功开发了电子显微镜，并因此获得了 1986 年诺贝尔物理学奖。在日本，1940 年由大阪大学的菅田荣治开发成功。

通过电子显微镜对样品的观察需要将电子束稳定地照射到样品上，因此作为一种基本结构，电子显微镜内需要保持真空的环境。但是，如果在这种真空环境中放置生物体类的样品，则样品内部的水分就会喷出，样品就会遭到破坏，所以首先需要从生物体类样品中去除水分，或者对样品表面进行硬化和凝固等处理，然后才能通过电子显微镜对该类样品进行观察。这样的处理也是由电子显微镜的结构所决定的。

电子显微镜按电子束照射方式的不同大致可以分为两种基本类型。一种是通过电子束对样品的透射进行观察的方式——透射电子显微镜（Transmission Electron Microscope，TEM）；另一种是通过电子束对样品的反射进行分析和观察的方式——扫描电子显微镜（Scanning Electron Microscope，SEM）。

▶▶ 透射电子显微镜

透射电子显微镜的工作原理与光学显微镜非常相似。只是与光学显微镜用透镜对通过样品的可见光进行放大，以实现样品的可见光观察不同，透射电子显微镜是先将由聚光电子透镜控制的电子束照射到样品上，然后再测量通过样品的透射电子束密度来实现样品观察的。由此可见，这样的样品观察是通过电子束来进行的。

就像光学显微镜从样品下方对样品进行光的照射，然后再观察透过样品的光一样，透射电子显微镜是从样品上方通过电子束对样品进行照射，并检测透过样品的电子分布以形成图像的。因此，就像用光学显微镜进行的观察需要做样品的预制一样，透射电子显微镜也需要得到样品的薄片，以使得电子束可以轻松透过。

在通过透射电子显微镜进行细胞观察时，需要创建一个薄至几十纳米的"超薄切片"。这些切片是通过化学品对样品进行固定，然后再将其置于树脂中而制成的。然而，这种方法可能会导致一些样品与活体状态下的形态不同，所以也有采用快速冷冻置换法，将生物和其他样品以活体状态进行快速冷冻凝固，以此进行样品制作的方法。这是一种通过使用快速冷冻置换法进行的样品制作方法。

此外，在任何情况下，透射电子显微镜所呈现的图像都将是一个二维图像，因为它看到的均为样品的某个横截面。与立体扫描电子显微镜相比，扫描电镜可以进行三维的观察，而透射电镜是平面的，因此没有那么多的动态平面，所以也可能没有多少令人惊讶的发现。然而，透射电子显微镜提供了更多的信息，特别是在观察活的生物体，如细菌时，因为它能够对样品进行断层扫描，因此能揭示其内部的工作情况。

电子显微镜

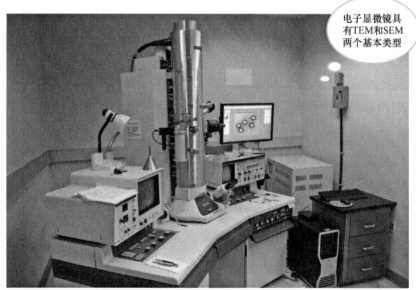

电子显微镜具有TEM和SEM两个基本类型

源自：Oak tree road 1

透射电子显微镜的电子束是由电子加速器的电场实现加速的，其波长是由加速电场的电压决定的。例如，在300kV的加速电场作用下，穿透样品的电子束的波长约为0.002nm，这与可见光的波长（约为500nm）相比要小很多，甚至是微不足道的，因此可以看到光学显微镜下无法分辨的样品的细微情况。通过进一步提高电子加速器加速电场的电压，电子束的波长还可以进一步得到缩短。通过这种方式，电子显微镜可以达到比光学显微镜更精细的分辨率。

电子显微镜的性能可以通过其分辨率来衡量，这方面竞争的目标就在于如何能够看到更小的物体以及如何进行更好的分辨。2010年，日立公司实现了0.043nm的世界电子显微镜最高分辨率，2018年康奈尔大学实现了0.039nm的分辨率。由此可见，电子显微镜的分辨率记录也在不断刷新。

▶▶ 使人仿佛置身于微观世界的扫描电子显微镜

1965年，英国剑桥仪器公司开发出了世界上第一台商用扫描电子显微镜。1972年，随着亮度更高的场发射（Field Emission，FE）电子源的产品化，扫描电子显微镜的分辨率得到了大幅提高。从那时起，扫描电子显微镜不断以其具有视觉冲击力的成像效果持续向公众展示了其显微成像的有效性，已成为纳米材料粒径测试和形貌观察最有效的仪器，也是研究材料结构与性能关系所不可缺少的重要工具。

扫描电子显微镜是一种将电子照射到样品上，并通过计算机逐一分析由此获得的信息并形成图像的显微镜。通过检测样品上反射的一次电子，可以详细了解样品表面的形貌信息。如果样品内部的电子（二次电子）因激发而释放出来，并向外部输出，则这些电子是表示样品内部结构和状态的信息。所有这些通过反射电子和激发电子表现出来的样品信息均可以通过用扫描电子显微镜的探测器检测。

此外，与透射电子显微镜相比，扫描电子显微镜能够实现样品的完全扫描，因此可以实现样品的完整检查。而透射电子显微镜却只能看到电子透过的狭小区域的样品信息，因而难以实现样品的完整检查。

扫描电子显微镜不仅可以实现物体表面形貌的观察，同时还可以通过从扫描探测器中获得的各种信息的分析，获取样品的完整信息，因此具有全信息的获取能力，从而扩大了其应用范围。正是因为这样的优良特性，扫描电子显微镜被广泛用于世界各地的研究机构和质量检测场所。除了医学和生物学领域外，还应用于物性检测、半导体设备开发等众多领域，发挥着不可替代的作用。

扫描电子显微镜虽然不适合于细菌等微生物内部结构的了解，但由于可以立体地看到样品的形状、表面以及样品周围的情况等，因此容易进行直观的观察，并适合于样品结构和配置的把握。目前，不仅在生理学和生物学领域，还在工业用材料和器件等领域进行材料表面状态的调查和样品材质的分析等。通过这些功能，还可以进一步实现发光材料的光谱分析，测量材料的内部电动势等。

用电子显微镜拍下的鼠疫细菌

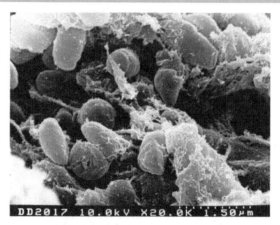

▶▶ 带探针的扫描探针显微镜

扫描探针显微镜（Scanning Probe Microscope，SPM）中的"Probe"

原意为探头的意思，在日语中被翻译为"探针"。1981年，IBM公司成功开发出了这种扫描探针显微镜，这是另一种不同类型的电子显微镜，能够通过其特殊制作的探针进行样品表面附近区域的扫描（探针与样品之间的间隙小于1nm）。扫描探针显微镜的扫描探针指的是显微镜探头的尖端部分，该部分是由硅化合物制成的，并被精确地加工成大约10nm的曲率半径。

一些扫描探针显微镜还可以进行探针和样品之间力学相互作用的测量，如原子力和磁性力，以及电流和电压引起的作用力等。这种类型的扫描探针显微镜被专门称为原子力显微镜。原子力显微镜不仅能以与透射电子显微镜相当的高倍率放大率形成和提供样品表面的三维图像，而且还能够提供样品表面的摩擦力、黏弹性和表面电位等信息。一般来说，在使用电子束等的电子显微镜中，由于需要将样品置于真空环境中，以利于电子束的稳定，而在扫描探针显微镜中，即使样品处于空气或液体中也可以进行正常的观察和使用，因此这也是扫描探针显微镜的一个独特的优势。实际上，扫描探针显微镜也是原子力、静电力、磁力、扫描离子电导、扫描电化学等各种新型探针显微镜的统称，是国际上近年发展起来的表面分析仪器，是综合运用了光电子技术、激光技术、微弱信号检测技术、精密机械设计和加工、自动控制技术、数字信号处理技术、应用光学技术、计算机高速采集和控制及高分辨图形处理等现代科技成果的光、机、电一体化高科技产品。

扫描探针显微镜的应用并不局限于生物体细胞等的观察，还被广泛用于金属和半导体表面，以及聚合物、树脂和液晶等工业材料的观察。

▶▶ 带制冷的冷冻电子显微镜

克莱奥电子显微镜即为冷冻电子显微镜（Cryo-electron microscopy），其中的克莱奥为"Cryo"的读音，是"低温、冷冻"的意思。冷冻电子显微镜不是采用树脂等材料对样品进行凝固，而是通过快速冷冻使样品定型，然后再通过电子显微镜进行观察。

2017 年的诺贝尔化学奖颁发给了瑞士的杰克·杜邦内特（Jacques Dubochet）、英国的理查德·亨德森（Richard Henderson）和美国的约阿希姆·弗兰克（Joachim Frank），以表彰他们在开发用于溶液中生物分子高分辨率结构测定的冷冻电镜技术方面的贡献。由此可见，冷冻电子显微镜这个用来观察微小世界的工具将生物化学技术带入了一个崭新的时代，让科学家们获取高分辨率生物分子图像变得前所未有的容易，为人类带来了更多的新知识，对科学界产生了巨大影响，甚至对社会做出了巨大贡献。

冷冻电子显微镜是一种透射电子显微镜。在一般的透射电子显微镜中，样品需要用树脂等材料进行固化，这是因为电子显微镜内必须处于高度的真空状态。但是，这样的高度的真空环境就无法获得需要水的生物分子的显微图像。

冷冻电子显微镜

诺贝尔奖级的科学发明

源自：David J.Morgan

另一方面，如果直接向生物分子发射高强度的电子束，可能会破坏生物分子的结构。冷冻电子显微镜是一种突破性的方法，可以消除电子显微镜使用中的这种难度，同时可以在接近生理条件下进行样品结构的观察。

冷冻电子显微镜可分为两个基本类型，分类取决于从样品中进行的数据检测方法和数据分析算法。一种类型是电子断层扫描，首先对样品进行分段扫描，以获得片状的样品数据，然后再通过后期的数据处理将这些片状的样品数据进行堆叠，建立起一个基于样品数据的三维图像。另一种类型是首先从不同方向对样品进行电子投射，以观察样品在该方向的投影数据。通过这样的多方向观察，收集从不同方向观察到的样品投影数据。在处理这些数据时，假定样品，即观察到的分子为具有相同形状和统一尺寸的颗粒。这就是所谓的单粒子分析法，该方法使得冷冻电子显微镜的性能有了明显的提高。随着假设的颗粒尺寸的缩小，单粒子分析法可以进行相当于原子分辨率的高水平的结构分析。在当前的实践中，基于该方法已经成功地分析了难以结晶的蛋白质分子结构，并阐明了病毒、离子通道和膜蛋白质的结构。

冷冻电子显微镜下看到的病毒

▼ 基孔肯亚病毒（chikungunya virus）

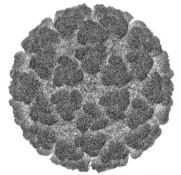

源自：A2-33

▼ 新型冠状病毒（SARS-CoV-2）

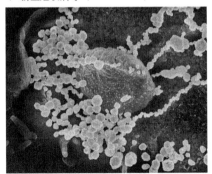

源自：NIAID

从"水母"开始

2008 年诺贝尔化学奖授予了日本科学家下村修，以表彰他发现了来自巨型水母的绿色荧光蛋白质（Green Fluorescent Protein，GFP）。由于这一发现，使得与荧光蛋白质相关的量子技术得以兴起并取得了不断发展。荧光蛋白质量子技术的目标是要力图开发出与 GFP 具有相同作用的人工物质，以替代 GFP 等有机荧光标签。

▶▶ GFP 的应用

1979 年，日本的下村修发现了水母发光的机制，水母之所以能够发光，是由于其体内具有一种绿色荧光蛋白质（GFP）。这种 GFP 由 200 多个氨基酸组成，其中与发光有关的氨基酸有 3 个。当受到蓝光照射时，荧光蛋白质会吸收蓝光的部分能量，然后发射出绿色的荧光。这显示了利用基因技术将荧光蛋白质中与发光有关的氨基酸嵌入到其他普通蛋白质的可能性。

在发现了 GFP 时，下村修一心专注于确定生物体内发光物质的工作，并没有意识到 GFP 后来会为生命科学打开新的大门。在此之后的 1994 年，美国科学家马丁·查尔菲应用下村修的发现，创造出了一种能够发出绿光的线虫。另外，美籍华人科学家钱永健（Roger Yonchien Tsien）通过 GFP 的改造合成了能发出各种荧光颜色的蛋白质，并因此与下村修一起获得了当年的诺贝尔化学奖。

获得诺贝尔奖的理由是，由于 GFP 具有特殊发光机制，因此能够作为生命科学中的标记工具，广泛应用于各种蛋白质的荧光标签，发现 GFP 的这一科学成就得到了诺贝尔奖评审委员会的认可。在 2008 年获得诺贝尔化学奖时，GFP 已经被广泛应用于了解阿尔茨海默病神经细胞和胰腺中产生胰岛素的细胞的功能等。利用 GFP 自身就是一种蛋白质的特点，可以将其直接嵌入目标蛋白质中，作为目标蛋白质的 GFP 标记，以利于荧光显微镜或共聚焦激光扫描显微镜观察。这样的应用就是蛋白质的 GFP 标签。

实际上，在较早的时候美国科学家道格拉斯·普莱西就已经想到，如果能将 GFP 与癌症等人体特定的蛋白质结合在一起，将会对生物医学的研究做出巨大贡献。在那个时期，普莱西与后来获得诺贝尔化学奖的马丁·查尔菲以及钱永健同时都在进行着 GFP 的相关研究，并且也都有信息分享。只是由于经济原因，普莱西后来放弃了对 GFP 的研究。马丁·查尔菲和钱永健两位矢志不渝的科学家没有终止或者改变其研究的初衷，一直继续进行着 GFP 的研究，终于打开了荧光蛋白质成像技术的大门。

利用这项技术，可以只给特定的蛋白质涂上荧光物质进行观察，这相当于给这些特定蛋白质标记了一种能够发光的标签。目前，这也是一种通过荧光标签进行的荧光探针成像方法，被广泛应用于生命科学领域中。由于 GFP 不是无机荧光物质，而是一种蛋白质，这使得它很容易导入到活的生物体内。其中的一种具体方法就是，将带有 GFP 融合蛋白质编码的 DNA 导入生物体中，使生物自身产生能够进行荧光发光的蛋白质。由于与 GFP 拥有相同 DNA 构造的蛋白质在光照的激发下会发出荧光，因此通过发光的确认即可实时确定特定目标蛋白质所在的位置。

GFP 最初是从海洋水母中提取的一种荧光蛋白质物质，目前存在蓝色和黄色两种 GFP 的变体，可在不同环境中使用。根据使用环境的不同，GFP 可以有不同的使用方式。作为荧光蛋白质的性能，除了荧光颜色之外，在将其用于人体时还必须考虑对人使用时的安全性。除此之外，发光的亮度对于荧光蛋白质的应用也很重要。

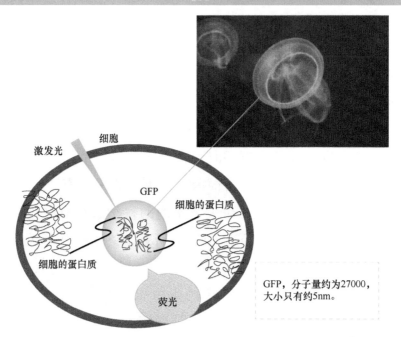

激发光　细胞

GFP

细胞的蛋白质

细胞的蛋白质

荧光

GFP，分子量约为27000，大小只有约5nm。

极简图解量子技术基本原理

荧光成像与荧光分析

分子成像是将物质的一个分子表现得如同真的被看到一样的过程。通过分子成像技术，可以在分子水平上确定生物体内分子的属性和行为，以便深入研究生物体内的物质变化及其与生命活动的关联。研究人员希望看到分子成像，并且最好是生物体内的活体分子成像，以便看到生物体内真实的分子行为和表现，同时也能看到分子在生物体内所真正呈现的分子结构。为此，人们需要一种观察活细胞运动和工作的机制，并在分子层面对其进行测量，从而人为操纵它的技术。

▶▶▶ 分子生物学

细胞是生物体的基本构成单位，自身就像一个生物体一样活着。在进行各种代谢活动的同时，细胞还具有分化的功能。从 20 世纪开始，人类通过显微镜就可以很容易地窥见生物体内的微小世界。但现今，随着科学技术的发展，人们已经不能满足于传统显微镜所能看到的微小世界了，需要向更微观的世界进行探索，开始关注细胞中发生的分子水平的活动，甚至更小的地方发生的生化反应。

传统的显微镜是通过目镜中反射的可见光来实现样品观察的。但这并不意味着显微镜只能通过目镜中的可见光进行微小世界的直接观察。实际上，还可以将具有量子性质的粒子束和电磁波（如电子束和 X 射线等）应用于样品，借助量子束对样品的照射，并通过计算机分析样品中反映出来的各种信息，从而观察到可见光看不到的更加微小的世界。通过这样的量子束照射观察，目前我们已经能够观察到原子和原子内部电子的运动。但对于生物学和医学来说，人们最感兴趣的是蛋白质分子水平的运动观察。研究人员通过这样的观察，迫切想要知道特定的蛋白质在活细胞内的运动是如何进行的，生物体内的生物化学反应是如何发生的，这种分子水平的变化是由什么样的机制引起的，如此等等。对于这些关于生物体以及生命活动的根本性问题，均需要通过单一蛋白质分子的观察来进行了解，通过分子水平的观察来逐渐解开众多的问题谜团。像这样，通过现代电子显微镜提供的观测能力，在分子水平上进行的生物科学的研究被称为分子生物学。

▶▶ **使样品发光进行的观察**（荧光显微镜）

在明视场显微镜上安装高压汞灯，通过该灯发出的激发光对样品进行照射，样品就会发出"荧光"。这样的显微镜被称为荧光显微镜。为了对细胞等进行荧光观察，还可以采用具有不同特性的化学物质对细胞的各组成物质进行染色，以实现细胞内特定目标物质的有效分辨。除此之外，还可以使用一种被称为"量子点"的荧光物质作为荧光标签，实现荧光显微镜的观察功能。

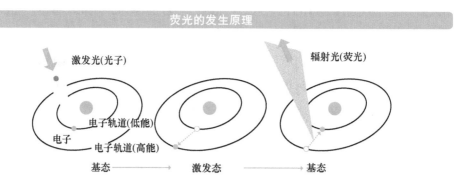

荧光的发生原理

首先，荧光发光的原理是基于量子特性的。当光（激励光）照射到荧光物质上时，光所具有的能量会被荧光物质吸收。这样的能量吸收，在荧光物质内会使得物质内电子的能量得到增加。此时，由于电子拥有的能量水平不是一个连续的值，只能在不同的能级之间发生跃迁，这样的表现就是电子的量子行为。正因为电子作为一个量子，当其受到光照而从光子获得能量时，由于其自身能量的提升，电子即会从原来的稳定状态跃迁到高能量状态的能级。这一过程被称为激发。

受到照射光的激励而激发到比其原来的稳定状态更高能量状态的电子所处的状态被称为激发态。由于处于激发态的电子脱离了其原有的稳定状态，因而是不稳定的。此时，激发态电子通过激发光获得的能量需要在短时间内释放，从而返回到其原有的稳定状态，也就是电子的基础状态（基态）。但这种处于高能量水平的电子的能量减少不是逐渐进行的，而是通过量子性质一下子恢复到其稳定基态的。在这个过程中，由于激发态和基态之间的能级差，会使得有一部分多余的能量需要在瞬间得到释放，这个瞬间释放的能量就会被转换成光，从而引起荧光现象。在荧光显微镜中，利用高压汞灯发出的强光对被观察样品进行激发，从而会使得样品发出荧光。

为了了解生物体内的详细机制，深入研究生命活动的本质，研究人员至少需要从分子水平上知道蛋白质是如何运作的。当然，这样的观察需要在蛋白质具有化学活性的条件下进行，而荧光显微镜可以满足这一要求。

肌肉收缩是肌肉组织的基本特性，是肌纤维在接受刺激后所发生的机械反应。身体姿势的维持、空间的移动、复杂的动作以及呼吸运动等，都是通过肌肉收缩活动来实现的。当前的生物学研究结果认为，动物体的肌肉收缩是由构成肌原纤维的肌动蛋白丝和肌球蛋白丝的滑动运动引起的。

肌动蛋白丝本身就像一条几微米长、10nm 粗的微小绳索。大阪大学的柳田将具有荧光标记作用的蘑菇毒素探针附着在肌动蛋白丝上，并通过荧光显微镜使标签发光，间接观察到了肌动蛋白丝的运动情况。通过这样的方式，就可以借助荧光显微镜观察与肌肉收缩相关的肌动蛋白质分子马达是如何动作的。然而，为了全面解释肌肉运动的生物电机制，还必须检查与肌肉收缩相关的更细小部分的运动，以精细了解肌动蛋白质分子马达的动作机理。实际上，肌动蛋白丝和肌球蛋白丝都是由众多的蛋白质分子聚集而成的多分子结构，为了更细致地观察这样的蛋白丝滑动运动的机理，需要确认单一蛋白质分子的运动情况。

　　柳田成功地将荧光标签附着在特定的蛋白质上，并向其照射激发光使其发出了荧光。但是，这个时候所观察到的荧光非常微弱，且不清楚，还没有达到预期的肌动蛋白丝的观察效果，周围的噪声信号成为观察的障碍。为了解决这一问题，柳田等人发明了一种全内反射照明荧光显微镜。该荧光显微镜能通过背景光的渗透成功地确认标记在单一蛋白质分子上的荧光标签，最终实现了荧光显微镜下单一分子生物动作的观测。2014 年诺贝尔化学奖的三位获奖者[一]的获奖理由是"发明了一种超分辨率的荧光显微镜"，这些获奖者均在他们的论文中大量引用了柳田的论文。

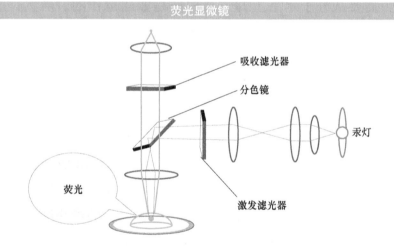

荧光显微镜

吸收滤光器

分色镜

汞灯

荧光

激发滤光器

　获奖者是 Eric Betzig（美国）、Stefan W. Hell（德国）和 William E. Moerner（美国）3 人。

4-5

分子成像设备

为了在荧光显微镜下进行单一分子的观察，需要使用波长短于可见光的激光束作为荧光样品的激发光源，以便使得样品的单一分子受到激发光的激发而发出荧光。这样的样品处理需要比多分子团发光更严格的聚焦精度。此外，由于样品被放置在真空环境中，会使得显微镜无法观察到具有生物活性的生物物质。

▶▶ 渐逝场荧光显微镜

为了实现单一蛋白质分子的观察，柳田对荧光显微镜进行了改进，以便对浸泡在玻璃表面水溶液中的某些特定分子进行荧光处理，并对其施加激发光进行观察。柳田关注的重点是一种特殊类型的光，被称为渐逝光。渐逝光是指当来自放置样品分子的玻璃后面的光被完全反射时，在玻璃表面和水溶液的边界处略微渗出的光。由于这种少量的轻微激发光只照亮了离玻璃表面几百纳米的地方，从而避免了溶液中目标分子所反射的大部分背景光，有效降低了反射背景光对观察造成的影响。因此，这样的改进可以突出分子所发出的荧光，从而通过特定分子发出的轻微荧光，使我们有可能只观察到少数几个想观察到的蛋白质分子。柳田改进的这种荧光显微镜被称为渐逝场荧光显微镜或者全内反射照明荧光显微镜，通过这种显微镜成功实现了单一蛋白质分子的观察。

渐逝场荧光显微镜适合于在玻璃基板上进行的基板附近的分子观察，但不适合观察像细胞那样厚一点的样品。为了解决这一问题，东京工业大学的德永万喜洋开发了一种薄层斜光照明法（薄板照明法），对渐逝场荧光显微镜进行了改进。改进的结果表明，该方法能够克服渐逝场荧光显微镜的不足，并将其适用于小样品的观察。此外，当样品较厚且充满分子时，还可以使用一种被称为激光扫描的共聚焦荧光显微镜进行观察。

全内反射照明荧光显微镜使用渐逝场来进行样品背景光的抑制，从而达到只突出荧光探针发出的微弱荧光的效果。这一改进使得渐逝场荧光显微镜得到了进一步的广泛应用，主要用于靠近玻璃基板表面的单分子观察。然而，当观察的样品较厚时，对于样品内部的观察则需要另外的不同技术来进行，于是开发了薄层斜光照明法的显微观察。薄层斜光照明显微观察的分辨率比此前的方法要好，能够实现 2 ~ 10μm 的分辨率。如果样品中存在多层的荧光物质，则观察的分辨率还需要进行进一步的提高。

1957 年，美国的明斯基（M. Minsky）发明了一种被称为共聚焦激光扫描显微镜（Confocal Laser Scanning Microscope，CLSM）。在该显微镜中，来自光源的光首先通过一个透镜进行聚焦，然后再照射到样品上。在照射到样品之前被一个透镜聚焦。也就是说，光源可以只照亮想要看到的部分。此外，该显微镜还在其检测器的前方放置了一个狭缝，并通过该狭缝对样品进行"查看"。如此一来，就能够避免偏离焦点的光对观察造成的影响，降低了观察图像的模糊度。对于这种显微镜，由于不仅具有一个来自光源光的"焦点"，还有为了清楚地看到试样的另一个"焦点"，因此将这种通过两个"焦点"的重合得到清晰图像的机制实现的显微镜称为共聚焦激光扫描显微镜。

除此之外，由于这种共聚焦扫描显微镜的光源通常都是使用激光来对观察样品进行激发的，因此通常称其为共聚焦激光扫描显微镜。

▶▶ 双光子激发荧光显微镜

在共聚焦激光扫描显微镜的观察中，当通过激光对观察样品进行照射时，样品中的荧光物质随之发光，以此可以实现样品的荧光显微观察。这样的显微观察均是基于这样的想法，当在显微镜下进行特定蛋白质的观察时，如果能够采用某种方法使得观察样品自身发光，那么就会使得特定蛋白质的寻找变得更加容易。

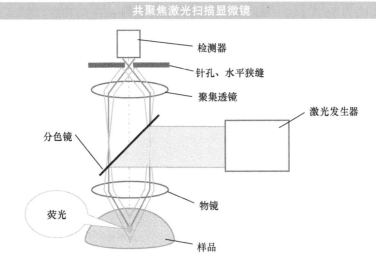

共聚焦激光扫描显微镜

将这一原理应用于电子显微镜的便是激发荧光显微镜。这种类型的显微镜通过对含有荧光物质样品的照射来对其进行激发，并通过显微镜观察由此发出的荧光。共聚焦激光扫描显微镜也是一种激发荧光显微镜。

在共聚焦激光扫描显微镜中，需要将一个水平狭缝或针孔放置于激发光检测器的前方，以遮挡焦点以外的光。但是，在此介绍的双光子激发荧光显微镜中却不需要这样的狭缝或针孔，也能实现清晰的观察。

双光子激发是一种新型的荧光激发方法。在这种激发方法中，单一荧光物质的分子会同时吸收两个激励光子的能量。与单光子激发相比，双光子激发具有指数函数的激发概率，因此其激发概率要大得多。也就是说，以高能量脉冲激光作为激励光，通过短时间内的高能量照射，更容易使样品发出荧光。采用这种双光子激发技术的荧光显微镜被称为双光子激发荧光显微镜。

试验表明，以 100MHz 的频率进行 100fs 脉冲激光的照射，荧光激发效率比相同功率的连续激光照射高出 10 万倍。除此之外，采用双光子激发方法还具有能够使用近红外光作为激励光的优势。由于近红外光的波长比可见光长，因此具有更好的透过性。

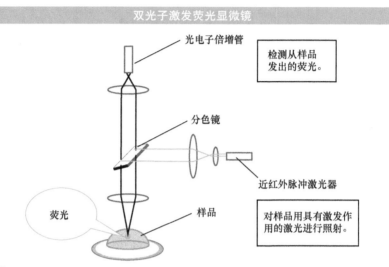

双光子激发荧光显微镜

光电子倍增管

检测从样品
发出的荧光。

分色镜

近红外脉冲激光器

荧光

样品

对样品用具有激发作
用的激光进行照射。

4-6

in vitro 成像与 in vivo 成像

在此，in vitro 和 in vivo 均为来源于拉丁语的生物学术语，分别为生物活体外和生物活体内的意思，在此即为体外成像和体内成像。在目前的医疗实践中，已经开始将最新的量子成像影像技术，用于人体疾病的诊断，如 PET（Positron Emission Tomography，正电子发射体层成像）、SPECT（Single Photon Emission Computed Tomography，单光子发射计算机体层成像）和 MRI（Magnetic Resonance Imaging，磁共振成像）等。将这些诊断技术与人体的体内成像诊断结合起来，将使更高级的医疗服务成为可能。

▶▶ 成像

如果你听到"身体内部检查"这个术语时，你会想到哪些可能的方法呢？人类首先采用的是外科手术的方法。早在江户时代（1603—1868 年），日本"兰学"学者杉田玄策（Sugita Genpaku）从位于长崎出岛的荷兰商馆借到了一本荷兰语写成的原版西洋医学书《塔赫尔·阿纳托米亚（Anatomische Tabellen）》，这本书是德国医生 Johann Adam Kulmus 编著的解剖学著作。后以杉田玄策为中心将其进行翻译，最终出版了译作《解剖新书》。之所以决定翻译这本书，是因为杉田玄策和他的同事被《塔赫尔·阿纳托米亚》中精确描绘的人体器官素描所震撼。在必须通过外科手术打开身体查看患部情况的时代，这样的疾病检查方法给患者带来了很大的负担。

1895 年，X 射线被用来拍摄人类活体内部骨骼的照片。这些图像清楚地显示了身体内部的情况，而不需要切开皮肤。

像我们常见的 X 光片那样，不是通过外科手术的解剖学方法，而是通过从人体外部拍摄的照片、图像或影像来查看身体内部的情况，这样的方法被称为"影像学诊断"，将拍摄这些图像的过程（例如，不使用外科手段，使用放射线诊断装置将生物体内的癌细胞可视化）称为医学成像。实际上，在此所称的成像并不是仅指这一种用于生物器官和骨骼可视化技术的医学成像。在较早的过去，显微镜就被用来对微观的小世界进行成像。现在，在生物学和医学领域中，单分子成像已经被广泛使用。所有这些，均为在此所介绍的成像技术。

20 世纪 80 年代，通过显微镜就可以直接观察到大肠杆菌的菌毛、DNA 分子和被称为肌动蛋白丝的蛋白质等在水溶液中做布朗运动的样子。随着显微镜技术的改进和细胞样品制备方法的发展，2000 年左右成功建立了细胞内的单分子成像法。这使我们能够以电子显微镜无法做到的方式观察到活体细胞中的分子运动。

在这些单分子观察中，通过荧光标记可以仅使作为观察对象的目标蛋白质发出荧光，以使其容易被看清。GFP 等有机荧光物质的研究使单分子成像成为可能，目前也使用基于量子点的荧光探针进行观察。

用这种方式进行的单分子观察，被观察到的生物物质分子是被放置在试验装置中的，类似于传统医学试验的试管中，所以有时也将这样的成像称为"在玻璃里"进行的 in vitro（体外）⊖成像。体外成像经常被用于药物发现和病理学等基础和临床医学研究，例如实验室中进行的癌细胞培养，研究其生长和功能等。

与此相对的是，被观察的生物物质在生物活体体内环境的行为表现要比试验装置中的表现复杂得多，因此更需要这种生物活体体内环境行为表现的再现。实际上，被观察的生物物质在生物活体体内环境的表现可能与体外环境的行为机制是不同的。出于这个原因，我们需要瞄准"in vivo"（体内）⊖分子成像。对于生物活体体内环境的成像，目前仍需要一些进一步的技术进步，包括发现更灵敏的荧光材料，开发捕捉荧光标记的显微镜，以及研究正确分析噪声数据的适当数据分

⊖ in vitro："in vitro"一词来源于拉丁语，意思是"在玻璃中"，意指进行或发生于试管内的试验与试验技术。引申为在生物活体外的环境中进行的试验等。
⊖ in vivo：生物活体内的环境。

析方法等。目前，一些科学仪器制造商已经推出了动物体内实验系统，如已将大鼠等试验动物的体内系统引入到研究领域。

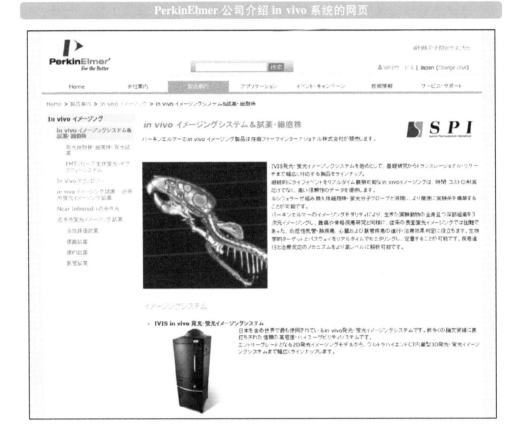

PerkinElmer 公司介绍 in vivo 系统的网页

突出单分子的标记（荧光探针）

尽可能减弱背景光，这对单分子成像来说是非常重要的。除此之外，也有必要朝着更明亮的荧光探针方面进行探索。这样的单分子成像方法，将荧光探针附着在生物分子上，生物分子便可以发出更亮的荧光。另外，当前在寻找或开发尽可能明亮的荧光探针方面也取得了一些进展。

▶▶ 荧光探针

随着荧光显微镜的开发和改进，在单分子水平上对生物体的生物功能展开的研究取得了进步和发展。

在 20 世纪 80 年代，通过荧光探针技术的引入，先后出现了许多关于生物物质功能的发现。1981 年，通过荧光显微镜观察到了 DNA 分子的成像。随后，在 1984 年又进行了肌动蛋白丝的荧光显微镜观察。通过荧光显微镜，蛋白质分子的运动得到了证实。1995 年，观察到 RNA 蛋白质在 DNA 上的运动，同年，通过渐逝场荧光显微镜确认了溶液中酶的活性机制。这种渐逝场荧光显微镜也属于全内反射照明荧光显微镜的范畴。

在荧光显微镜的支持下，我们在早先的时候即可以在三维空间上观察到 DNA 的螺旋结构和肌纤维蛋白质，以及肌动蛋白丝的布朗运动。在取得这些生物学观察和研究的成果之后，随着荧光显微镜技术的进一步改进，一系列以蛋白质等大分子为中心的实时运动和移动也迅速地被相继发现。

对于这种将想要观察的目标蛋白质单分子突出显示，并在显微镜下得以观察的技术，它的关键在于如何减弱来自目标蛋白质单分子以外的光，或者如何增强来自目标蛋白质单分子的光。

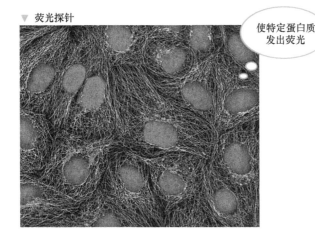

▼ 荧光探针

使特定蛋白质发出荧光

　　在这类研究中，对荧光显微镜所需要的技术要求之一就是上面所提到的如何减少观察样品的背景光。以这样的思路研发出来的代表性装置之一，是全内反射荧光显微镜。由于来自目标蛋白质单分子的荧光很弱，如果背景光线明亮的话，就无法实现目标蛋白质单分子的观察，无法看到想要观察的目标。

　　正是由于蛋白质单分子的荧光很弱，所以需要样品的背景光尽可能地变暗。基于这样的技术路线和技术要求，全内反射荧光显微镜和薄层斜光照明荧光显微镜均采用了独特的照明方法，通过巧妙的设计实现了满足这种要求的照明方式。其照明方式都是使背景光尽可能地变暗，同时只照亮目标荧光探针。

　　在全内反射荧光显微镜中，通过调整从样品背后照射的透射光的入射角，可以将透射光完全反射到放置样品的玻璃基板上。此时，部分透射光会出现在玻璃基底附近，构成一个非常薄的渐逝场，并且只有渐逝场内的荧光探针可以被激励而发出荧光。利用这样的渐逝场，可以使得荧光显微镜有效地避开来自荧光探针以外区域的光，因此实现只有目标区域可以被清楚观察到的技术目的。

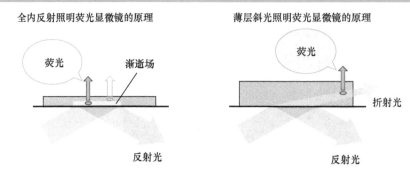

全内反射照明荧光显微镜和薄层斜光照明荧光显微镜的原理

全内反射照明荧光显微镜的原理

薄层斜光照明荧光显微镜的原理

全内反射荧光显微镜是一项突破性的发明，通过渐逝场的使用，使得来自观察样品的目标荧光，即使非常微弱也可以观察到。但可惜的是，受限于工作原理，全内反射荧光显微镜只能应用于荧光探针非常接近玻璃基板的情况。如果样品较厚，被观察的区域距离玻璃基板较远，渐逝场就不能到达该区域，被观察的对象也由于得不到激励光的激发，因而也不能发出荧光。

为了解决全内反射荧光显微镜的这一局限，由此产生了薄层斜光照明显微镜的想法。这种显微镜的原理是稍微改变透射光的入射角，以获得一些微小的折射光，并且这些微小的折射光只允许在极薄的有限区域通过，从而使得只有特定区域的荧光探针会受到激励光的激发，才能发出荧光。

通过荧光物质进行的观察标记有时也被称为荧光染色，同时也将荧光标记物称为荧光染料或者荧光色素。荧光染色法大致分为两种，一种是直接对作为观察对象的样品染色，另一种是将荧光物质作为标记结合在样品上。

在借助荧光探针进行的显微镜观察的早期阶段，一般会使用通过化学方法提取或合成的有机荧光剂作为荧光探针。例如，观察肌动蛋白丝时使用一种被称为蘑菇毒素的有机荧光物质作为标记物。

作为可以用于单分子成像的荧光色素的条件，第一个要求是其必

极简图解量子技术基本原理

须能够发出明亮的荧光。如果它的荧光没有多分子成像时的荧光探针明亮，观察对象就会因为受到背景光的干扰，而无法被看清楚。第二个要求是能够长时间进行荧光的散发，也就是荧光现象能够一直持续进行下去。由于荧光物质内的电子被激发后，处于激发态的电子更容易与其他物质的分子相结合，因此在经过反复激发后，荧光物质的荧光特性会逐渐减弱。因此，荧光物质通常也是具有一定寿命的，其寿命期限到施加激励后不能再观察到荧光发出为止。鉴于这样的原因，应该使用能够稳定和持久散发荧光的荧光物质作为荧光探针，荧光寿命越长的荧光物质是越好的选择。

除此之外，化学品制造商也会按照用途和使用的激励激光光源的不同，贩卖各种有机荧光色素。经常使用的荧光色素是绿色荧光物质异硫氰酸荧光素（Fluorescein Isothiocyanate，FITC），用作蛋白质的荧光探针。之所以这种荧光色素能够广泛应用于蛋白质的荧光标记，是因为在这种绿色荧光物质具有的分子结构中，其异硫氰酸酯基很容易与蛋白质分子的氨基相结合。罗丹明也是一种常用的荧光色素，通常以商品名 Texas Red 出售。由于其能够发出红色的荧光，所以经常与绿色荧光的 FITC 同时使用。由于罗丹明荧光色素不受 pH 值的影响，因此与绿色荧光的 FITC 相比更加稳定。还有一种氰化物 Cy 荧光色素是美国 Wagoner 公司开发的有机荧光物质。根据分子结构的不同，Cy 荧光色素可以产生几种不同的波长。该 Cy 荧光色素除了用作蛋白质的荧光探针外，还用于 DNA 分子的成像。

一般来说，荧光显微镜中用于激励的激励光波长和激发出来的荧光波长都是一定的，也就是说，采用某一一定波长的激发光对特定的荧光物质进行激发，发出特定波长的荧光。但是当对某种有机色素照射不同的波长时，目前已经开发出可以相应发出多种荧光颜色的色素团。由德国 DIOMICS 公司开发的 MegaStokes Dye 荧光色素在 532~635nm 波长的激励光激发下，能够发出几种不同颜色的荧光。

DIOMICS 公司的 MegaStokes Dye 产品页面

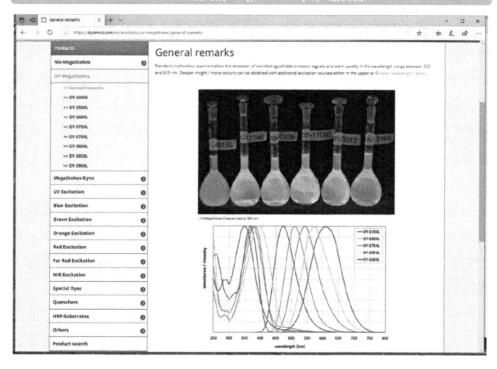

合成材料

量子点（QD）通常是指纳米尺度大小、具有量子特性的半导体粒子。量子点也可以被制造成对外部物理刺激（如电、磁、光等）产生特定反应的材料。由于这个原因，量子点有时被称为人造原子。

▶▶ 量子点的应用

量子点是通过人工技术创造和合成的晶体。由于在量子点中组合了一种或多种具有半导体性质的原子，因而作为一种纳米尺度的晶体，具有许多有用的性质。如果假设量子点是球形的话，则其直径只有约 1~20nm。

目前，对于量子点制造的研究正在进行中，并且已经有许多种物质的原子以及这些原子的组合被尝试用于量子点的制造。镉（Cd：12 族元素）与硒（Se：16 族元素）、铅（Pb：14 族元素）与硒、锌（Zn：12 族元素）与硫（S：16 族元素）等元素原子的结合形成的量子点已经被用作荧光发光材料。

一个量子点通常大约由几十个原子组成。其中，对于能够发出荧光的量子点来说，会根据其具有的原子的数量，即晶体的大小，以及原子组合中元素的不同，发出不同波长的荧光。利用这一点，可以制造出发射不同波长荧光的量子点。

因此，对于一些具有荧光性质的量子点，在激光照射下会发出荧光。利用这一特性可以将量子点作为荧光探针使用。荧光发光特性不仅可以用于量子点激光，还可以用于农业薄膜和量子点显示器等。

量子点的特性并不局限于发光以及与光有关的特性，目前已经将量子点的量子纠缠特性用于量子中继器的开发。除此之外，将量子点作为量子计算机中的逻辑门（计算装置）的研究也在进行中。

本章主要介绍量子点的荧光发光特性。在这个领域，量子点的研究、开发以及制造取得了长足的发展，并且已经实现了商业化应用。尽管如此，量子点的开发和制造目前仍然处于边应用边改进的状态。

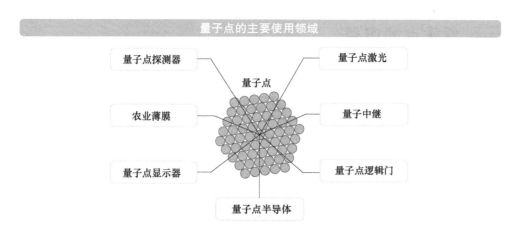

随着量子点研究的不断深入，其研究范围也在不断扩展，目前已经将大小如量子点的纳米级合成材料也纳入到了量子点的范畴，因此也使得像量子点这样的纳米尺度人造物质（纳米材料）的研究得到了长足的发展。除此之外，在一些接近原子尺寸的人造物质中，也有一些具有量子性质（量子尺寸效应）的新物质。如激光器和 LED 半导体等，就是这些物质特性的具体应用。

人造纳米材料可以拥有各种不同的性质，这取决于将什么样的原子组合成什么样的结构，以及原子组合的数量、比例的大小等。一旦一种新的纳米材料被创造出来，就需要对其物理性质进行研究。通常来说就是将光（光子）照射到纳米材料上，然后观察纳米材料所表现出来的反应和效果。像这种，利用光子来研究纳米材料特性的方式，在工程领域被称为纳米光子学。

在工程领域，量子尺寸效应的利用通常需要分析和控制光子的运动。通常将这种在特定应用领域使用量子尺寸效应对光子运动的分析和控制称为"××光子学"。例如，在生物科学研究领域使用荧光材料进行分子和细胞的成像，进而从分子水平解释生物体活动和生命现象，因此称其为"生物光子学"。

量子点成像

随着量子点技术的发展，其应用也得到了迅速扩展。目前，量子点荧光探针已经可以取代传统的有机荧光标记（色素）。采用量子点荧光探针取代传统的有机荧光色素具有诸多方面的优势，这是由于量子点荧光探针在长时间的激励光照射下几乎不会褪色，并且还具有很高的荧光强度。

▶▶ 基于量子点的成像

使用传统荧光色素的荧光成像，需要对每种荧光色素进行特定波长的激发光照射。但是量子点所能接受的激发光波长范围很宽，因此在使用同一种激发光的同时，可以使用许多不同类型的量子点。在这种情况下，量子点根据其材料和大小的不同发出不同的荧光颜色，因此可以同时进行多种颜色的分析。

在分子成像中使用到的带有毒性的镉（Cd），在荧光量子点的合成中也会用到。镉是一种导体物质，将其与非导体硒（Se）和碲（Te）等进行合成，就能形成半导体量子点的核心部分。常见的这类量子点材料主要包括硫化镉（CdS）、硒化镉（CdSe）、碲化镉（CdTe）和硫化锌（ZnS）等。

通过有机溶剂合成的量子点是基于有机物与无机金属化合物或有机金属化合物之间的反应而形成的，其光化学稳定性强、荧光效率高。在实际的研究中使用到的荧光探针产品，对于其核心部分的量子点如硒化镉（CdSe），会以三辛基氧化膦（TOPO）作为配位溶剂，用其他的量子点如硫化锌（ZnS）进行包覆，得到 CdSe/ZnS 核壳结构的量子点。这样一来，它们不仅在极性溶剂（如水）中能够发出明亮的荧光，而且与有机荧光材料相比更不易褪色，具有更长的荧光寿命。此外，为了防止含镉量子点芯核部位有害镉的溶出，在其最外层还采用聚合物，如聚乙二醇等进行涂覆。具有上述结构的量子点被称为核壳量子点，其形状几乎都是球形的。

在特定蛋白质上进行量子点标记的方法有两种，一种是将量子点放入细胞内，另一种是将其与细胞表面进行结合。相比较而言，量子点标记与细胞表面结合的操作要更为复杂。为了将量子点结合到细胞表面，需要在量子点的壳上添加官能团（如氨基和羧基等），以生物化学的方法实现其与细胞表面部分的特异性结合。以这种方式合成的量子点，看起来有点像长满相同长度毛发的乒乓球。

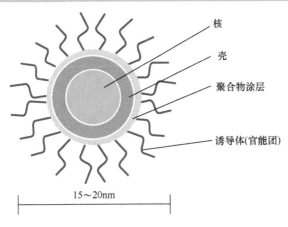

带有诱导体的量子点

核
壳
聚合物涂层
诱导体(官能团)

15～20nm

除了核壳量子点以外，还有合金量子点。对于核壳结构或仅有核的量子点来说，改变量子点的大小通常也会改变其特性，例如荧光发射的波长会受到影响等。因此，在由一组导体和非导体组成的量子点中，将不同组合的导体和非导体进行混合并合金化，可以调整量子点的整体特性。在以上述方式进行的合金量子点合成中，可以通过调整合成合金量子点的两种量子点元素组成，得到发出不同颜色荧光的合金量子点。对于这样的合金量子点，即使是在同一尺寸下也能发出不同颜色的光。

近年来，癌症治疗技术取得了飞跃性进展。到目前为止，通过有机荧光探针和 X 射线成像，我们已经知道癌细胞周围环境的变化会导致癌症的增殖和转移。但是，这些技术仅限于微米级的荧光成像，难以实现更细微的微小观察，特别是在单分子成像方面显得更加困难。因此，随着量子点技术的开发和发展，目前正在尝试采用量子点对癌细胞进行单分子成像，以克服有机荧光探针和 X 射线成像的不足。

日本东北大学研究生院的多田宽、权田幸佑等人所在的研究小组，利用量子点成功实现了共聚焦激光扫描显微镜下的癌细胞单分子成像。通过这样的以量子点为染色剂的单分子成像，该小组利用共聚焦激光扫描显微镜成功地观察到了小鼠的癌细胞转移。除此之外，该单分子成像方法还被用于阐明分子层面的癌细胞机制。例如，通过该方法可以观察针对特定癌细胞相关分子的靶向抗体药物向癌细胞的实际传递等。在这种情况下，量子点作为标记与癌细胞转移激活的膜蛋白质相结合。

日本名古屋大学研究生院的马场嘉信和他的研究小组将插入了量子点的干细胞注入活体小鼠的体内，并在很长一段时间内（2 周以上）对干细胞的功能和移动情况进行成像。结果显示，干细胞对肝功能衰竭的小鼠肝脏的修复，需要与肝素相结合。如果没有肝素，干细胞则会集中在肺部。通过以量子点作为染色剂的单分子成像技术正在帮助我们解开癌细胞的形成和转移机制。

▶▶ 量子点的带隙

将专门与有机分子（如蛋白质）结合的官能团，附着在位于基底之外的单一量子点的外壳上，该量子点便可以作为探针来定位蛋白质。

用作半导体的量子点由 100~10000 个原子组成，这意味着量子点的电子状态也可以被分为价带（valence band）和导带（conduction band）。下图所示为一个量子点电子能带的分布。电子能级较低的能带为价电子带（价带），能级较高的能带为传导带（导带），价带与导带

极简图解量子技术基本原理

之间有一个能带间隙，被称为带隙。

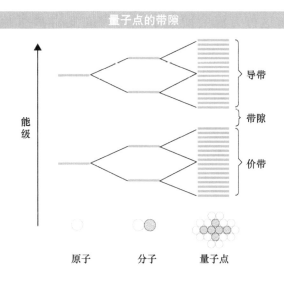

量子点的带隙

能级

导带

带隙

价带

原子　　　　分子　　　　量子点

　　在量子点的能带结构中，价带中拥有很多电子，也可以说是挤满了电子，而导带中的电子却很稀疏，电子数量很少，因此导带中的电子容易成为自由电子，具有传导性，这也是将其称为传导的原因。在价带和导带这两个能带之间的一个能级空隙被称为带隙。在量子点的能带结构中，这样的带隙的存在也正是其电子的量子性质的表示，电子只能在价带和导带这两个能带之间进行跃迁，而不能处于带隙中。

　　在量子点的这种能带结构中，带隙还会随着量子点的尺寸改变而改变。量子点的尺寸越大，该带隙的宽度越小，这样的性质被称为量子点的量子尺寸效应，也是量子点能够根据其大小发出不同波长荧光的原因。

　　另外，根据应用的需要和对量子点性质的期望，也有可以创建出不具有量子尺寸效应的量子点。合金量子点是通过将一组导体和非导体构成的量子点，与另一组导体和非导体构成的量子点进行合金化而创建的，并可以在创建的过程中调整其整体的特性。通过调整合成量子点的两组量子点构成，能够使得合成的合金量子点即使在相同的尺

第 4 章

寸下也能发出不同颜色的荧光。

球形量子点通常是在有机溶剂中通过有机金属化合物的热分解而合成的。但是，这种方法会使量子点的表面变得具有疏水性，因而不能很好地与水相融合。如果量子点因为其表面的疏水性而不能与水相融合，就不能将量子点在生物体内作为荧光探针使用。因此，在量子点的创建过程中还必须对量子点的表面进行必要的处理，以便使其具有亲水性。如今，量子点可以在保持荧光发射亮度的情况下被转化为亲水性。由于量子点技术的改进，目前已经能够将量子点与生物组织中的大分子相结合。

与有机荧光染色剂一样，量子点探针也可以利用量子点吸收一定波长激发光的能量而发出特定波长的荧光。正因为量子点具有发射荧光的特性，因此当前正在替代早期的有机荧光染色剂，用作生物及医学领域的荧光探针，用于生物组织细胞及细胞分子的荧光显微镜观察。除此之外，在壳上安装了官能团的量子点探针还可用于生物分子的单分子成像，作为探索生物组织以及生物细胞功能的标记物，揭示生命活动的本质。

"Qdot 纳米晶体"是赛默飞世尔科技公司（Thermo Fisher Scientific）为生物及医学研究提供的量子点。该量子点拥有一种不同于通常的三层结构，并在其壳上附着有氨基和羧基官能团，以利于其与生物蛋白质分子的特异性结合。诸如此类的供应商提供的量子点被广泛应用于生命探索和医学研究。

▶▶ 量子点探针

一般来说，有机荧光染色剂所能接受的激发光波长范围很窄，而量子点对激发光波长的要求要宽泛得多，并可以延伸到短波长一侧（高能量侧）。因此，这使得一个广泛波长范围内的激发光成为可能。利用这一特性，可以选择附着有不同官能团的不同尺寸的量子点作为探针，以期与不同的蛋白质相结合，只需要采用单一波长的激发光对观测样品进行照射，就可以观察到不同的生物组织活体结构。除此之外，量子点激发光的波长在一个宽阔的范围分布的性质，有助于显微镜观察过程中激发光和荧光的有效分离。所有这些都是量子点作为荧光探针的优良特性。

例如，当试图用分辨率为 200nm 的光学显微镜观察蛋白质时，不可能区分出只有分辨率十分之一大小的蛋白质。在此情况下，我们可以利用量子点探针使蛋白质发出多种颜色的荧光，从而使得这种仅为观察分辨率十分之一的蛋白质可以被区分出来。如果没有这样的量子点探针特性的支持，这样的观察将是无法实现的。

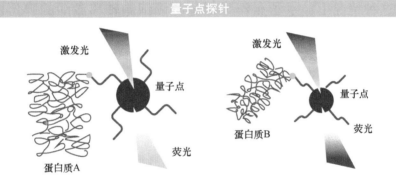

在上述赛默飞世尔科技公司（Thermo Fisher Scientific）的量子点"Qdot 纳米晶体"产品系列中，有多种量子点探针，种类齐全，该公司的品种可以满足研究人员的需求。其中一些产品利用了量子点的特性，即在同样的激发光照射下，由于量子点的尺寸不同可以产生不同颜色的荧光。这些可以用来进行多颜色的荧光成像，使得多颜色的荧光成像变得更加容易。

▶▶ 在生命科学领域的应用

近年来，癌症治疗技术取得了飞跃性进展。到目前为止，通过有机荧光探针和 X 射线成像，我们已经知道癌细胞周围环境的变化会导致癌症的增殖和转移。但是，这些技术仅限于微米级的荧光成像，难以实现更细微的微小观察，特别是在单分子成像方面显得更加困难。因此，随着量子点技术的开发和发展，目前正在尝试采用量子点对癌细胞进行单分子成像，以克服有机荧光探针和 X 射线成像的不足。

日本东北大学研究生院的多田宽、权田幸佑等人所在的研究小组，利用量子点成功实现了共聚焦激光扫描显微镜下的癌细胞单分子成像。通过这样的以量子点为染色剂的单分子成像，该小组利用共聚焦激光扫描显微镜成功地观察到了小鼠的癌细胞转移。除此之外，该单分子成像方法还被用于阐明分子层面的癌细胞机制。例如，通过该方法可以观察针对特定癌细胞相关分子的靶向抗体药物向癌细胞的实际传递等。在这种情况下，量子点作为标记与癌细胞转移激活的膜蛋白质相结合。

日本名古屋大学研究生院的马场嘉信和他的研究小组将插入了量子点的干细胞注入活体小鼠的体内，并在很长一段时间内（2 周以上）对干细胞的功能和移动情况进行成像。结果显示，干细胞对肝功能衰竭的小鼠肝脏的修复，需要与肝素相结合。如果没有肝素，干细胞则会集中在肺部。通过以量子点作为染色剂的单分子成像技术正在帮助我们解开癌细胞的形成和转移机制。

荧光探针成像是人们了解生物体内（in vivo 环境）癌细胞转移的一种极其重要的手段，事实证明这也是一种可行的有效手段。在日本东北大学和柯尼卡美能达等公司的一项联合研究中，使用了两种不同波长的激光器照射由量子点制成的荧光探针，使得癌细胞目标因子的动态观察精度达到了 9nm。

对于一些对人体有害的，如含有镉（Cd）等元素的量子点的使用，目前已经通过将聚合物或其他对人体影响较小的合成材料覆盖在量子点表面的方式进行处理，将其对人体的危害降低到了最低的程度。尽管如此，人们仍然担心包含有害物质的量子点会对环境造成影响，接受检查和治疗的患者对此也依然放心不下。因此，不含镉等有毒物质的无镉量子点的开发也在不断进行。

富士胶片和光纯药化学公司在 2018 年推出的 Fluclair 试剂，是一种为再生医学研究中的成像而开发的量子点探针。Fluclair 试剂使用毒性低的金属原子，例如铟等，而不是镉。具体而言，这样的量子点由铟、银、锌和硫等元素组成。除此之外，还在这些量子点的表面引入了羧基作为官能团，并使其具有亲水性，能够与水进行较好的相融，以便用于生物活体组织及细胞的观察。

根据该公司的声明所称，含镉的核壳量子点（CdSe-ZnS）即使在低浓度下，也可以降低被标记细胞的存活率。而采用 Fluclair 试剂标记的细胞，即使在超过 20 倍浓度的情况下，也没有显示出明显的存活率降低。这表明，采用 Fluclair 试剂对细胞进行标记，其安全性具有明显的提升。

2018 年，日本大阪大学和名古屋大学的研究小组成功开发出了无镉的量子点。该量子点以无镉的硫化铟银作为量子点的核心，并在其周围覆盖了硫化镓这种无镉的量子点。这种不含镉量子点的开发立刻吸引了人们的注意，因为这种量子点还突破了传统量子点必须具有晶体结构的常识和观念。目前，在全球范围内，人们正在舍弃使用镉等可能对生物体和环境有害的原材料，努力改用不含镉的工业材料进行无镉量子点的开发。量子点材料切换到无镉的工业材料是当务之急，量子点的开发也正朝着不使用镉等可能对生物体和环境产生不利影响的材料方向发展。当下我们也高兴地看到，不含镉量子点的商业化正在不断进行，其性能也可与镉基量子点相媲美。

另一方面，不仅是量子点，包括荧光探针在内也不能用来进行生物细胞的直接三维成像。这是因为荧光探针发出的荧光在生物体内散射，所以通过荧光显微镜无法直接进行生物细胞的三维观察。

作为通过三维影像进行体内疾病诊断的手段，通常使用 MRI 和 PET。将这些方法与基于量子点的荧光探针方法相结合，可以开发出一种有望应用于三维荧光成像的多模态量子点，以便将其用于生物组织与细胞的三维荧光成像。铁和钆（Gd）等在 MRI 中被用作造影剂，在 PET 中被用作放射性核素。如果将上述元素放入量子点，即可制造出相应的三维成像的造影剂和热色剂。日本大阪大学的神隆等人通过将钆复合物附着在量子点表面，开发出了一种多模态的量子点。这些量子点在近红外光的照射下，可以在体内发出荧光，并被证实在 MRI 中显示出造影功能。

4-10

纳米钻石 NV 中心

　　钻石作为材料来说其真正的名称应该是金刚石，只不过称其为金刚石时通常指的是材料，而钻石指的是经过打磨和加工的宝石。在此所介绍的钻石 NV 中心是一种非常微小的晶体，即使用放大镜观察也无法看到，所以也不能作为宝石进行估价。然而，这样的纳米大小的钻石材料却有可能极大地改变我们的未来。

▶▶ 具有量子行为的钻石

　　钻石和石墨是由相同的元素组成的，但是其属性却完全不同。在地球上所有自然形成的物质中，钻石（金刚石）的硬度是最高的。相反，同是碳元素构成的石墨却具有柔软和光滑的特性。由石墨制成的铅笔非常容易破碎，这一点也是众所周知的。另一方面，石墨的导电性很好，而钻石的导电性却很差。使钻石和石墨之间产生联系的是两者均为碳元素的同位素，钻石和石墨的性能差异是由于两者碳元素原子的键合结构不同造成的。在碳元素单质中，碳原子之间需要以共价键的形式使得原子的电子能够互补，从而构成一种稳定的结构。由于碳原子的外层电子轨道有 4 个可以共价键合的电子，我们可以将其想象为原子用于键合的 4 只手臂。

　　在碳原子之间，或者是与其他元素的原子结合时，彼此之间会伸出手臂构成一种手拉手的关系。此时，一定是一只手拉上另一只手，不会多拉一只手，也不会有空手的情况。只是在手臂伸出的方向上，有一定的运动范围和规则。根据结合的元素或分子的不同，并且为了使得结合后的电子能够保持稳定，两个碳原子的 8 只手臂并不是强行结合在一起的。相反，在 2 个碳原子的情况下，手臂是以一个稳定的角度展开，并一个接一个地连接起来，形成一个有规则的晶体结构。

构成钻石的碳原子，每个原子都有 4 只手臂，并且每只手臂都以相同的角度展开。因此，一个碳原子会将其 4 只手臂分散成一个金字塔状的正三角锥形，每 3 只手臂之间的连线均会构成一个等边三角形。具有这种结构的碳原子与相邻的碳原子在三维空间中结合，形成了一种正三角锥形的四面体结构。这样的晶体结构能够使得钻石成为一种坚固的结构，不能被来自任何方向的物理力量轻易打破。与此相反，石墨则是一种平面连接的碳晶体结构，容易被剥离，并且在剥离时容易断裂。

假设在钻石的制造过程中，碳原子的一部分被氮原子所取代。碳原子和氮原子在元素周期表上是相邻的，原子大小几乎相同，但与碳原子不同的是，氮原子的共价键的数量是 3 个，而不是碳原子的 4 个，这样的情况将会破坏全部由碳原子构成的钻石晶体结构。因此，在金刚石晶格结构中包含有氮原子的部分，将会产生晶格的缺陷。这样的晶格缺陷被称为钻石晶体的氮-空位中心，同时将具有这种晶格缺陷的钻石称为氮晶格空位中心钻石，或简称为钻石 NV 中心。目前已经知道，这样的钻石 NV 中心纳米钻石材料具有量子，能够表现出不同的量子行为。

日本科学、技术创新委员会以及量子科学技术委员会的文件里，包含了一个量子技术开发与应用的技术路线图，显示了如何将这种具有氮晶格空位中心的钻石应用于固体传感器等方面，以及可以进行哪些制造和应用。这表明，钻石 NV 中心的利用在量子传感器方面具有广泛的应用。

量子传感器，如氮晶格空位钻石传感器，主要是利用量子物质容易受到外部物理、化学刺激而发生改变的性质，将其用于某些物理量、化学量的测量。在量子计算和量子通信中，量子状态容易受到噪声的影响而出现错误，因此必须加以消除。而量子传感器则相反，正是利用了量子的这种敏感性质。

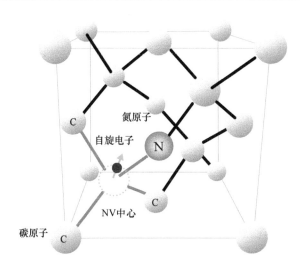

希望未来量子点的安全性能够得到改善，又或者钻石 NV 中心的使用技术能够得到提高，这样就可以通过这些量子技术实现微小和安全、高效的生物传感器，并将这些生物传感器放置在生物体内，作为有效的信息收集和传输方法。此外，考虑到这样的量子传感器体积小巧和易于加工，还可以将其用于穿戴式的智能设备。

专栏

固体量子传感器应用技术路线图

由于量子信息设备和量子通信设备等的耐久性、可靠性和节能性受到重视，因此钻石 NV 中心等正在进行积极利用的研究，以便更好地利用这项技术。

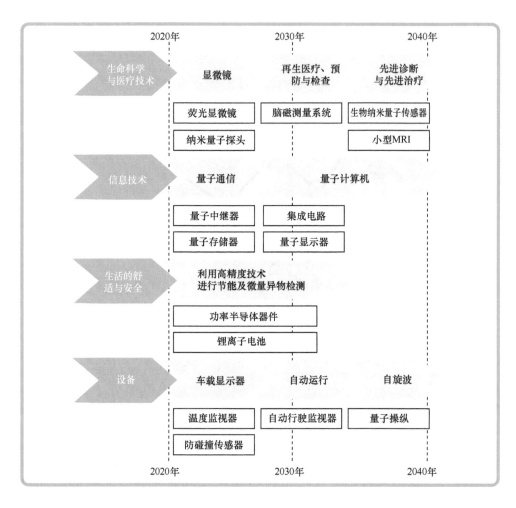

纳米钻石

能够用作荧光探针的材料包括荧光蛋白质以及量子点等。例如，GFP 即为荧光蛋白质的一种。此外，因为纳米钻石对生物体没有毒性，所以钻石 NV 中心之类的量子点也可以作为荧光探针使用，成为荧光探针的候选。

荧光蛋白质可以通过 DNA 的活动和操作被嵌入到目标蛋白质中。在研究中，荧光蛋白质和目标蛋白质之间的一对一的对应关系非常清晰，因而备受青睐。然而，另一方面，由于荧光蛋白质的分子量很大，因此不适合用于单分子的成像。单分子成像时需要更小巧的荧光探针作为标记物。

在钻石 NV 中心中，氮原子比碳原子多 1 个电子，这样多余的电子是无法参与共价键形成的，由此具有一定的游离性，更容易被激发。因此，钻石 NV 中心中的这些剩余电子由于没有受到共价键的束缚带来的影响，因此在高能粒子的照射下更容易被激发而产生荧光。此外，由于氮-空位中心（氮晶格空位中心）的存在使钻石 NV 中心更容易呈现出负电荷特性，在这种状态下也更容易发出荧光。

钻石 NV 中心的光学特性研究表明，其荧光发射的波长取决于氮原子和空位的对应关系。例如，当氮原子和空位呈现出一对一的对应关系时，钻石 NV 中心在 500nm 左右的激发光照射下，会发出红色至近红外线的荧光。而当氮原子和空位呈现出二对一的对应关系时，钻石 NV 中心会发出绿色的荧光。除此之外，其发光的强度是由氮晶格空位中心的数量决定的，因此钻石 NV 中心的发光强度也取决于纳米钻石的大小。

目前已经发现钻石 NV 中心在连续激发光的照射下，能够稳定地发出荧光，因此具有作为荧光染色剂的优良特性。然而，纳米钻石的尺寸一般为几十到 100nm 不等，因此在用于单分子成像的情况下，有时还显得体积过大。要想更好地用作单分子成像的荧光探针，钻石 NV 中心的尺寸还需要进一步地缩小。

为了能够以纳米钻石作为荧光探针进行蛋白质的观察，也需要在其表面添加羧基等官能团。这种官能团的表面附着方式与当初在量子点表面的附着情况相同。由于纳米钻石表面是碳原子之间的共价键，似乎很难将官能团附着在上面。但事实上，在纳米钻石的创造过程中已经实现了包括含氧官能团（例如羧基和羟基）的表面附着，并且已经有各种将目标官能团附着在其表面的方法。因为氮-空位中心位于纳米钻石的内部，所以无论使用化学、光学、酶还是激光的方法都几乎不会被侵蚀，因此具有优良的稳定性。

4-11

钻石量子传感器

作为纳米级量子点或具有氮晶格空位中心的纳米钻石，可以被放置在细胞内细胞器的内部或靠近生物分子的地方。如果此时对其施加合适的电磁波或磁力，就可以获得相应的量子信息。

▶ 量子观测

用现实生活中的例子或比喻来解释现实世界无法理解的"量子"性质，不知道这样的做法是否有意义？目前，人们通常都会引用物理学的著名寓言薛定谔的猫来解释量子物理学的基本思想。

这是著名物理学家薛定谔的一个思想性试验，也是一个非常著名的量子理论假说。该实验假设一只猫被困在一个封闭的、无法看到内部情况的铁盒子里，并且在一小时内有 50% 的概率被某种机制杀死，因此在一小时后猫的生死状态在铁盒子被打开之前是不确定的，即不能确定是"活着"的状态，也不能确定是"死亡"的状态。也就是说，此时的猫是处于一种"活着"和"死亡"各占 50% 的状态。薛定谔因此将这种特殊的状态解释为"活着"和"死亡"的叠加状态。实际上，当时的薛定谔对量子力学也持有某种怀疑甚至否定的态度，他以此假想的试验给出对量子理论的思考。

在量子世界中，这个寓言中"活着"和"死亡"的状态可以用电子的自旋状态（电子的角动量）来代替。另外，从泡利不相容原理来看，电子不能同时占据相同的量子态，因此，电子要么处在"向上"的自旋状态，要么处在"向下"的自旋状态。在对其状态进行观察之前，正如薛定谔所指出的那样，电子是处于一种叠加的状态。

那么，我们如何知道电子的自旋方向呢？由于带负电荷的电子

极简图解量子技术基本原理

是以角动量运动的，所以会产生一个电场和一个磁场，因此通过观察电子自旋产生的电场和磁场便可以得出结论。在日常生活中，当我们需要观察周围的物体时，通常需要在有可见光（电磁波）照明的情况下才可以进行观察，所观察到的是物体反射的可见光（电磁波）。同样地，为了观察到一个电子的自旋状态，我们也需要将电磁波等照射到电子上，并分析来自电子的信息，以此对电子的状态进行观察。

量子理论和量子技术的发展必将对我们的日常生活带来前所未有的改变。通过如上所介绍的电子自旋状态的观察，未来将有可能高度准确地读取大脑的活动状态，阐明细胞老化的机制，以及监测诱导多能干细胞的功能等。

▶▶ 钻石 NV 中心的自旋共振

电子的自旋是电子的基本性质之一。1925 年，G. E. 乌伦贝克和 S. A. 古兹密特受到泡利不相容原理的启发，分析原子光谱的一些实验结果，提出电子具有一种被称为自旋的内禀运动，并且有与电子自旋相联系的自旋磁矩。实际上，电子的自旋也是一个基本的物理量，通常用量子数来表示，电子自旋的量子数为 1/2。原子的电子轨道包含有一对电子，其自旋角动量的量子数相同，但符号彼此相反，即分别为 1/2 和 -1/2。带有电荷的电子以该角动量旋转，从而产生磁场。电子被视为自旋状态的量子，可以看作是一个非常小的条形磁铁。在自然界的大多数材料中，由于作为自旋量子的电子彼此方向相反地成对出现，因此原子内微小条形磁铁的磁性也因为方向相反而相互抵消，对外不显示磁的性质（磁性）。

在钻石 NV 中心，由于 NV 中心的电子中存在晶格空位，所以不能形成上述的完全配对，并且由于这些孤立的自旋电子的存在使得氮晶格空位钻石传感器能够呈现出磁性。另外，不仅仅是电子，其他具有量子特性的粒子也能表现出同样的自旋特性。核磁共振（NMR）分子分析设备目前已经应用于诸多领域，如食品和生物化学等，就是通过原子核的核旋磁性分析来获得相关信息的。

如果周围没有磁场，这些电子自旋引起的磁场就会朝着任意的方向发展，可以指向任何方向。尽管很难测量纳米钻石内单一氮晶格空位中心的磁场方向，但通过将纳米钻石置于磁场中，可以将由氮晶格空位中心引起的自旋方向统一起来。此时，这些纳米钻石内单一氮晶格空位中心的自旋电子磁场方向会分化为两个能级，对于给定的磁场，一个是稳定的，另一个则是不稳定的。这种现象被称为塞曼（Zeeman）效应。这些处于稳定能级中的电子在受到外界高频无线电波的照射时会被激发，并转移到不稳定的能级，这种现象被称为单一氮晶格空位中心的自旋电子共振。

钻石 NV 中心的自旋共振会受到周围温度、磁场和电场的影响。换句话说，通过这种自旋共振的测量，可以得知上述各项环境影响的数据，这就是钻石 NV 中心能够成为温度、磁场和电场测量仪器的检测器（传感器）的原因。通过上述方式，量子技术可以被用来实现纳米尺寸的传感器（量子传感器），应用于极其精密的测量。预计这些微小的量子传感器不仅可以放置在生物活体细胞内，也可以放在细胞内的微小细胞器或特定的蛋白质附近，从中可以获得各种想要检测的数据。通过仅有几纳米的纳米钻石传感器，甚至可以进行微小蛋白质和 DNA 的测量。

氮晶格空位钻石传感器的量子传感器，有望用于特定蛋白质的体内活性与周围环境之间关系的研究，以探明生物体内蛋白质变性的过程以及细胞癌变（肿瘤发生）和衰老的机制，这将对生物学和医学发展具有重要的意义。

▶▶ 应用钻石 NV 中心的 NMR

由于原子核具有与电子相同的量子性质，因此也可以观察到原子核的自旋共振现象。NMR（核磁共振）便是利用了原子核这种量子性质的医学和生物学成像方法。也就是说，在 NMR 中，将需要了解其组成的样品放置于一个强磁场中，当原子核的自旋方向相统一时，通过电磁波等对样品进行照射，使其产生 NMR，以此来确定样品的组成成分。在这样的 NMR 成像中，样品分子中的自旋原子核由于电磁波的照射而处于不稳定的能级，当其返回到原来的稳定能级状态时，会由于能级的跃迁而释放出电磁波等信号，通过对这样的信号的检测，便能形成相应的影像。

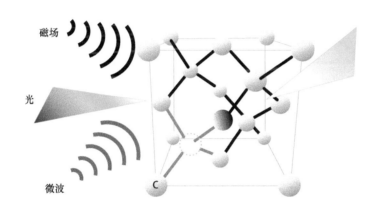

在 1945 年前后，美国物理学家爱德华·米尔斯·珀塞尔（Edward Mills Purcell）和出生于瑞士的美国物理学家费利克斯·布洛赫（Felix Bloch）共同开发了 NMR 仪器，并因此获得了 1952 年的诺贝尔物理学奖。随后，通过 NMR 进行化合物分子结构分析的技术也得到了进一步发展。

但是，通过 NMR 分析样品的化学成分，需要准备大量的样品。现在，人们认为通过钻石 NV 中心的利用，可以解决 NMR 的这一弱点。

2019 年，日本筑波大学的矶谷和他的研究小组，通过被放置于高达 3T 磁场中的钻石 NV 中心的氮原子核自旋，获得了比以往的 NMR 成分分析更高的分辨率，成功分析出了样品中的少量化学组成。

由此可以证实，与以往的 NMR 成分分析相比，通过钻石 NV 中心的氮原子核自旋可以获取更多更精确的信息。

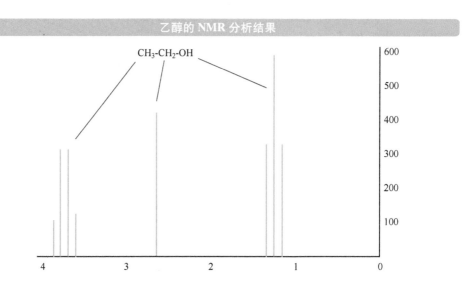

乙醇的 NMR 分析结果

目前，一种被称为 SQUID 的量子仪器经常被用于微小物质的磁性测量。该仪器是由美国的 Quantum Design 公司制造生产的，该公司在全球拥有很高的量子测量仪器市场份额。SQUID 量子仪器能够进行极其精确的测量，但它们必须在 1.8K 的低温下使用，因此不能在活细胞或生物体内使用。

有时也会使用一种利用霍尔效应[⊖]的霍尔元件传感器进行这种微小物质的磁性测量，这种传感器能够在室温下测量到 SQUID 无法测量的微弱磁性，因而能够克服 SQUID 量子仪器必须在 1.8K 的低温下才能使用的缺陷。全球著名的半导体公司得克萨斯仪器公司（Texas In-

---

⊖ 霍尔效应，是指在施加垂直于电流方向的磁场时，会产生与电流和磁场方向垂直的电动势的现象。

struments）出售这些仪器。

除此之外，通过量子纠缠的利用，使用钻石 NV 中心的量子传感器还有望能够实现更高的测量精度。这些量子技术的发展，预计将促进新的纳米级电子设备的发展，以及在细胞水平的 MRI 应用。

纳米传感器

在生命科学领域中常用的观察方式，是对生物活体的体内温度、生物电信号以及其他数据进行实时观察，同时也希望同样的观察方式能够应用于特定的细胞和细胞内更小的细胞器。遗憾的是，直到现在还没有出现足够微小的微型观测设备实现这样的观察。因此，目前世界范围内，正在进行一场关于纳米级量子传感器开发的竞赛。

▶▶ pH 值纳米传感器

目前，正在研发中的纳米传感器是以钻石 NV 中心为基础的纳米器件。采用这样的纳米器件实现的量子传感器能够进行温度、磁场和电场等物理量的测量。与此相关的量子传感器研发也在不断进行中，并显现了其广阔的前景。

2019 年，日本的量子科学技术研发组织与京都大学合作，在世界上首次成功地利用钻石 NV 中心研发出了一种纳米级的 pH 值传感器。这种纳米量子 pH 值传感器的开发，是在迄今为止的钻石 NV 中心研究的基础上取得的，也是纳米钻石量子传感器研究积累的成果之一，进一步证实了量子传感器研究的前景。

考虑到溶液 pH 值的大小与氢离子引起的电荷移动有关，所以自然会想到利用这一性质实现 pH 值的测量。基于这样的设想，通过对纳米钻石的表面进行处理，使得纳米钻石的表面能够根据外部氢离子浓度的变化而变化，以实现 pH 值的测量，进而实现一种基于纳米钻石的 pH 值量子传感器。另外，他们还发现，当纳米钻石表面电荷发生变化时，根据钻石 NV 中心的不同，纳米钻石的荧光颜色变化时间也有差异，这意味着可以用荧光显微镜观察纳米钻石周围的氢离子状态（pH 值）。

目前，由日本量子科学技术研发组织研发的纳米量子 pH 值传感器的尺寸约为 100nm，并且通过改进还可以进一步缩小到几纳米。除此之外，pH 值传感器还可以同时作为温度和磁场测量的传感器，实现多物理量的同时检测。为了观测到生物体内纳米尺度发生的现象，探索和理解生物活动以及生命现象的本源，不可避免地需要活细胞活动状态下的温度和 pH 值测量数据。另外，随着这项技术的进一步发展，这样的检测将能够不仅仅局限于氢离子，还可以实现氢离子以外物质的检测。例如，还可以选择性地检测细胞内酶反应相关的金属离子、与神经传递有关的钾和钙等离子，以及对细胞有毒害作用的重金属离子的检测，并追踪这些离子的迁移和利用机制等。由此可见，通过量子技术实现的基于纳米钻石的 pH 值量子传感器，对生物以及医学研究具有非常重要的意义，同时对纳米量子传感器技术的发展也能够起到良好的推动作用。

通过基于纳米钻石的 pH 值量子传感器，特别是能够同时实现多个物理量测量的量子传感器的开发，可以使得细胞内温度、pH 值等分布和变化的分子水平观察成为可能。通过这样的分子水平实时观察可以了解到细胞分裂、老化和癌症发生的详细机制，研究身体对病毒和其他物质的免疫反应与温度之间的关系。通过这样的实时观察，施用药物的效果可以在细胞水平得到确认，并且对神经退行性疾病的产生原因的识别也将成为可能。这种情况下，个体、器官以及组织发生的异常变化，将有可能直接在细胞水平上进行观察和诊断。

▶▶ 量子纠缠光学传感器

在眼科疾病的诊断与治疗中，有一种用于视网膜病变的诊断技术叫作光学相干断层成像（Optical Coherence Tomography，OCT）。这种诊断技术将红外光照入眼睛，然后分析从视网膜发出的反射，获取视网膜断层结构的信息。通过该方法，可以诊断老年性黄斑变性、糖尿病视网膜病变和青光眼等，也可以用于眼部疾病进展情况的检查，是目前进行眼科疾病诊断与治疗的先进手段。

这种 OCT 也被用于肺部和胃肠道等消化道表面组织的断层成像。对于这样的 OCT 方法，当需要更高的深度方向的分辨率时，需要一个带宽更宽的光源。但是，当光源的带宽扩大时，OCT 的径向分辨率会有所下降，这是 OCT 中的一个研究课题。2015 年，日本京都大学和名古屋大学等学校组成的一个联合研究小组通过使用"量子纠缠光"成功地提高了 OCT 的分辨率。

量子纠缠是指一对量子处于相互影响的一种状态。光子的量子纠缠是一种量子技术，也被用于量子加密通信。

目前，使用量子纠缠光的量子光学相干断层成像吸引了研究人员的目光。这种成像技术属于一种非侵入性的诊断技术，而且即使透过水分，其分辨率也不会恶化。因此，作为从人体各种组织表面到稍微深处的非侵入性诊断技术而备受关注。

除此之外，通过量子纠缠光的量子光学相干断层成像这项技术的进一步应用开发，还可以制造出不受恶劣天气和背光影响的量子雷达相机。如果将通过这类技术实现的传感器安装在汽车上，并与其他各种传感器结合使用，它们将可以比以往更准确地进行物体的识别，因此也可以作为一项自动驾驶技术而备受关注。

2015 年，日本东北大学和大阪大学的一个联合研究小组成功地利用半导体生成了量子纠缠的光子。人们还利用由此衍生的技术进行了进一步的研究，如量子红外吸收测量等。在该项研究中，以量子纠缠传感器作为探测器可以进行从红外到远红外的吸收测量，成为一项红外探测新技术。

▶▶ 量子惯性传感器

目前，地球表面附近的位置确定可以通过 GPS 功能来实现，智能手机上就有这样的附带功能。GPS 最初是以军事目的而研究的全球定位功能，现在也可以用于民用。另外，由于一旦潜艇沉入水下就无法使用 GPS 定位功能，因此英国已经开发出一种利用磁场和重力的量子罗盘，用作水下指南针。

使用陀螺仪的目的也是用于当前位置的确定和姿态控制，人们一直在研究用量子技术开发高精度的陀螺仪传感器。2018 年，英国伦敦帝国理工学院和 M Squared 公司的一个研发团队共同完成了量子罗盘的研发。M Squared 公司是英国的一家从事激光设备研发和生产的公司，目前已经有多款产品面世。

过去，当一辆装有 GPS 的汽车进入隧道，不能接收 GPS 卫星信号时，汽车车载导航仪上的加速度计就会提供其在隧道中的位置信息。然而，车载导航仪加速度计的准确性一直不高，难以提供精确的位置信息。

日本电子通信大学的中川贤一和他的研究小组目前正在开发一种基于原子干涉测量的惯性传感器，这是一种量子惯性传感器。当原子通过激光冷却等方法被冷却到极低温度时，原子作为粒子的性质将被削弱，作为波的性质就会变得更加突出。这样的改变会使得原子具有类似于光的属性，从而能够产生干涉现象。通过原子冷却时产生的这种类似于光的干涉现象的测量，原子的加速度和角加速度都可以被精确确定。因此，可以利用原子的这一性质进行量子惯性传感器的开发。

原子干涉测量法利用单一原子的行为来进行测量，具有非常高的精确度。这样的单一原子行为的测量也可以用于重力加速度的精确测量。虽然也有尝试采用光栅钟从相对论的角度进行重力加速度测量的研究，但使用量子干涉仪的量子重力计，可以直接进行重力加速度的测量。这种测量方法与光栅钟测量一样，可以通过从地表进行的测量获得地下资源、岩浆池等的数据。

在美国和中国，不仅正在研究与地下资源有关的用途，而且还在研究诸如暗物质探测的应用。其中，暗物质被认为存在于外太空。

4-13

光栅钟

目前，正在研究通过量子技术来提高光栅钟的准确性。目前，日本东京大学的科学家香取秀俊（Hidetoshi Katori）研究和开发的光栅钟备受关注，该光栅钟的精度为 10^{-18}s，300 亿年内的误差约为 1s。

时间的确定

1967 年，在第 13 届国际计量大会上，通过大会决议确定"1 秒"的定义为"一个铯-133 原子振荡 9192631770 次所经历的时间，并以此作为时间的国际单位"秒"的基准值。

铯（Cs）是一种原子数为 55 的元素。它是一种碱金属，在室温下为液体，熔点仅为 28.4℃。它的莫氏硬度在所有元素中是最低的。除此之外，在所有的铯同位素中，只有铯-133 没有放射性，在自然界中最稳定。由于这个原因，铯-133 被用来进行原子钟的制作。早期的原子钟，其实现的误差在 300 年内仅约为 1s。如今，通过将铯原子冷却到接近绝对零度，实现的时间精度得到进一步提高，即使运行 3000 万年之后，误差仍然小于 1s，精确度达到了 10^{-15}s。

尽管铯原子钟已经达到了非常高的时间精度，但目前通过量子技术已经研究和开发出了比其精度更高的光栅钟。这种光栅钟采用了一种被称为离子诱捕器的方法，由于具有比铯原子钟更高的时间精度，因而备受重视和关注。日本东京大学的科学家香取秀俊于 2003 年发明了世界上首台光栅钟。在该光栅钟中，通过几束激光的干涉来形成光栅格，并将锶（Sr）原子锁定在该栅格中。后来，通过使用 100 万个这样的原子，并使用不同的激光同时对其进行测量，从而获得了比此前的离子诱捕器方法更加准确的时间精度，也可以说是一种颠覆性的时间精度。

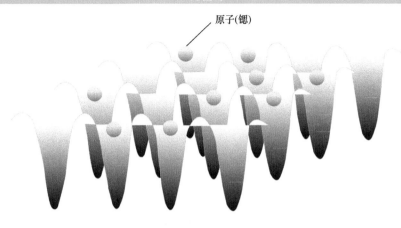

光栅钟

原子(锶)

由于高精度光栅钟的发明，使得以前不能测量的微小的时间差也变得可以测量了。根据相对论，时间会根据重力的大小以不同的方式向前移动，因此重力的差异也会表现为时间的差异。由于光栅钟的发明，即使是地球上最轻微的重力差异，也可以通过光栅钟测量出来。造成地球上重力差异的原因可能有很多，例如，即使只有 10m 的高度差异也会造成重力差异，而这又会造成时间前进方式的差异。因此，如果地下有一种材料或结构导致重力发生变化，我们也许可以通过由其引起的时间差异来找到它。

目前，香取秀俊正在考虑利用光栅钟来进行重力感应仪的制作。这是一种尝试，将光栅钟作为一种传感器来使用。如果有一天能够成功地完成这种重力感应仪的制作，我们就可以仅仅通过地面上的微小时间差异的测量来预测火山爆发、地震、海啸等的到达时间，以及进行地下矿藏的勘探。

第 5 章

基于自旋电子学的
光应用技术

当前，量子技术的发展正在催生一门全新的科学，那就是自旋电子学。随着自旋电子学的发展，人造材料，如量子点和钻石 NV 中心等，有望用于显示器和太阳能电池等的开发，并预计将对工业生产产生重大的连锁反应。

量子点的能量

迄今为止，根据量子点的特性，我们已经进行了许多与"光"有关的研究。例如量子点探针就是利用量子点的纳米尺寸和荧光特性取得的一项研究成果，并得到了广泛应用，制造出了能够发出不同颜色荧光的荧光探针。

▶▶ 电子的束缚效应

根据固体物理学的理论和原理，在一个晶体中，某种特定的结构能够在三维空间中按照一定的规律在不同的方向上周期性地重复，从而形成一种特定的晶体结构。在这样的晶体结构中，电子的能级也周期性地重复着，从而使晶体产生了相同的能带和带隙。这意味着，在微小晶体中的电子可以被激发并发射出荧光。

通常来说，一个量子点是由两个或多个原子组装成的几纳米大小的人工晶体，因而也具有其特定的晶体结构。由于量子点的尺寸非常小，因此当激发光照射到量子点上时，会由于激发光的激发而发出荧光。

在所谓的纳米物理学研究领域中，电子被限制在一个非常小的区域内，由此形成的微小物理系统正是量子技术发挥作用的地方。在这样的世界里，作为量子的电子和光子，既具有粒子的性质，同时又具有波的性质。为了描述这些微小粒子的能量和运动情况，我们需要采用波动方程（薛定谔方程）来进行。

在此，让我们来考虑一个一维波动方程的简单情况。假设一个电子被限制在一个非常小的空间里，空间位置的最大值为 $a(0<x<a)$，且电子的能量状态不随时间发生变化，即处于某个稳定状态。此时，波函数变量 x 的取值范围为 $0<x<a$，波动方程的解在 0 和 a 处为无穷大，并且在 $0<x<a$ 的区间内为 0。这样的情况也可以解释为在 $0<x<a$ 的区

间为波函数的波谷，对应的势能为 0，在此区间以外为波函数的波峰，其势能为无穷大，如此形成了一个一维无限深的方势阱。

实际上，假如这不是一个无限深的势阱的话，我们也可以将其想象为一座山的形状，可能会更好理解一些。如此一来，在这样的一个山形的势能场中，如果一个电子没有足够的能量就很难越过这座势能山，在电子飞向这座山时，大多数的电子都会被高高的势能山反弹回去，飞向它们来时的方向。

不过，按照量子力学的理论，也能按照一定的概率，使得一些电子能够跨越这座势能山所建立起来的势垒，这种情况被称为电子的隧穿效应。隧穿效应是一种用量子特性解释的物理现象，并应用于半导体和二极管。1973 年，诺贝尔物理学奖授予了江崎玲於奈，以表彰他对这种隧穿效应的证明和隧道二极管的发明。

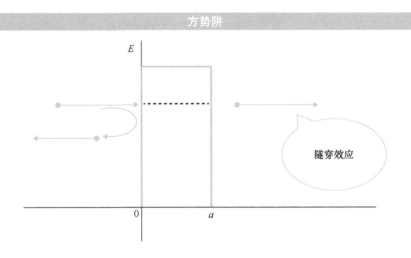

方势阱

如上所述，不管是在这样的势能山中，或者是与这种势能山相反的方势阱中，只要电子不能越过势能山或者方势阱所建立的屏障，它们就会继续存在于其当前所处的区域中，这被称为电子的束缚效应。如在方势阱的情况，只要电子不能逃出阱壁所建立的势垒，就会一直被束缚在方势阱中。根据当前已经广为人知的量子理论，这个方势阱的宽度越小（a 的值越小），则被困电子的动能就越大。

　　这也就意味着被限制在某个狭窄区域内的电子，如量子点内，将可能会具有不同的动能，并且动能的大小取决于量子点的大小。这就是量子点价带和导带之间的带隙会因量子点的大小不同而呈现出不同数值的原因。随着量子点尺寸的增加，带隙的扩大，会使荧光的波长向紫色方向延伸。

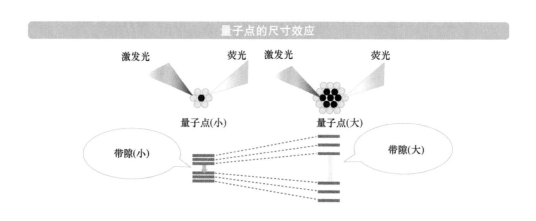

量子点的尺寸效应

　　量子点探针被用来观察蛋白质的位置和运动，方法是将其与特定的蛋白质结合，使其在被激发光照射时发出荧光。目前，随着量子点探针技术的发展，量子点探针已经被广泛应用于医学和生命科学领域的生物成像。

　　与有机荧光染色剂相比，基于量子点的染色剂，其褪色程度较低，并且在较长的时间内有稳定的荧光发射。目前，利用量子点的这些优势进行新一代量子点显示器、量子点电视机研发的竞争正在进行和开展中。除此之外，量子点的这种优良荧光性质也在逐步应用于 LED 和光学传感器方面。

　　另一方面，量子点的电特性也使得它们可以被用作晶体管、开关和逻辑门等微电子器件。目前，量子点正在被作为一种新的电子材料进行研究，试图将量子点的电特性应用于计算机等众多领域，这样的应用也特别值得期待。

　　随着清洁能源在世界范围内的迅速推广，人们也在研究如何将量子点技术应用于新一代太阳能发电组件中，进一步提升太阳能发电组件的太阳能转换效率，以生产出更加高效的太阳能发电组件产品。由于量子点能够根据其自身大小的不同，吸收不同波长的激发光，因此，可以认为其能够利用太阳光中各种波长的光，实现高效率的太阳光能量吸收与转换。目前的研究结果表明，量子点太阳能电池能够达到70%左右的能量转换效率，作为新一代太阳能电池的候选者，人们对它的期望越来越高。

量子点的制造方法

当今，已经研究和开发出了多种制造量子点的方法，以下列举两种具有代表性的主流方法。一种是，通过在溶液中进行的半导体晶体生长方法，量子点将以胶体的形式形成。另一种是，通过在玻璃或聚合物中进行离子材料凝结的方法，进行离子材料形式的量子点制造。以上两种方法都能制造出球形或棒状的量子点。

▶▶ 量子点的制造方法

在晶体基板上进行的层状晶体生长的方法，可以制造出各种不同形态的量子点，如金字塔形或锥形等。该方法首先在基板上进行晶核的形成，然后通过适当的控制方法使量子点晶体生长到所需的尺寸。这种制造方法也被称为自下而上的方法。在这种方法中，一定大小的量子点以自组装的方式生长起来，并且生长到预定的大小。温度是决定纳米晶体生长最佳条件的关键因素。

实际上，这种自下而上的量子点制造方法是一种被称为外延生长的方法，该方法于 1990 年在日本的金属材料与技术研究所⊖成功进行。该方法采用的材料是镓和砷，它们被用来制造砷化镓（GaAs）量子点。首先，纳米大小的镓（Ga）原子液滴被放置在一个高温的基板上。这时熔化的镓形成了一个半球形，就像水滴入特氟隆煎锅时由于表面张力而结成的水汽团一样。此时，在进行温度调整的同时加入另一种材料砷（As），以制造具有高表面密度的 GaAs 量子点。

这种量子点的制造方法源于斯特朗斯基-克拉斯诺夫（Stransky-Klasnov）生长模式（SK 模式），该模式也是已知的三种半导体薄膜生

⊖　金属材料与技术研究所即为现在的 NIMS（国家材料科学研究所）。

成模式之一[一]。SK 模式是指当试图在晶体基板上进行薄膜创建时，由于晶体基板上的原子间距离有很大差异，从而可以使得薄膜晶体以一种类似岛屿形成的模式生长。

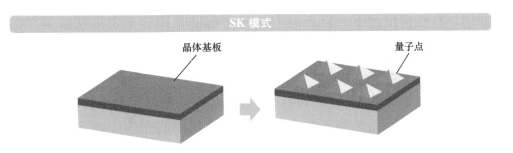

在谈到自下而上的量子点制造方法时，还需要提到一种应用光刻技术进行量子点制造的方法，这种方法被称为自上而下的方法，与自下而上的方法相反。自上而下的方法应用了传统上在半导体行业使用的方法。自下而上的方法是将原子像搭积木一样堆积起来，而自上而下的方法则是在预先制备好的一整块材料[一]上通过光刻进行切割的方法，将整块材料分割成更小尺寸的量子点。这种自上而下的方法更容易控制量子点的大小和形状以及量子点的位置分布，广泛应用于量子点显示器以及量子点电视机面板的制备，通过多道光刻工艺将作为发光显示元件的量子点及其控制电路制造在一整块基板上。

除了前面介绍的外延生长方法，即利用晶体基板上的晶格畸变来进行量子点自我形成以外，还有其他几种自下而上的量子点制造方法。例如，利用溶剂中的化学反应进行量子点的生长等。在该方法中，只要溶液的浓度和温度得到适当控制，两种溶质之间的化学反应就会促使结晶的形成，并最终形成量子点的核。在这个过程中，当溶质撞击形成了量子点的核时，量子点的生长就会随之不断进行。此时，可以

[一] 三种模式中，除了 SK 模式，还有 FvdM 模式和 VM 模式。
[一] 整块材料是指预先制备的进行量子点制造的原材料基板。

通过控制溶液的温度来调节量子点的生长速度。

以这种方式制造的量子点通常是球形的。然而，当晶体因化学反应而增长的速度在各方面结构中不均匀时，量子点也可能呈现出棒状或其他形状。不管量子点的生长情况怎样，也不管生成的量子点形状如何，在任何情况下，自下而上的方法都非常适合于大批量量子点的制造，因此也得到了广泛应用。

作为简单的半导体材料量子点或者是仅仅具有半导体核的量子点，由于只具有半导体材料构成的核，因此这种量子点的表面是疏水性的，所以不溶于水。而这种不溶于水的特性使其不能作为生物活体体内的量子点探针使用。

为了解决这一问题，通常需要将一些两端具有不同疏水性的分子附着在量子点的表面，并使得附着分子具有疏水性的一面与量子点结合，另一具有亲水性的面利用其亲水性，实现与水分子的结合。

例如，ZnS 量子点本身为一种疏水性的量子点，通过将巯基乙酸附着在该 ZnS 量子点的壳上，即可以使得该量子点变得具有亲水性，并可溶于水。之所以会出现这种由疏水性到亲水性的转变，是因为疏水性量子点的周围覆盖有亲水的羧基。除此之外，羧基还可以与蛋白质相结合，也就是说，这样的羧基覆盖也意味着量子点获得了与蛋白质相结合的特性，从而可以用作蛋白质单分子荧光探针。

英国纳米科技公司（Nanoco Technologies）制造的量子点，首先使用与通常核壳结构量子点壳中使用的相同类型半导体材料（宽带隙半导体），作为其制造的量子点的核。然后将与通常核壳结构量子点核中使用的相同类型半导体材料（窄带隙半导体）覆盖在其外侧。最后再在窄带隙半导体材料的外侧覆盖与核相同的半导体材料（宽带隙半导体）。以此方法构成的量子点是一种比通常核壳结构量子点多一层的三层半导体结构。我们将这种结构的量子点称为一核心多壳量子点。与之前通常的核壳结构量子点相比，一核心多壳量子点具有更高的荧光效率和稳定的性能。

石墨烯量子点

当今我们已经知道,碳原子能够以不同的排列方式形成不同的晶体结构,从而构成具有不同宏观性质的物质形态。当碳原子的某种排列结构能够实现纳米尺度的物质时,这样的纳米物质就会表现出特有的量子特性。如 10 ~ 1000nm 的碳纳米纤维,以及更小的碳纳米管、富勒烯和石墨烯等材料,目前正在成为纳米材料的研究热点,以期将其用于电池、半导体、太阳能电池等各个领域。除此之外,以碳纳米材料实现量子传感器和生物成像探针方面的研究和应用也正在进行之中。

▶▶ 由碳制成的量子点

由碳原子组成的结构已经被广泛应用于碳纤维等纤维状碳材料的研究和制造。通过这样的研究制造出来的碳纤维材料可以作为飞机等的结构材料,具有非常广阔的应用前景。碳纤维材料的强度是钢的十倍,但重量却只有钢的四分之一,并且也不像金属那样容易生锈。

石墨烯指的是一种特殊的碳纳米材料,具有约 0.3nm 厚的平面结构,由碳原子以蜂窝状结合在一起而形成。顾名思义,石墨烯是一种从石墨材料中剥离出的单层碳原子平面材料,具有碳原子构成的二维结构,同时是一种所谓的“超级材料”,其硬度超过钻石,同时又像橡胶一样可以伸展。当一片石墨烯被分割成更小的碎片单元时,石墨烯量子点就形成了,可以表现出量子效应。在自上而下的石墨烯量子点制造方法中,包括采用激光等对石墨烯片进行物理切割的物理方法,也有通过电化学氧化的方法对其进行化学处理的化学方法。通过这样的石墨烯片切割,完成一系列石墨烯量子点制造的工艺流程。通过自上而下的方法生产的石墨烯量子点,其尺寸约为 30~50nm,但其缺点是很难均匀地只切割出所需要的尺寸。因此,这样制造出来的石墨烯量子点并不能保持稳定、均匀和良好的荧光性能。另一方面，石墨烯本身非常昂贵，并不适合商业生产。

与此相对的是，目前正在开发一种自下而上的石墨烯量子点制造方法。这种自下而上的石墨烯量子点制造方法能够从有机化合物中进行石墨烯量子点的合成。合成选择的材料包括廉价的柠檬酸、尿素，甚至是煤炭等。相比之下，这些材料非常便宜，而且供应稳定。因此，使用这些材料制造石墨烯量子点的方法一旦成熟，就可以将其广泛用于石墨烯量子点的制造，并将替代由无机材料制造石墨烯量子点的自上而下的方法。由石墨烯衍生的量子点主要由碳组成，比由镉等无机材料制成的量子点更环保，从这个意义上说，它们可能会越来越多地应用于家用产品。

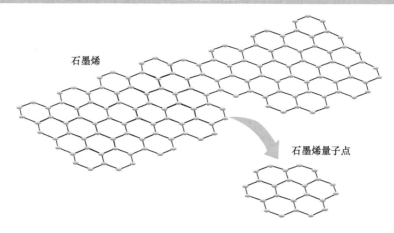

石墨烯量子点

石墨烯

石墨烯量子点

石墨烯量子点与由无机材料制成的 CdSe-ZnS 量子点一样，在受到激发光的激发后会发出荧光。除此之外，石墨烯量子点的荧光发射，还会根据其尺寸（直径）的不同，发射出的不同波长的荧光。在这一点上，石墨烯量子点也表现出了与其他类型量子点相同的特性。日本富士染色剂集团旗下的 GS Alliance 公司已经成功地将石墨烯量子点与

极简图解量子技术基本原理

无机材料相结合，以提高其荧光性能。

来源于碳的石墨烯量子点，不管是多层还是单层的结构，其厚度也仅为几纳米，且体积小，因此对生物和环境的影响也很小。除此之外，石墨烯量子点的原料容易获得，能够制造出结构透明、柔性和高导电性的材料，因此有可能开发出利用电和自旋量子性质的前所未有的产品。

使用量子点的产品

随着量子点技术的发展，量子点技术也将广泛应用于工业产品的生产和制造中。目前，通过量子点技术制造的量子点显示器和量子点电视机已经实现商业化量产，随着实际应用的开展，预计会有非常大的需求。除此之外，量子点技术还将进一步推动显示器技术从液晶到 OLED 的发展，不断推出更清晰、更轻、更薄和更大尺寸的显示屏。

▶▶ 量子点薄膜

量子点在生命科学研究领域的应用，如荧光蛋白质探针等，取得了较大进展。与有机荧光剂相比，量子点有许多优势，如亮度更高，随时间推移褪色更少，所以在研究领域中得到了大量使用。

目前，以金属为材料的量子点还非常昂贵，而且金属的毒性和有害性也难免令人担忧，因此目前还很难在大量生产的工业产品中得到广泛使用，也没有达到可以用于大规模工业生产的阶段。

在将量子点技术用于显示器的同时，目前还正在进行一种具有光波长转换能力的产品开发，该产品能够将吸收的光的波长转换为另一种波长的光。

这类产品的一个例子是位于美国新墨西哥州的 UbiQD 公司和英国 Nanoco Technologies 公司等生产制造的量子点温室薄膜，该温室薄膜通过量子点技术实现了光波长的转换能力。通过将该薄膜粘贴在温室天花板等部位，这种薄膜就可以将其吸收的太阳光转换为对植物生长有益的近红光。

目前，这种具有光波长转换能力的量子点温室薄膜取得了明显的使用效果。在使用了 UbiQD 公司开发的 UbiGro 量子点薄膜的温室里，蔬菜的干燥重量增加了13%，叶面积增加了8%。以往，为了达到这种程度的太阳光能量吸收率，获得这样的作物增产水平，需要采用大量的辅助光照设备。目前，UbiGro 薄膜已经得到美国环境保护局（EPA）的批准，并且在一些国家也被用来促进番茄和黄瓜等蔬菜的生产。

除此之外，UbiQD 公司还获得了美国国家航空航天局（NASA）的资助，从 2019 年底开始进行新的量子点温室薄膜技术的研究和开发，以优化并获取具有适合于太空植物栽培光谱的射线，用于未来在太空中进行的植物栽培。

量子点之前的显示器

当前，全球范围内都在进行基于量子点的新一代显示器开发。之所以人们会对量子点显示器表现出如此的关注，是因为其具有节能、超薄，并且可以生动显示画面颜色的特性。本节对量子点之前出现的显示器进行概述。

▶▶ 显示器的历史

在 20 世纪 90 年代，以夏普为首的日本公司在液晶显示器和等离子显示器等薄型显示面板的生产中占据了 80% 的全球市场份额。然而，此后液晶面板的生产和开发基地逐渐转移到了海外，特别是韩国和中国等。2016 年，夏普公司进入了鸿海精密工业公司的旗下，成为鸿海精密工业公司的一部分。时间到了 2021 年，松下决定退出液晶面板的生产制造业务。

如今，薄型显示面板的生产制造技术正在从液晶向 OLED 发展，基于 OLED 的显示器已成为当今主流的显示器产品。目前，全球平板产业由韩国的三星公司和 LG 公司引领，但这两家公司也在开始集中资源进行新一代显示器的开发，因为随着全球产量的增加，已经导致了液晶面板领域利润率的急剧缩小。

▶▶ 液晶显示器

某些物质在熔融状态或被溶剂溶解之后，尽管失去了固态物质的刚性，却获得了液体的易流动性，并保留着部分晶态物质分子的各向异性有序排列，形成一种兼有晶体和液体部分性质的中间态，这种物质被称为液晶。液晶显示器就是通过这种"液晶"物质来改变光的透过性，实现图像深浅显示的显示器。

液晶的独特性质是由奥地利植物学家斐德烈·莱尼茨尔（F. Reinitzer）

于 1888 年发现的。莱尼茨尔从植物中分离出来的有机物质，发现了一种随温度变化而变得浑浊或透明的特性。

后来发现，这种有机物质之所以能够表现出这样的性质，是因为其具有雪茄状的分子结构，在熔融状态（液体）下，如果分子的排列方向相同，就会表现出与结晶材料所具有的相同物理特性，尽管它是一种液体状态。

液晶本身不具有发光的特性，因此液晶显示器通常都需要采用背光灯作为图像显示的光源，并利用液晶能够改变自身透光能力的特性来控制背光的显现，以达到实现图像显示的目的。

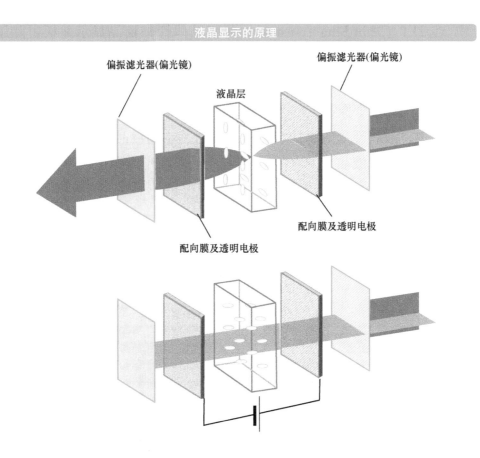

液晶显示的原理

偏振滤光器(偏光镜)　偏振滤光器(偏光镜)

液晶层

配向膜及透明电极

配向膜及透明电极

在封入液晶显示器的液晶层中，当没有对其施加电压时，液晶因

第 5 章

没有受到电压的影响而沿着原有的方向一致排列。因此，当来自背光光源的光通过偏振滤光器而调整相位后，光在液晶层内能够进行相位转换，与液晶层后方偏振滤光器所需要的相位一致，能够顺利地通过该偏振滤光器。

但是，当向液晶层施加电压时，由于液晶分子会在电场的作用下改变其分子排列的方向，转换为另一方向的一致排列，因此来自背光光源的光在液晶内不会进行相位转换，也无法通过液晶层后方偏振滤光器。

▶▶ TFT 液晶显示器

在 TFT（Thin Film Transistor，薄膜晶体管）液晶显示面板上除了 TFT 液晶以外，还有众多细小、微薄的半导体器件，这些半导体器件在液晶显示面板上有规律地排列组成了显示面板的各个像素点。这些 TFT 液晶作为各个像素点的开关来进行像素点的照亮。在 TFT 液晶显示面板中，液晶部分的结构和工作原理与基本的液晶显示器相同。

由于施加在液晶上的电压的变化，来自背光光源的光会透过或被遮断。透过的光线通过放置在每个像素上的彩色滤光镜进行颜色的显示。

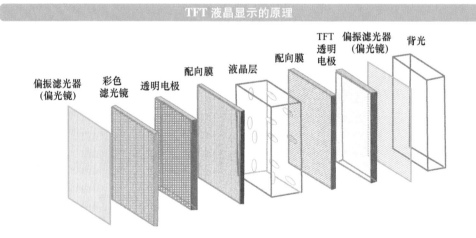

TFT 液晶显示的原理

偏振滤光器（偏光镜）　彩色滤光镜　透明电极　配向膜　液晶层　配向膜　TFT透明电极　偏振滤光器（偏光镜）　背光

有机电致发光显示器

OLED（Organic LED，有机 LED），也被称为有机电致发光显示器，是通过有机发光半导体实现的图像显示。OLED 与液晶显示器的不同之处在于，在液晶显示器中，来自背光灯的光线被液晶透射或者遮断以产生图像，而 OLED 则通过以像素为单位排列的有机化合物半导体（OLED）发出光。这种机制提供了比液晶显示器更高的对比度。

相对于液晶显示器，OLED 显示器的突出特点是其对于黑色的表现。由于液晶显示器难以完全实现背光的关闭，所以在黑色显示上难以达到理想的效果。而 OLED 显示器则可以表现出真正的无光或真正的黑暗状态，之所以出现这样的不同，是因为它们的显示原理不同，OLED 显示器的每个像素都能够控制其是否发光。

OLED 的显示原理

除此之外，OLED 显示器还有其他的一些突出优点。例如，由于

第 5 章　基于自旋电子学的光应用技术

结构特点，OLED 显示器可以做得更薄等。这种不需要背光灯的结构也可以节省电力，因此目前被用于许多智能手机的显示屏。

　　作为全球最大的显示器制造商之一，LG 公司目前正在积极进行使用 OLED 的大屏幕显示器和电视机的开发。在 LG 公司开发的 OLED 显示面板中，由于 OLED 器件发出的光为白色光，因此，为实现彩色图像显示还需要使用位于显示面板前部的彩色滤光镜将其转换为 RGB 三原色的彩色光。相对于 LG 公司的方法，三星公司使用的则是一种自称为微型 LED 的方法。在这种方法中，微型 OLED 能够分别发出红色、绿色和蓝色的三原色彩色光。

5-6

量子点显示器

目前，已经有人提出将量子点应用于显示器的相关技术方案。在本书中，将这些采用量子点技术实现的显示器统称为量子点显示器。量子点显示器被认为是替代液晶显示器的新一代显示技术，并引起了极大的关注。量子点显示器属于半导体纳米晶体技术的创新应用，由于能够准确实现光的传送，因此可以高效提升显示器的色域值，让色彩更加纯净鲜艳，色彩表现更具张力。

▶▶ 量子点显示器

目前，韩国三星公司已经推出了量子点显示器产品，并形成了一个被称为 QLED 的量子点显示器系列。由其名称大概可以表明，其 QLED 量子点显示器可能是一个量子点+LED 的显示系统。在片状量子点[⊖]上施加蓝色背光，通过量子点的发光和透射光的结合来表现红绿蓝的三原色，因此其基本结构仍然是一种液晶显示器的结构。这样做的好处是，只需对现有工厂的生产线稍做调整就可以进行这种新型显示器的生产。

如果像这样对量子点以片状的形式进行布置和使用，为了增加显示器的面板尺寸，则量子点的使用量将与显示器面板的面积成比例地增加。因此，这样的量子点布置和使用方式需要用到大量的量子点。与此相对，在显示器面板边缘配置封入了量子点玻璃管的卷轴器方式中，对于显示器面板尺寸的扩大，可以通过延长玻璃管的长度来实现。与片状的布置方式相比，这样的方式可以大大减少量子点的使用数量。

本书中所称的 QLED（Quantum dot LED，量子点 LED）方法指的

　⊖　片状量子点是指美国 Nanosys 公司提供的一种量子点增强薄膜（Quantum Dot Enhancement Film，QDEF），由红色光和绿色光的量子点排列在透明的片状物中构成。

是以片状的形式进行布置的量子点使用方法，正如三星公司的 QLED 系列量子点显示器所使用的那样。需要说明的是，QLED 并不是三星公司可以进行商标注册和独占享用的术语，因为其他的显示器制造商也可能会以同样的方式推出使用量子点的 QLED 显示器。目前，已经有诸多自称为 QLED 的显示器在市场上出现。但是，即使被冠以 QLED 的名字，也不清楚其是否使用的是与三星公司相同的 QLED 方式，甚至也不能保证其是否真正使用了量子点。

量子点显示器（QLED 方式）的原理

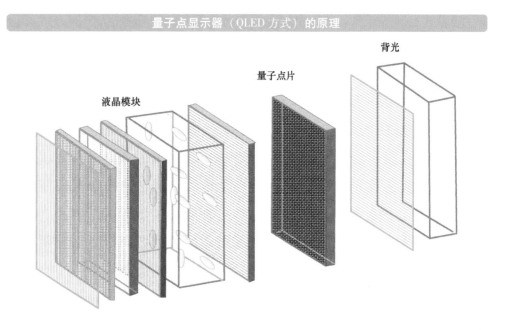

液晶模块　　　　　　　　量子点片　　　　　　背光

与 QLED 方式相对应的，还有一种被称为 QD-OLED（Quantum Dot Organic LED，量子点有机 LED）的量子点显示器实现方式。该方式使用蓝色发光的片状 OLED 材料来代替 QLED 方式中的背光光源，并在 OLED 前方放置绿色和红色量子点的滤光器。与 QLED 方式通过液晶调节红绿蓝光的强度来再现多种颜色的显示相比，QD-OLED 方式由于其 OLED 器件自身的发光，因此具有很高的颜色再现性，能够表现出更好的颜色显示效果。

除此之外，还有一种量子点显示器的实现方法。该方法用量子点取代直射式 OLED 显示器中的 OLED 器件，从而可以实现一种可称为"真正量子点显示器"的显示器。这种方法用量子点 LED（QLED）取代了 OLED 显示器中的有机 LED（OLED）。

在真正的量子点显示器中是不需要背光光源和液晶模块的，这是因为在这样的量子点显示器中，量子点是通过电激发来发出荧光的。因此，真正的量子点显示器可以被制成非常薄且可灵活弯曲的柔性轻便显示器。

用 QLED 取代 OLED 的方式

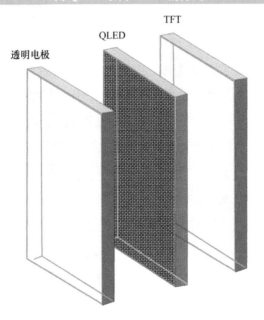

▶▶ QD-LED 方式

由于量子点显示器具有诸多的优点和技术优势，因此也激发着用户舍弃现有的显示器而选择这种新一代显示器，人们对这种新一代显示器具有极高的购买和使用热情，并对其寄予了厚望。在这些技术优势中，包括了量子点显示器能够再现更生动的色彩，并且比 OLED 显示器的色域更广等突出特点。

除此之外，由于量子点可以根据其自身的大小来调整其所发出的荧光颜色，因此可以使得采用 QD-LED（Quantum Dot LED，量子点 LED）方式实现的量子点显示器能够消除对背光或液晶颜色过滤器的需求。量子点 LED（QD-LED）还可以通过量子点的发光控制直接获得色彩显示所需要的 RGB 三原色中的每一种颜色的单色光，并将其用于变化丰富的色彩显示。这样的显示方式比传统方法要好得多，因此也具有独特的技术优势。此外，考虑到在 OLED 显示器中需要一个彩色滤光片来实现相同水平的色彩性能，与此相比，量子点显示器的结构更加简化，因此也可以在更低的电压下运行。

在 QD Vision 公司实现的 QD-LED 显示器中，当从单一量子点层的两侧对其施加控制电压时，来自电子传输层的电子和来自空穴传输层的空穴被送入量子点层，以实现量子点的激发，并引起量子点的荧光散发。在这样的量子点发光控制中，量子点发出的光的波长是由量子点自身的尺寸决定的，因此可以通过不同尺寸量子点的组合来实现色彩的显示。

当前，为三星、LG 等公司提供量子点的 Nanosys 公司，正致力于建立一种供应形态，使制造商更容易将其用于商业用途。

在日本，索尼公司曾经试图在自己的高端品牌 Triluminos 电视机中使用量子点显示技术。但是，由于当时的量子点中含有对环境有害的金属镉，因此该公司后来决定不将该技术进行商业产品的应用。

目前全世界的量子点技术研究机构以及相关企业都在争相进行不含镉的量子点的开发。日本的昭荣化学工业公司已经实现了一种使用铟和磷生产量子点的方法。在本书撰写时，量子点显示器的出货量在全球范围内大约只有几百万台，但如果一旦能够在不使用含有有毒、有害物质量子点的情况下实现量子点显示器及电视机的大规模生产，确保颜色显示和亮度显示的品质，量子点显示器及电视机就会得以普及，其价格就会随之下降。

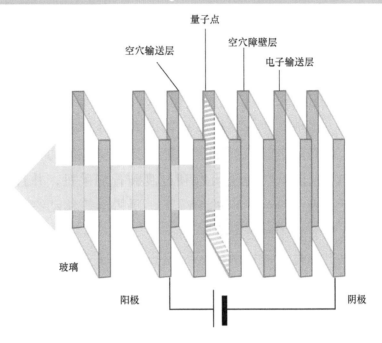

QD-LED

量子点

空穴障壁层

空穴输送层

电子输送层

玻璃

阳极

阴极

量子点 TV

在新一代电视机中有望实现量子点TV

源自：Karlis Dambrans

第 5 章　基于自旋电子学的光应用技术

显示器和电视机面板是电子设备制造商的一个利润巨大的市场。同时，显示器市场还将与信息和通信技术（Information and Communications Technology，ICT）设备市场同步增长，因为显示面板是目前唯一的图像/视频输出设备，不仅用于电视机，也用于 PC 显示器和移动设备的显示屏等。当前，在电视机显示器方面，日本的显示面板市场拥有当今世界上最高端电视机显示器性能的批量供应能力，但由于日本的移动设备未能及时从传统手机顺利过渡到智能手机，并且在高层管理人员迟迟没能做出恰当决定的情况下，手机屏等移动终端显示面板的市场份额逐渐被外国制造商夺走。

日本电视机和显示器显示面板制造行业出现下滑的原因，除了其国内市场对显示设备的需求低迷之外，还有日本经济泡沫破灭后显示面板制造商资金状况不佳、结构脆弱以及企业战略失败等。除此之外，韩国、中国制造商的崛起，几乎使日本国内的显示器行业遭到了灭顶之灾。

在过去的一段时间内，虽然日本国内电子设备制造商发售的电视机和显示器大多数仍然是基于目前主流液晶技术的产品，但为了配合 4K 和 8K 电视播放的需要，目前也已经开始提供能够实现高清图像显示的 OLED 电视机和显示器，并且技术更先进的量子点电视机和显示器产品也已经出现在市场上和产品阵容中。

目前，电视机和显示器领域的全球市场份额争夺战正处于变化之中，世界上的两大产品巨头韩国的三星和 LG 也正在受到 TCL 等中国公司的猛烈追赶。目前三星还在智能手机的 OLED 显示屏方面拥有世界第一的份额，它不仅供应自己公司的 Galaxy 手机，而且还供应竞争对手苹果公司的 iPhone 手机。

相比之下，韩国的 LG 公司是当前大屏幕电视机及显示器用 OLED 显示器的领导者，为该领域的头部制造商，占据着最高的市场份额。

虽然韩国的三星公司也在进行 OLED 显示器的开发和生产，但与 LG 公司相比，两者之间还是有一些区别。三星公司制造的 OLED 显示器使用 RGB 子像素，而 LG 公司制造的 OLED 显示器则使用色彩过滤器。尽管它们生产制造的同为 OLED 显示器，但两家公司有不同的制造工艺，而三星公司的方法不适合大屏幕显示器的生产，因此在大屏幕显示器领域要让位于 LG 公司。

在量子点电视机及显示器方面，三星公司采用的方法是将量子点薄膜引入到液晶显示器中，并将其命名为 QLED 方法。在 2019 年全面进入日本市场的中国 TCL 公司，也推出了 QLED 电视机及显示器系列产品。

目前，包括日本在内，量子点显示器均被视为一种最具前景的新一代显示器技术。但是，量子点显示器的实际开发和商业化应用并不容易，这一点从以下事例中也可以看出。日本索尼公司早在 2013 年就推出了带有量子点的 BRAVIA（Best Resolution Audio Visual Integrated Architecture，最高品质的影音整合架构）电视机，这也是该公司新一代高端电视机的品牌。但由于其使用的量子点中含有有毒、有害的镉等原因，此后就暂停了这类量子点电视机的开发。由此也可以看出，不含镉但性能高且价格低廉的量子点的稳定供应似乎是最重要的。同时也说明，保证对环境的无害化也是新产品和新技术发展的关键。

基于这样的发展教训和经验，目前全世界的量子点技术研究机构及相关生产制造公司都在竞相开发不含有毒、有害物质的量子点，以保证量子点对环境的友好以及安全的商业化应用。如今，主要由美国的一些化学公司在进行量子点的开发和供应，美国 Nanosys 公司拥有生产无镉量子点的技术。在日本，日立化学公司也正全面启动其量子点技术的研究和开发，推出了与量子点技术相关的业务。

金纳米粒子

根据尺寸的大小可以将金纳米材料分为金纳米粒子和金纳米簇。金纳米簇因其具有吸收光并将其转化为能量的特殊能力（光敏能力）而得到特别关注。金纳米簇也被用于生物分子荧光成像的探针，因为它们对生物体来说毒性较小且稳定。此外，目前正在利用这种光学特性来进行新型太阳能电池的开发。

▶▶ 金纳米簇

目前已经发现，由人工合成的金属原子的簇，也可以像量子点一样发出荧光。其中，金纳米簇（Goldnanocluster，AuNC）是一种粒径在 2nm 左右的纳米材料，尺寸效应与表面配体相辅相成，使这类材料具有特殊的光学性质与催化活性等性质。代表性的金纳米簇 $Au_{25}SR_{18}$，由多个金原子和硫醇基团⊖结合在一起。在这种由金原子构成的纳米结构（金纳米簇）中，通过改变金原子的数量和硫醇基团的类型，可以赋予其各种不同的工程特性。

当金属原子材料被制造成纳米级结构时，便能够拥有光的控制能力。其中一个现象被称为等离子体共振。除此之外，由于金属具有独特的颜色和光泽，其颗粒可呈现出鲜艳的颜色。欧美教堂中的彩色玻璃和日本的萨摩切子所拥有的明亮色彩就是这种等离子体共振的结果。

等离子体共振是由于入射到玻璃上的光的振动，引起含有微量金属的纳米粒子表面的自由电子集体振动的现象。利用这种现象，可以对量子点发出的荧光进行增强或猝灭，因此可以实现量子点荧光的控制。

⊖ 硫醇是一种分子结构末端含有硫和氢的有机化合物。如 R-SH 结构中的-SH 部分被称为硫醇基团。

纳米技术的鲜艳色彩

2013 年，京都大学的村井俊介与一个国际知名专家共同发表了他们的研究成果，其中介绍了他们利用等离子体共振的纳米天线的结构和改良结果。纳米天线是一种具有某种重复性结构的金属纳米粒子，通过纳米天线产生的等离子体共振效应可以将光聚焦或辐射到一个特定的方向。

村井俊介与他的研究小组制造的改进型纳米天线使用了光刻技术，与传统方法制造的纳米天线相比，在更大的面积上实现了其重复结构的制造。此外，他们的改进型纳米天线是由廉价的金属铝制成，而不是昂贵的金。试验表明，来自蓝色激光的激发光在通过设置在玻璃基板上的纳米天线时，通过激发光激发产生的荧光得到了增强，并从比以往更厚的色素聚合物材料中发出了更加明亮的荧光。通过垂直于样品表面方向的荧光强度测量，表明色素聚合物的荧光发光强度高达 60 倍。除此之外，由于纳米天线中重复性结构的规则排列，可以形成具有高指向性的荧光。

这样的等离子体共振纳米天线具有重要的研究价值和广阔的应用前景。利用等离子体共振纳米天线，除了可以开发节能、高性能的照

第5章

明器件之外，还可以考虑将其应用于太阳能发电等领域。除此之外，人们还希望能够利用其特有的信号放大功能来进行传感器的开发，以捕捉传统上无法检测到的极微弱的信号。

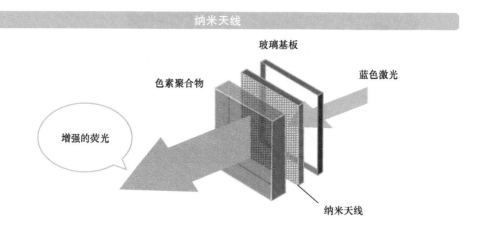

纳米天线

玻璃基板

色素聚合物

蓝色激光

增强的荧光

纳米天线

极简图解量子技术基本原理

太阳能电池

太阳能电池是利用太阳能发电效应发电的方法，于 1954 年在贝尔实验室发明的。那时开发的太阳能电池是通过连接两种具有不同性质的硅不纯净物而形成的。这样的硅不纯净物根据杂质的不同，分别为 p 型半导体和 n 型半导体，因此将这种太阳能电池称为 pn 结型硅太阳能电池。

▶▶ 太阳能电池的原理

n 型硅半导体是在硅（Si）晶体中加入少量的磷（P）而形成的不纯净物。因此，在这样的不纯净物中，当硅原子和磷原子以共价键相结合时，在磷原子的最外层壳中会出现一个额外的电子。这样的情况将使得 n 型半导体中会出现一些不参与共价键结合的电子，这样的电子是额外多出的电子，被称为剩余电子。剩余电子可以比较容易地被热或光等能量转化为自由电子，从而使得材料具有导电性。

p 型硅半导体是在硅晶体中加入了少量的硼（B）。这时，硼的最外层壳会出现缺少一个电子的情况，因此会呈现出与 n 型半导体相反的特性。当 n 半导体型和 p 型半导体连接在一起时，在两种半导体的接合面附近，电子将从 n 型半导体向 p 型半导体移动。由于 n 型半导体中的自由电子填充了 p 型半导体中的空穴，从而使得电子能够不断地从 n 型半导体移动到 p 型半导体。

随着这种电子交换在两种不同类型半导体接合面附近向两侧持续进行，接合面附近的 n 型半导体由于自由电子被 p 型半导体夺走而带正电，相反，p 型半导体由于空穴被电子填充而带负电，因此接合面附近就产生了电场。该电场的产生，会阻止电子从 n 型半导体向 p 型半导体持续移动。此时的这个区域被称为耗尽层。

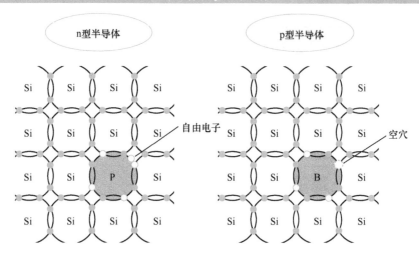

n型半导体和p型半导体

n型半导体

p型半导体

自由电子

空穴

当耗尽层形成时，电子将因此而不再移动，电流也不再流动。因此可以说，此时的状态是一种n型半导体的自由电子和p型半导体的空穴电荷交换与耗尽层的电场达到了平衡的状态。

此时，在这样的n型半导体和p型半导体接合面处于一种相对稳定的情况下，如果在接合面附近对其进行光的照射将会产生光致电动势效应。这样的效应也被称为光伏效应。在光照射接合面时，会产生更多的自由电子和空穴。此时，p型半导体中的自由电子会在耗尽层电场的作用下向n型半导体移动，n型半导体中的空穴也会因此向p型半导体移动。这种自由电子和空穴的运动就形成了电流的流动。这就是当光照射到硅太阳能电池时，电流流动的原理。另外，如果测定由光致电动势效应产生的电压，则可以将太阳能电池用作光传感器。这种类型的光传感器的基本原理与pn结型硅太阳能电池相同。

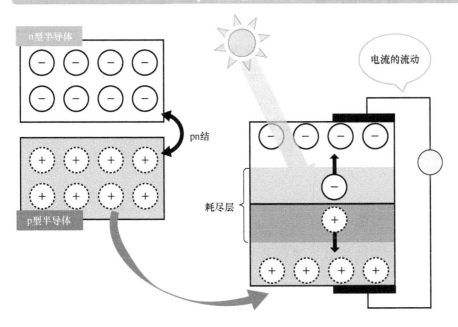

pn 结型硅太阳能电池

n型半导体

p型半导体

pn结

耗尽层

电流的流动

第
5
章

无机太阳能电池

硅太阳能电池具有较高的能量转换效率，至今仍是太阳能电池的主流。其中，单晶硅太阳能电池在所有实际应用的太阳能电池中具有最高的能量转换效率（约 20%）。单晶硅太阳能电池的制作，首先将高纯度的硅在高温下进行熔化，然后再将熔化的硅结晶成纯净的单晶硅锭，最后将硅锭切割成小于 1mm 的单晶硅片，并在硅片上通过杂质的渗透形成 pn 结而制成。

▶▶ 高转换效率

目前普遍使用的硅基半导体具有诸多的良好性能，如电子移动和传输速度快，能量转换性能好等。但由于其材料本身密度较大，且在制造过程中需要高温工艺，因此在生产实践中希望能够简化其生产流程。

迄今为止，在硅太阳能电池方面已经积累了大量的经验和研究成果，有很多研究既提高了能量转换效率又降低了生产成本。其中的 HIT（Heterojunction with Intrinsic Thin-layer，异质结）太阳能电池，是在单晶硅的两侧覆盖了多晶硅层而构成的，作为单晶硅太阳能电池的改进版，具有许多优良的特性。HIT 太阳能电池是日本三洋电机公司的一项发明，该公司现在已经并入松下公司。由于即使在炎热的夏季也不会降低发电效率，这种太阳能电池因此不仅在日本，而且在其他国家的住宅中也被广泛采用，作为家庭生活的绿色能源。

除此之外，碲化镉（CdTe）薄膜太阳能电池是一种分别使用镉（Cd）和碲（Te）化合物进行 n 型半导体和 p 型半导体的制作而形成的太阳能电池。这种类型的太阳能电池由于沉积过程不需要高温处理，所以可以以较低的成本进行制造。然而，由于其使用了具有毒性的镉，因此包括日本在内的许多国家都对其环境影响表示担忧。也许是因为这个原因，目前已经很少有公司生产这类产品。

CIGS 太阳能电池是由铜（Cu）、铟（In）、镓（Ga）和硒（Se）等物质化合制成的半导体。这些太阳能电池只有几微米厚，且非常柔软，因此可以成为柔性的电池。目前，作为主流的硅太阳能电池所能达到的能量转换效率与理论上的最高值还有较大的差距，因此还存在进一步提升的空间。

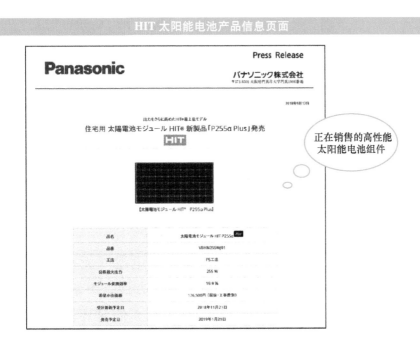

HIT 太阳能电池产品信息页面

由镓（Ga）和砷（As）构成的太阳能电池具有高转换效率，同时也是具有代表性的Ⅲ-Ⅴ族太阳能电池。除了镓和砷的组合，由其他Ⅲ-Ⅴ族元素构成的半导体也被组合成一种多层结构，以将尽可能多的波长的太阳光转换成电能。目前，这种Ⅲ-Ⅴ族三结型太阳能电池已经被开发出来。

夏普公司的太阳能电池在 2012 年创下了当时的世界最高转换效率，它也是上面所介绍的Ⅲ-Ⅴ族三结型太阳能电池。夏普公司的这种太阳能电池，其结构由一个 InGaP 层、一个 GaAs 层和一个 InGaAs 层组成，每一层都能够利用不同波长区域的太阳光来实现太阳能发电，因此具有较高的能量转换效率。

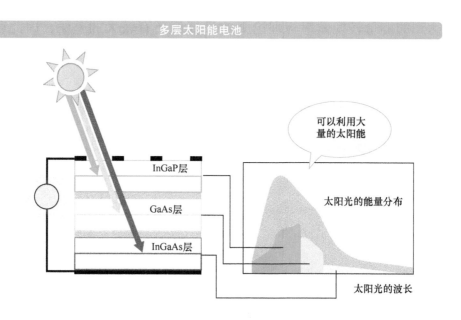

这些以无机化合物为主要原料的太阳能电池（无机太阳能电池）能够实现 30%以上的高能量转换效率。另一方面，由于使用镉和砷等有毒、有害元素的太阳能电池，常常会引起人们对环境方面的担忧，因此也对其使用范围产生了限制，为这一类太阳能电池的开发和应用带来了不可忽视的负面影响。使用这种有毒、有害元素的太阳能电池不太可能作为家庭屋顶用的太阳能电池板，只有在性能是首要要求的情况下才会被采用，如航天器、卫星和太阳能赛车等。

新型太阳能电池

除了有机半导体太阳能电池，作为下一代太阳能电池备受期待的是染料敏化太阳能电池。这种形式的太阳能电池是由瑞士洛桑联邦理工学院物理化学家米夏埃尔·格雷策尔（Michael Grätzel）研究发明的，目前这种电池已经接近实用水平，对其的研究也一直在进行中，格雷策尔也被称为第三代染料敏化太阳能电池之父，这种电池在业界还被称为"格雷策尔电池"。

▶▶ 染料敏化太阳能电池

染料敏化太阳能电池由沉积在玻璃基板上的透明导电膜和吸附染料的多孔二氧化钛组成，在两个电极之间还充填有碘溶液的电解质。与现有的硅太阳能电池相比，这种太阳能电池成本更低，更易于生产和使用。

在这种太阳能电池中，多孔二氧化钛可以吸附非常多的染料，这是因为多孔的结构能够使得其表面积扩大 1000 倍以上。此外，格雷策尔研究发明的染料敏化太阳能电池为增加光散射还在二氧化钛薄膜内进行了特殊设计，以增强太阳光在二氧化钛薄膜内的散射，提高其与染料的作用程度，进而达到提高能量转换效率的目的。

当太阳光照射到染料上时，染料会吸收光能，然后能量以电子形式释放到二氧化钛中。目前已经开发出了多种用于染料敏化太阳能电池的染料，格雷策尔使用了一种被称为 N719 的染料和黑色染料的化合物。

通过这种方式进行电子提取的，就是染料敏化太阳能电池。另外，在植物进行的光作用合成中，叶绿素作为一种光收集染料，也起到了同样的能量吸收促进作用，使得太阳光的光能被植物的细胞膜高效利用以进行物质的转化。染料在此所起到的作用与染料敏化太阳能电池将光转换成电能过程中的作用非常相似。

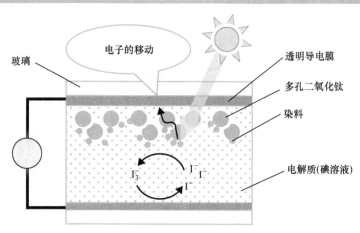

电子的移动

玻璃

透明导电膜

多孔二氧化钛

染料

电解质(碘溶液)

I_3^- I^- I^-

I^-

与其他太阳能电池相比，由于制造方法简单、材料便宜等原因，染料敏化太阳能电池被认为是未来普及使用的太阳能电池最有希望的候选者。理论上讲，这种染料敏化太阳能电池的能量转换效率为 30% 以上，但目前所能达到的能量转换效率仍为 10% 左右。将来，可以通过多种不同染料物质的组合来进一步提高电池的能量转换效率。除此之外，这种染料敏化太阳能电池还存在着电解质劣化、液体泄漏等缺陷，也是未来需要进行改善的方向。

东京理科大学的荒川裕则和他所在研究小组的同事目前也正在致力于这种染料敏化太阳能电池的改进研究。在开发用于染料敏化太阳能电池的染料方面，与使用钌（Ru）的传统染料不同，他们通过一种有机染料的使用已经实现了与传统染料相当的能量转换效率。除此之外，日本的日立公司和爱信精机公司等也在进行染料敏化太阳能电池的研究和开发，探寻进一步提高该类太阳能电池能量转换效率的方法。

▶▶ 有机太阳能电池

与使用镉等有毒、有害危险元素和使用镓、铟等稀有金属的无机太阳能电池相对应的是，为了避免这样的无机太阳能电池给环境带来的不利影响，以及克服其材料来源的稀有性，目前也正在进行使用相对安全的有机材料的太阳能电池开发。除此之外，不使用硅的有机太阳能电池也具有降低成本的潜力，因为它们在制造过程中不需要高温处理。此外，与无机材料相比，有机材料通常更轻，并且可以制成更多的颜色和形状。

有机太阳能电池也需要用到无机太阳能电池所使用的 p 型半导体材料和 n 型半导体材料，所不同的是这样的半导体材料均由有机材料制成。一般来说，有机 p 型半导体需要通过导电性聚合物进行制造。过去，人们普遍认为，塑料（聚合物）等这种没有自由电子的有机材料通常是很难导电的，但自从白川英树和他的研究小组在 20 世纪 70 年代开发出能够导电的聚合物以来，这样的传统认识也被打破，导电聚合物的研究和开发得到了发展。目前，PBTTT-R[⊖]等聚合物已被开发成为聚合物基 p 型半导体材料，其高性能已被报道。此外，不具有聚合物结构的低分子有机 p 型半导体材料也正在开发中。

另一方面，有机 n 型半导体的制造通常也使用 ［60］PCBM 进行。［60］PCBM 是一种富勒烯的衍生物，其中的碳原子像足球的表面形状那样结合在一起，许多具有类似结构的化合物已经被用于 n 型半导体材料的合成。

有机太阳能电池的突出特点是生产方法简单，即分别将混合有 p 型有机半导体和 n 型有机半导体的溶液在电池基底上进行涂布，就可以制造出用于有机太阳能电池制造的基材。这样的制造工艺由于没有无机太阳能电池中的高温处理工艺，因此可以大大降低电池的制造成本。另外，在提供电子的供体聚合物（p 型有机半导体）和容易接收电子的受体聚合物（n 型有机半导体）的混合层（体外异质结层）中，还可以实现供体材料和受体材料的纳米级接合，极大地增大了材

⊖ PBTTT-R 指的是 poly（2,5-bis（3-alkylthiophene-2-yl）thieno-［3，2-b］thiophene）。

料的表面积。

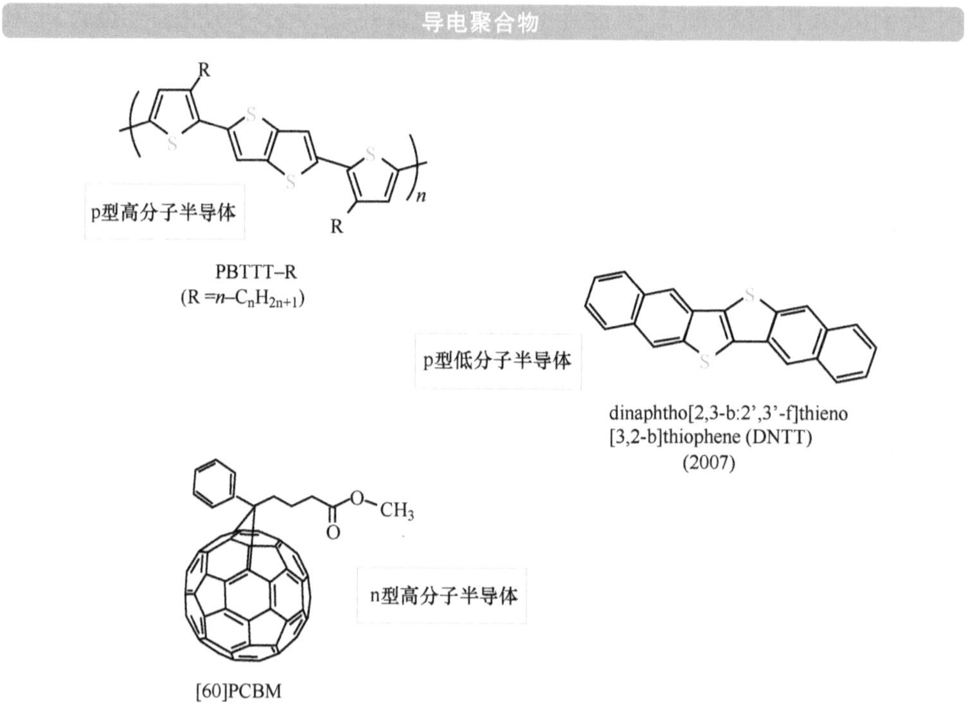

p型高分子半导体

PBTTT–R
(R =n–C$_n$H$_{2n+1}$)

p型低分子半导体

dinaphtho[2,3-b:2',3'-f]thieno
[3,2-b]thiophene (DNTT)
(2007)

n型高分子半导体

[60]PCBM

　　除此之外，在这种有机太阳能电池基板薄膜的制造方面，还可以采用一种被称为卷对卷的方法进行加工。卷对卷的加工方法本是用于印刷行业的一种工艺，太阳能电池基板薄膜制造中的应用是这种印刷工艺的一个创新演绎。在这种工艺中，不是通过依次送入来进行独立的基材处理，而是将电路印刷在一卷塑料基材上，对其进行连续处理，并在处理过程中同时将处理后的基材卷到另一个材料卷上，从而减少了材料运输的麻烦和运输时间。

　　除了制造过程的便捷以外，这种卷对卷的印刷工艺在有机太阳能电池基板薄膜制造中的创新演绎和应用还能够进一步降低太阳能电池的生产成本。通过这种工艺，有机太阳能电池基板薄膜可以采用卷对卷的印刷方法进行制造，像喷墨打印一样，使得 p 型有机半导体和 n

型有机半导体的预混合溶液能够像油墨一样涂布在基底上，以方便形成大面积的异质结层。如此，散布式超接合型有机太阳能电池的异质结层就可以很容易地形成。

另一方面，使用块状异质结层的有机太阳能电池具有更低的生产制造成本，比散布式异质结层的电池更有优势。这种类型有机太阳能电池的问题是，混合 p 型和 n 型半导体聚合物并为产生的电子和空穴创造不间断传输的路线一直很困难。

目前，日本分子科学研究所的平本昌宏和他的研究小组在继续进行这种使用块状异质结层的有机太阳能电池研究，以克服其异质结的制造困难。2019 年，他们成功地生产出了一种水平交替多层接合型有机太阳能电池，该电池具有水平排列的有机半导体层。这些有机太阳能电池可以根据设计进行生产。此外，由于阳光从侧面照射进来，太阳能电池可以做得更厚，并有可能输出较大的电流。

有望成为新一代产品的有机太阳能电池

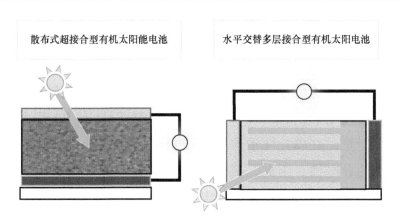

散布式超接合型有机太阳能电池

水平交替多层接合型有机太阳电池

钙钛矿太阳能电池

钙钛矿可以更好地吸收和转换较短波长的光，这意味着可以将除可见光以外的光，如紫外光等有效地转化为电能，因而能够具有较高的能量转换效率。当前的钙钛矿太阳能电池实现了超过 20% 的能量转换效率，但仍然在对各种材料进行进一步的试验研究，目的是实现 30% 的能量转换效率。除此之外，对环境友好的无铅（Pb）类型的钙钛矿太阳能电池也正在研究和开发中。

▶▶ 有望成为新一代太阳能电池

钙钛矿太阳能电池是指使用有机-无机混合结构的白云岩钙钛矿晶体来代替染料敏化太阳能电池中的染料而形成的一种太阳能电池。日本桐荫横滨大学生物医学工程学院、工程学研究生院光电化学与能源科学教授宫坂力（Tsutomu Miyasaka）在 2009 年首次将化学成分为 $NH_3CH_3PbI_3$ 的钙钛矿晶体用于太阳能电池，并实现了较高的能量转换效率。

钙钛矿太阳能电池的基本结构与染料敏化太阳能电池相同，只不过其电解质使用的是有机材料，如 Spiro-OMeTAD 和 PATT 等，而不是碘溶液。但是，在单独使用这些有机材料时，这些材料自身并没有显示出较好的导电性。因此，需要在这些材料中添加诸如钴络合物和锂络合物等无机材料，以增强其导电性。

钙钛矿太阳能电池和染料敏化太阳能电池的主要优势是，它们可以通过一个相对简单的制造过程来生产和制造。这两类太阳能电池的基板都是通过将有机半导体溶液涂在一个基板上而形成的，并且所需要涂布的溶液厚度也非常薄，因此可以将其涂布在塑料等基材上，制造出柔性、色彩缤纷的太阳能电池基板。

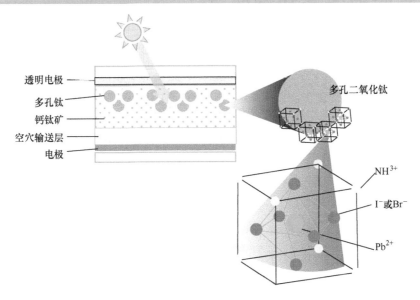

钙钛矿太阳能电池

透明电极

多孔钛

钙钛矿

空穴输送层

电极

多孔二氧化钛

NH^{3+}

I$^-$或Br$^-$

Pb^{2+}

这种柔性有机太阳能电池薄膜在现实中具有非常重要的实际意义。由于这种电池薄膜柔性、轻便的特性，一旦投入实际应用，就可以使得可弯曲的超薄型太阳能电池的实现更进一步。例如，可以将摩托车头盔的整个外表面制成一个太阳能电池，建筑物的弯曲表面也能够安装太阳能电池板等。

在当前的一些关于钙钛矿有机太阳能电池的研究和开发中，能量转换效率和制造成本一直是研究人员关注的重点内容，效率和成本的测算也是必要的。目前，除了多孔钛，其他材料如锡（Sn）氧化物等也在测试中。卷对卷的印刷制造方法是降低生产成本的有效方法，这些有机太阳能电池也可以适用。

尽管有机溶液的耐久性仍然是一个问题，但有机太阳能电池，特别是钙钛矿太阳能电池，目前仍被认为是最有前景的新一代太阳能电池。

提高转换效率和透明度

　　美国的俊·杨等人于2011年开发的有机太阳能电池，通过金纳米粒子的等离子体效应，将太阳能一次能量转换效率提高到20%。以此为契机，全世界都开始研究利用金等无机纳米粒子来提高太阳能电池的效率。

▶▶ 混合型太阳能电池

　　纳米天线等使用金属原子人工制作的纳米尺寸的结构被称为无机纳米粒子。由于这种无机纳米粒子可以通过其组成成分和物质比例的有意识调整来改变纳米粒子的大小和形状（结构），因此，通过这种无机纳米粒子的研究有望开发出具有特定光学、热学和磁学特性的材料，用于特殊的用途。这方面的研究也因此备受关注和期待。

　　日本北海道大学的三泽弘明领导的研究小组利用金属纳米粒子的光天线特性成功提高了太阳能电池的效率，纳米粒子的光学天线能够利用可见光谱中的光进行电能的产生。在以往的研究中，使用氧化镍作为p型半导体和二氧化钛作为n型半导体的传统太阳能电池是无法实现这样的能量转换的。

　　除此之外，三泽弘明及其研究小组的研究表明，太阳能电池的太阳能发电技术有可能选择性地利用可见光以外的太阳光，如红外光和紫外光等，实现一种仅对非可见光进行能量转换的特殊太阳能发电方式。这样的太阳能发电方式能够使得安装透明的太阳能电池成为可能。例如，如果在窗户玻璃等处能够安装这种透明的太阳能电池，就能够实现一种采光和发电二者能够兼顾的太阳能利用。与此相应的是，半透明的太阳能电池也正在研究和开发中，这种电池结合了过氧化物和金属纳米粒子，以提高可见光以外的光的能量转换效率。除了窗户玻璃之外，这些半透明的太阳能电池也有望能够被安装在阳光房、车棚

顶和汽车天窗等处，既能实现高效的太阳能转换，同时又能起到部分
遮挡阳光、隔热和防晒的作用。

由德国 Heliatek 公司销售的 HeliaSol 是一种附着在建筑物窗户上的
太阳能电池，其透明度为 40%，能量转换效率约为 7%。

HeliaSol

安装在建筑物窗户
上的太阳能电池

来源：Heliatek公司的主页https://www.heliatek.com/

目前正在开发的太阳能电池大多是一种串联型的混合太阳能电池，
由无机太阳能电池、有机太阳能电池以及叠加有光学天线的太阳能电
池组成。这些由不同类型太阳能电池串联组成的混合型电池被用来补
偿每种单一类型的不足。

实际上，每种类型的太阳能电池都有其特定的太阳光波长适用范
围，因此通过不同类型的太阳能电池的叠加使用，可以使得叠加构成
的混合型太阳能电池能够覆盖更宽的太阳光波长范围，从而可以有效

提高太阳能的能量转换效率。除此之外，人们还对有机太阳能电池的电解液泄漏和耐久性问题等有所担心。对于硅太阳能电池，自其首次投入实际使用以来已经有多年的实践验证，有望实现较高的耐久性。

等离子体共振效应不仅在无机太阳能电池中有效，而且在有机太阳能电池中也同样有效，但据一些相关的研究及文献报道，将其应用于有机染料敏化太阳能电池时比半导体太阳能电池更有效。

量子点太阳能电池

除了传统的无机太阳能电池和有机太阳能电池之外，目前也正在进行基于量子点的新型太阳能电池的开发。应用于太阳能电池的量子点通常是由规则排列的金属原子组成的纳米级金属粒子。

▶▶ 应用于太阳能电池的量子点

由于量子点能够吸收的光的波长会因其自身的尺寸而有所不同，因此通过量子点的使用使得太阳能电池可以利用更广阔的太阳光波长区域，从而能够实现更高的太阳能转换效率。利用了这一特性的是串联型量子点太阳能电池。这种类型的太阳能电池层叠了各种不同尺寸的量子点，每种尺寸的量子点都能有效地利用与其大小相适应的特定波长的太阳光，因此可以实现不同波长太阳光的有效利用。日本东京大学的荒川泰彦（Yasuhiko Arakawa）和夏普的一项联合研究表明，通过这样的多种不同尺寸量子点的使用可以使得太阳能电池转换效率的理论值提高到75%。

与传统的太阳能电池相比，量子点太阳能电池具有非常高的能量转换效率。这种高能量转换效率的秘密在于，通过多种不同尺寸量子点的使用可以在基态能级和激发态能级之间的带隙中建立一些中间能级，而这样的能级之间的带隙是由光的波长决定的，如果不采用多种不同尺寸的量子点，这样的中间能级是无法实现的。通过改变量子点的大小和材料，可以创建一个通往常规带隙的垫脚石。这增加了将以前无法激发的波长的光转换为电能的可能性，从而提高了太阳能转换效率。

这样的量子点太阳能电池一旦成为现实，将其作为屋顶建筑材料的使用将得到极大的推进。目前，由于在量子点太阳能电池投入实际使用之前还有许多其他障碍需要克服，因此还需要继续进行这方面相关技术的开发和研究，进一步提高量子点太阳能电池的能量转换效率，推进其实用化的进程。除此之外，镉等有毒、有害元素量子点的使用也需要转换为对环境更安全的无毒、无害元素。

就目前的情况而言，量子点毕竟还是一种昂贵的材料，因此还难以实现大规模的商业化应用。为了使量子点太阳能电池能够得到普及，还必须继续进行相关技术的开发和研究，以降低最终产品的总体成本。总之，量子点太阳能电池目前仍处于研究阶段，关于如何真正大规模生产的研究还没有取得进展，实现实际应用的工作也才刚刚开始。

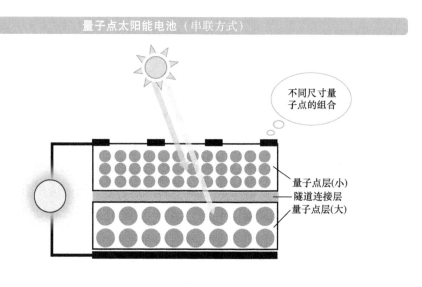

量子点太阳能电池（串联方式）

不同尺寸量子点的组合

量子点层(小)
隧道连接层
量子点层(大)

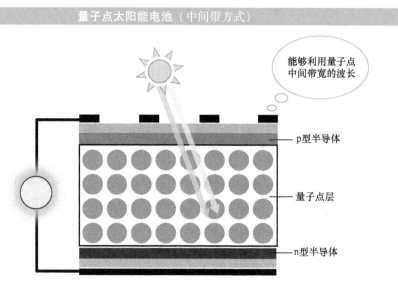

量子点太阳能电池（中间带方式）

能够利用量子点中间带宽的波长

p型半导体

量子点层

n型半导体

太阳能发电

为了实现实用化的太阳能电力产生，除了太阳能电池以外，通常还需要一些必要的装置和设备将太阳能电池通过光能转换而得到的电能转化为可以正常使用的电能，完成这项工作的就是我们常见的安装在家庭、商店和工厂等处的太阳能发电系统。

▶▶ 太阳能发电系统

促进可再生能源的发展是日本自 20 世纪 70 年代石油危机以来一直在努力推进的一个重要方向。长期以来，由于地理条件以及资源的限制，日本的大部分能源，包括化石燃料等一直都依赖进口。日本内阁于 2014 年 4 月批准了新的基本能源计划，制定了稳定能源供应、最小经济负担和环境相容性的能源发展方略。这一能源发展方略的制定无疑提高了人们对太阳能发电和太阳能电池等新能源的技术的期望，只有充分发展这些可再生的绿色能源技术，才能实现日本基本能源计划所制定的能源发展目标，从而更好地满足国民经济发展和高质量日常生活的需要。除此之外，在长期能源供需展望中，日本还制定了到 2030 年太阳能发电量达到 53GW 的宏大目标。

太阳能发电系统的核心当然是太阳能电池，它占据了系统的很大一部分成本。在技术方面，太阳能电池技术也是太阳能发电系统中的关键技术，太阳能电池性能的优劣决定着太阳能发电系统的整体性能。近年来，随着太阳能电池技术的不断发展，太阳能电池的生产成本一直处于一种下降的趋势，这也使得太阳能发电系统的成本不断下降，进而实现了太阳能发电总体成本的不断下降。2017 年，日本住宅太阳能发电系统的平均价格约为 36 万日元/kW，即使是输出功率超过 1MW 的大型太阳能电站，其设备成本也处于这样的平均水平。

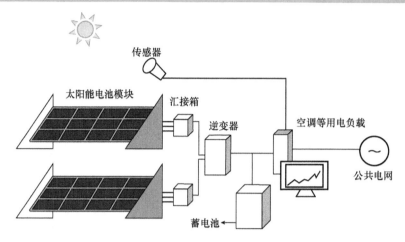

一项全球范围的比较显示，在美国，适用于住宅的太阳能发电系统的建造成本约为 20 万日元/kW，而一座大型太阳能发电系统的建造成本约为 15 万日元/kW。在欧洲，尽管有很大的差异，但建造成本也比日本低 10 万日元/kW 左右。因此，从全球范围来看，日本的太阳能发电成本依然是很高的。其中的部分原因是与其他国家相比，日本安装工作的成本较高。

在日本，住宅并网的太阳能发电系统的发电成本约为 30 日元/kWh，一座大型太阳能发电系统的发电成本约为 40 日元/kWh。在欧洲和美国，住宅并网的太阳能发电系统的发电成本约为 18~35 日元/kWh，大型太阳能发电系统的发电成本约为 15~30 日元/kWh。因此，与其他国家相比，日本的发电成本也是较高的，这其中的原因包括系统建造成本高，日照时间比世界其他国家短等。

除此之外，来自上述比较的同期统计数据显示，在日本使用的太阳能电池中，70% 的产品是在海外生产的，并且日本的太阳能电池产量在逐年递减。目前，中国占全球太阳能组件生产份额的 70% 以上，日本仅占 2%。

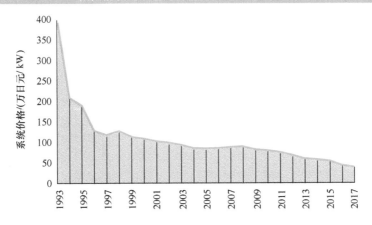

太阳能发电系统的价格变化趋势（日本）

建筑物屋顶和外墙以外的应用

推广太阳能发电的主要挑战是克服目前太阳能发电系统的低能量转换效率。低能量转换效率推高了大型太阳能设施的建造成本，特别是在土地价格非常高昂的日本，这样的低能量转换效率也影响了发电成本，使得太阳能发电成本得到了增加。因此，为了在有限的土地面积上尽可能多地实现太阳能发电的发电量，必须将发电效率提高到50%~60%或者更高，以获得合理的太阳能发电用电价格。

如今，人们正在关注城市发展中对清洁能源的综合利用，如具有太阳能发电等的街头建筑得到人们的格外关注。日本的静冈县苏索诺市是一个现有人口为2000人的小城市，丰田汽车公司目前计划在该市进行智能城市的开发，设想在建筑屋顶和外墙安装太阳能发电组件，进行可再生清洁能源的综合利用。

与传统的无机硅太阳能电池相比，有机太阳能电池不仅具有更加轻便的优点，而且还具有柔性、支持灵活设计的建造优势，因此可以用于曲面的屋顶和外墙安装。除此之外，通过将半透明、完全透明的有机太阳能薄膜电池用于建筑物的外墙和窗户，不仅可以用于电力的生产，还可以抑制太阳光引起的屋内温度上升。这种能够有选择地进行太阳光吸收的太阳能电池也具有其独特的优势，能够在采光和发电之间做到兼顾和平衡。

除此之外，如果太阳能电池板可以设置在垂直墙面上，则可以有效地利用上午日出和下午日落期间的太阳光进行太阳能发电。再有，如果具有足够高的能量转换效率，即使是安装在建筑物北面的太阳能电池板也可以进行发电。

▼ 太阳能发电

作为主营业务的太阳能发电

除了以上所介绍的太阳能发电应用以外，即使是在室内使用的电池供电的移动设备和家用电器等也配备了太阳能电池板，可通过进入室内的太阳光或夜间照明进行光能到电能的转换，为设备提供电力或者为电池充电。街道路灯和人行道的指示牌照明等，也可以利用独立的太阳能电池板在白天进行太阳能发电，并将电力存储起来以进行夜间照明。

像这样，赋予太阳能电池附加价值的研究也在不断推进，并陆续有一些相关的产品进入市场。在有机太阳能电池中，也有一些具有透明属性、色彩鲜艳的商品在市面上流通。这样的太阳能电池产品可以应用于各种创意不同的设计，其应用领域除了玩具、文具、随身物品之外，还可以扩展到皮包、衣服、雨伞等。

由日立造船公司开发的染料敏化太阳能电池是一种半透明的太阳能电池，可以安装在农作物生长温室的屋顶或作为建筑物的遮阳板等。这种太阳能电池可以接受来自不同方向的太阳光进行发电。日本藤仓公司开发的染料敏化太阳能电池即使在低照度的弱光环境下也有很高的发电效率，这意味着即使是在室内照明的情况下，这样的太阳能电池也可以利用光能进行发电。除此之外，这样的高能量转换效率的太阳能电池也可以安装在朝北的或者是有阴影的墙壁上，甚至可以利用水面或者冰面、雪面的反射太阳光来发电。该公司网站的首页上还展示了一种安装在户外的太阳能电池，作为桥梁传感器等的供电电源。

2017 年，日本夏普公司开始销售一种独立配置的太阳能充电站。由于这种太阳能充电站便于移动，因此可以具有多种方便、灵活的用途，并作为多种不同场景下的太阳能发电充电设备。其设计宗旨是用于旅游景点和防灾中心，将太阳能产生的电力存储在充电站中，用于智能手机和其他设备的充电。

夏普移动式太阳能充电站

来源：https://jp.sharp/sunvista/citycharge/movable.html

太阳能发电的发展

未来最有希望的太阳能电池是量子点太阳能电池，理想的量子点太阳能电池不含有毒、有害的镉等元素，具有高的能量转换效率，且生产制造成本低。在理论上，量子点太阳能电池的能量转换效率可达70%。

▶▶ 太阳能发电的发展路线图

日本能源政策的基本计划建立在安全、稳定供应、最低经济负担和环境相容性等基础上。从这些要素来看，我们就不难理解为什么日本要在可再生能源的发展和利用中重点推广太阳能发电。

在2008年的《福田愿景》中，日本为太阳能发电的开发利用制定了发展目标，到2020年达到目前水平（2008年）的10倍，到2030年达到目前水平的40倍。仅仅过了两年，当时的首相麻生太郎又制定了更高的发展目标，到2020年达到目前水平的20倍。除此之外，在2009年的《长期能源供应展望》中，还制定了一个具体目标，到2030年将太阳能发电能力增加到53GW。

日本新能源和工业技术开发组织（New Energy and Industrial Technology Development Organization，NEDO）是一个在1973年石油危机后成立的非政府组织，其成立的宗旨是为了帮助实现这些新能源开发利用目标。该组织除了进行相关的新能源技术研究和开发外，还为太阳能发电的发展编制了一个路线图并提供相应的技术支持。

2004年，该组织发布了日本太阳能发电发展路线图《PV2030》，这是一个面向2030年的路线图。该路线图为2030年之前的太阳能发电发展制定了指导方针。随后，由于全球形势的变化和其他因素的影响，围绕能源发展的问题发生了一些变化，该路线图在2009年被修订为《光伏发电路线图2030修订版》（PV2030+）。

2009 年发布的《光伏发电路线图 2030 修订版》（PV2030+）旨在将发展路线图的目标扩展到 2050 年左右，将太阳能发电定位为解决全球环境问题的关键技术，并在日本发展成为一个高附加值的新能源开发和利用的产业。其最终目标是，在全球范围内实现脱碳的社会。

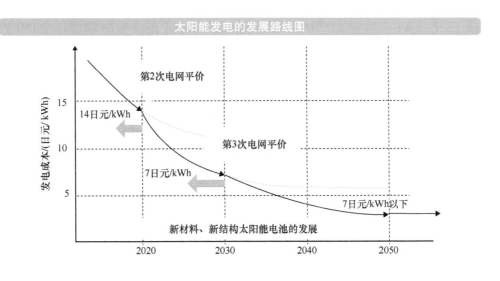

太阳能发电的发展路线图

实现时期	2010~2020 年 第 1 次电网平价	2020 年 第 2 次电网平价	2030 年 第 3 次电网平价	2050 年
发电成本	家庭用电力 （23 日元/kWh）	业务用电力 （14 日元/kWh）	办公用电力 （7 日元/kWh）	作为通用电源利用 （7 日元/kWh 以下）
模块转换效率 （研究级）	实用模块 16% （研究单元 20%）	实用模块 20% （研究单元 25%）	实用模块 25% （研究单元 30%）	超高效率模块 40%
日本国内市场 产能/（GW/年）	0.5~1	2~3	6~12	25~35
海外市场 产能/（GW/年）	~1	~3	3~35	~300
主要用途	单户住宅、公共设施等	住宅（单户、多户）、公共设施、办公室等	住宅（单户、多户）、公共设施、民生营业用途、电动汽车等充电	民生用途、工业用途、运输用途、农业用途、分离电源等

上面的图和表是根据 NEDO 的文件和数据绘制的《光伏发电路线图 2030 修订版》（PV2030+）制定的太阳能发电发展路线图，并根据

该路线图制作了相应的数据表。根据 PV2030+的目标，在 2050 年太阳能发电在一次能源中所占的比例将达到 5%~10%。在路线图的计算过程中，引入了电网平价的概念。电网平价是指发电成本和电网的电能价格相对等的点，在此表示太阳能发电成本与现有电力成本的持平。

在该路线图制定时，日本电力公司给出的公用事业用电价格为 14 日元/kWh，这也是当时的商业用电价格。《光伏发电路线图 2030 修订版》（PV2030+）给出的目标是以此价格作为第二阶段的太阳能发电成本目标值（第 2 次电网平价），并通过技术改进将太阳能发电成本降低到该目标值以下。为此，研究用太阳能电池单元的能量转换效率需要达到 25%以上，实用单元的能量转换效率需要达到 20%以上。这个第 2 次电网平价目标的实现期限为 2020~2030 年。

路线图显示，如果太阳能发电技术能够取得真正突破，太阳能发电的成本将能够得到进一步下降。在 2030~2050 年，为了达到与目前工业用电价格 7 日元/kWh 相对等的发电成本水平，实用化太阳能电池单元的能量转换效率需要达到 25%以上。这样的能量转换效率高于目前的研究水平，当前还实现不了这样的发电成本水平。当前，将传统无机太阳能电池与有机太阳能电池相结合的混合太阳能电池，以及能够有效吸收不同波长的多层太阳能电池，已经实现了 20%以上的能量转换效率。

预计在不久的将来，随着各种研究成果的应用和相关技术的创新，太阳能发电有望实现预期的高能量转换效率。到那时，与使用化石燃料的传统发电相比，太阳能发电将具有足够的竞争力。在太阳能发电刚出现的最初阶段，太阳能发电还只是清洁能源利用的一个形象工程，用作清洁能源宣传的噱头。但随着太阳能发电技术的发展和进步，目前已经可以很容易地将太阳能电池安装在城镇建筑物的屋顶、外墙和窗户上，太阳能发电变得越来越普遍，配电成本也得以降低。未来，以太阳能发电生产的电能作为城市电力供应将成为普遍现象。

极简图解量子技术基本原理

电能与热能的转换

在帕尔贴（Peltier）元件中，电能可以被转换为热能，并且这种能量的转换是可逆的，也就是说，作用于该元件的热能也可以产生电能。发生于帕尔贴元件中的这种现象也被称为帕尔贴效应，是一种电能与热能之间的相互转换效应。在帕尔贴效应发现之前，还有英国物理学家塞贝克（Seebeck）发现的塞贝克效应（Seebeck effect），也是一种这样的电能与热能之间的相互转换效应。

▶▶ 电能与热能的转换

当我们在高档豪华酒店住宿时，会发现每个客房里都会配备一个不大的冰箱，用于食物和饮料等的冷藏。这样的冰箱在冷却方式上与家用的冰箱有所不同，酒店的冰箱小且安静，没有压缩机的噪声，而家用冰箱有时会发出这种噪声。

为什么会出现这样的不同，是因为家用冰箱是一种被称为压缩制冷的冰箱。家用冰箱中的压缩制冷剂蒸发时需要吸收热量以实现制冷剂的蒸发，冰箱内部的冷却正是利用这样的原理实现的。这种制冷方式与空调系统采用的方式相同，在制冷过程中，制冷剂的压缩是由压缩机进行的，这意味着有时可以从冰箱的后面听到压缩机运转的噪声。此外，在冰箱的后部还需要安装一个散热器，将制冷剂压缩时发出的热量散布到空气中。这也是冰箱的背面必须离墙至少几厘米远的原因。

相比之下，在需要安静的环境中，需要避免使用这种压缩制冷方式的冰箱。因此，酒店客房中的许多小型冰箱都不是家庭中常用的冰箱，而是由帕尔贴元件制成的非压缩式冰箱，以免噪声的干扰。

帕尔贴元件是一种由半导体构成的，能够利用帕尔贴效应进行制冷的元件。帕尔贴效应（Peltier effect）是一种由法国物理学家帕尔贴于 1834 年发现的能够实现电能与热能之间相互转换的效应。在实际使用的帕尔贴元件中，一个 n 型半导体和一个 p 型半导体通过铜电极连接，形成一个 π 形的结构。当对其施加电压时，电子沿着从 p 型半导体到 n 型半导体的方向流动，而空穴则朝着相反的方向流动。在这种情况下，吸热发生在电子流经 p 型半导体与 n 型半导体的交界处，并对该区域周围的环境进行冷却。

因此，这样的电能和热能之间的转换导致了帕尔贴元件的出现。在日常生活中，帕尔贴元件也得到了广泛的应用，应用于那些不需要强制冷效果或者不适合采用压缩制冷方式的场合，例如用作小型冰箱和计算机 CPU 的制冷元件等。

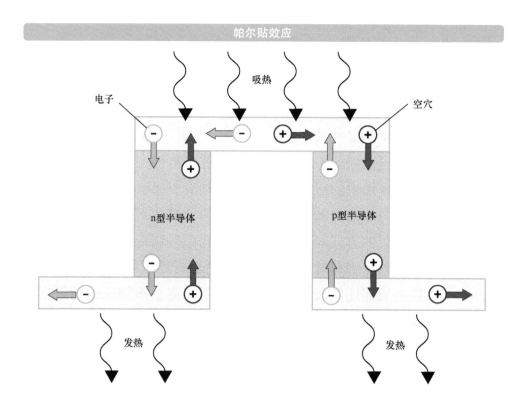

除此之外，日本工业技术综合研究所开发的热电发电装置，利用了塞贝克效应，即使不使用特别的冷却装置，在 200~800℃ 的环境下

能够利用环境的热量进行发电。这样的发电装置能够利用焚烧炉产生的热量进行发电，并预计将被用作一种动力源。在灾难发生时，这样的发电装置能够作为紧急电源使用。

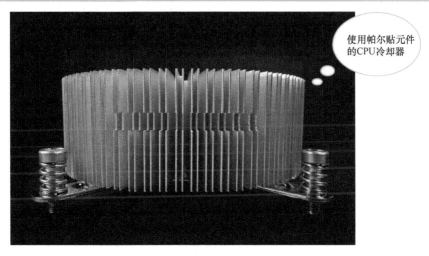

使用帕尔贴元件的CPU冷却器

自旋

19 世纪前半叶发现的塞贝克效应和帕尔贴效应都是利用电子电荷的移动与热能的关系产生的特殊物理现象。在这些发现的近 200 年后，物理学家关注的焦点是自旋物理学，研究的是电子的自旋特性。

自旋是电子等微小粒子的一种特性，带电粒子的自旋还能产生粒子的磁性。在第 1 章中，我们已经描述了电子和原子核等微小粒子的自旋特性以及量子世界的奇特性质。在这个神奇的世界中，作为物质最小单位的量子是本书所讨论技术的主角。当我们从现在开始进行电子自旋的介绍时，希望能对之前介绍的有关自旋这一奇特性质做一个简单的回顾。

20 世纪 20 年代，瑞士科学家泡利（Wolfgang E. Pauli）等人发现，电子除了具有电荷性质之外，还具有 1/2 量子数的磁性性质，这一性质被称为电子的"自旋"。目前已经证实，不仅是电子，原子核、质子等所有其他称为微小粒子的粒子也都具有这样的自旋性质。自旋可以被认为是粒子旋转的一种类型。

想象一下，一个花样滑冰运动员在冰面上旋转。这样的旋转通常都是以落地的脚为支点，以与该支撑脚相连的腿为轴进行的。当我们从上方进行观察时，会发现日本著名花样滑冰运动员羽生结弦的旋转是逆时针的。实际上，统计数据表明，右撇子花样滑冰运动员的旋转方向通常均为逆时针，而左撇子运动员的旋转方向通常均为顺时针。虽然有像这样的顺时针、逆时针的两种不同旋转类型，但在某一时刻只能进行其中的一种。

粒子的自旋也是这样的，只能具有两个自旋量值中的一个。这两种类型通常被称为向上的自旋和向下的自旋。

因此，粒子的自旋也是一个物理量，并且是一个离散的物理量。这意味着，当粒子的自旋没有被观察到时，它可以同时拥有向上和向下的自旋状态。这与我们在现实世界看到的旋转不同。例如，花样滑冰运动员的旋转无法做到同时进行两个不同方向的旋转，因此也不具有量子世界的属性。

除此之外，某些粒子的自旋，特别是电子的自旋（自旋电子）还与物质的磁性有关。我们已经知道，电子是具有电荷的，因此当它们移动时便会有磁场产生。原子中电子的运动除了沿电子轨道的运动以外，电子也有自旋的运动。通过这两种运动，当对某个单一原子进行观测时，会产生某种磁场。

在原子中，电子并不是无规则、散乱存在的，而是存在于一些按某种固定规则分布的电子轨道（表示电子以概率存在的范围和空间）中。在原子内，电子从能量最低的电子轨道开始依次进行排列。因此，首先排满能级最低的电子轨道。但如果存在多个能级相同的轨道时，电子通常也都是先将这些多个能级相同的轨道排满，而且同一个电子

极简图解量子技术基本原理

轨道中最多可以有两个电子进入。这就是电子在原子中进行排列时的基本原则。

另外需要说明的是，由于电子具有两种不同的自旋类型，一种是向上的自旋，另一种是向下的自旋。当两个电子进入同一个电子轨道时，这两个电子的自旋类型必须是彼此不同的。这被称为泡利不相容原理。

当进入同一个电子轨道的电子不是成对时，也就是说，当最多可以进入两个电子的电子轨道上只有一个电子存在时，就会产生一个由电子自旋引起的磁场。在这种情况下之所以会表现出磁性，是因为一个具有自旋的电子因其电荷特性而产生出磁性，这样的自旋电子可以被想象成一个非常小的条形磁铁，也被称为磁矩；当同一个电子轨道中有两个电子时，则会由于这两个电子彼此相反的自旋方向使得电子自旋产生的磁场相互抵消，该区域就不会表现出磁性；当一个电子轨道中只有一个电子时，电子自旋产生的磁场就不会被抵消，因此会表现出磁性。

在实际的原子中，除了由于电子自旋的磁场而产生的磁矩外，磁矩还由电子的轨道运动产生。不同类型的原子具有不同的电子构型，因此也会产生不同的磁场，进而也会有产生强磁场的原子和产生弱磁场的原子。但是，即使是在单一的原子也能够表现出相对较强磁场的情况下，在没有形成晶体结构的物质中，也会由于原子磁场的相互抵消，使得物质在整体上不具有磁性。实际上，大多数的物质都属于这种类型。

电子的自旋

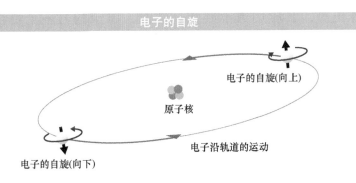

电子的自旋(向上)

原子核

电子沿轨道的运动

电子的自旋(向下)

自旋电子学

目前，自旋电子学的研究在世界各地都很活跃，并在世界范围内蓬勃发展。在日本的大学中，日本东北大学和东京大学已经报道了一些关于自旋电子学研究的新发现和新发明。日本工业技术综合研究所（AIST）将这种自旋电子学称为"未来电子学"，并将其定位为一个新的工业技术支柱。

▶▶ 使用自旋的新技术

目前，随着量子力学的发展，粒子自旋的特性和理论得到了充分的揭示，因而也逐渐变得清晰。但是，这种粒子的自旋特性还没有像电荷（电）一样广泛应用于宏观技术的开发和应用中。在日常生活中，粒子自旋特性的应用还很少见到。之所以会出现这样的情况，是因为在电荷（电）的情况下，很容易找到创造和存储电荷的方法，而在自旋（磁）的情况下，这种方法还没有解决或没有得到充分的发展。另一个原因是目前仍然缺乏纳米级试验、观察和开发的环境。

自从1831年法拉第发现了电磁感应，并且还找到了制作交流电的方法开始，基于电荷的电子技术已经发展成为一种象征现代文明的技术。与电相关的技术应用从爱迪生发明的灯泡和留声机，到广播、电视和计算机等，其应用数不胜数。然而，电子的另一个特性，也就是自旋特性，迄今为止还几乎没有被利用到。

在20世纪下半叶，以量子力学为理论支柱，进行纳米粒子人工制造和纳米粒子现象观测的工程技术得到了长足发展。如此一来，对于电类问题的处理主要可以通过电子学（电子工程）来进行，对于与磁相关问题的处理可以通过磁工程领域的磁学等技术与理论来进行，在纳米尺度上，通过将电子所具有的两个性质，即电荷性质和自旋性质一起进行处理，从而导致一个新技术研究和开发的领域目前也已经打开。这种将电子的自旋性质和电荷性质结合在一起的科学，被称为自旋电子学。

自旋电子学的发展历史很短，目前仍处于起步阶段，使用巨磁阻（Giant Magneto Resistance，GMR）效应的产品在 1998 年才开始出现。同年，美国 IBM 公司推出了具有 GMR 磁头的 SCSI（Small Computer System Interface，小型计算机系统接口）硬盘。

此后，自旋电子学领域的重大发现和发明也相继出现。例如，隧道磁阻效应的发现，推动了硬盘的大容量化技术的发展。

作为下一代存储器而备受关注的 MRAM（Magnetoresistive Random Access Memory，磁阻存储器）也是由自旋电子学创造的一种新产品，这是一种新型的磁阻随机存储器。此外，场效应自旋晶体管（spin FET）也被考虑用于实际产品的开发。

与以往的电子产品相比，利用电子自旋特性制造出来的自旋电子器件具有一个特别有前途的突出特点，就是这种器件的低功耗特性。由于自旋电子器件不涉及电荷的转移，基本上不会产生电流，因此发热而造成的能量损失也非常小。

现如今，随着信息技术和通信设备应用的普及和深入，降低环境负荷和节约资源的要求也变得越来越高。由于自旋电子器件具有低环境影响、低能源消耗的特性，因此也备受人们的期待。通过自旋电子学开发出来的自旋电子器件，可以取代需要消耗大量电力的传统电子器件。自旋电子器件能够通过磁控自旋流进行信息传递，通过自旋实现磁与电的相互转换，还可以通过磁的方式实现大量信息的低能耗存储。所有这一切均需要通过自旋电子学来进行，而不是传统的电子学，因此人们对自旋电子学的期望也越来越高。

自旋电子学技术不仅对能源节约和环境保护显得非常重要，而且对应用于智能社会的可穿戴设备以及有助于生物应用的纳米级设备的开发也至关重要。

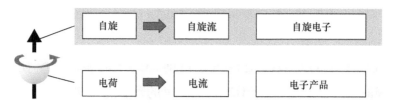

电子的自旋性质与电荷性质

自旋 ➡ 自旋流　　自旋电子

电荷 ➡ 电流　　电子产品

　　自旋电子学在医学和生物学领域的应用研究可能包括其在核磁共振（Nuclear Magnetic Resonance，NMR）设备中的应用。核磁共振是一种用来进行物质结构探测的方法，在该方法中，通过在强磁场下使材料中的原子核自旋引起的磁场得到重新一致排列，然后采用无线电波对其进行照射引起核磁共振，使得自旋原子核由于电磁波的照射而处于不稳定的能级，当其返回到原来的稳定能级状态时，会由于能级的跃迁而释放出电磁波等信号，通过对这样的信号的检测与分析，便能形成相应的物质结构影像。在医学领域，核磁共振被广泛用于医学成像诊断。目前，尽管核磁共振得到了普遍的成熟应用，但一些相关的研究仍然一直在进行中，以进一步增强这种核磁共振成像的功能，提高成像的质量。

▶▶ 迄今为止的自旋电子学

　　1856 年，英国数学物理学家威廉·汤姆森（William Thomson）注意到，一块铁片的电阻能够随着外部磁场的变化而变化。这一发现，后来被称为磁阻（Magnetoresistance，MR）效应。磁阻效应是指某些金属或半导体的电阻值随外加磁场变化而变化的现象。由于在金属中，磁阻效应引起的电阻变化非常微小，甚至可以忽略不计，随后被放弃。直到 100 多年后，在电子学的发展中才逐渐得到了发展和应用。

　　随着计算机等相关电子产品的发展，各向异性磁阻（Anisotropic Magnetoresistance，AMR）的原理被用来进行存储设备的开发和制造。各向异性磁阻是指某些材料中磁阻的变化与磁场和电流间的夹角有关，这一特性可用来进行磁场的精确测量。然后，在 1987 年，德国科学家彼得·格林伯格（Peter Grunberg）和法国科学家阿尔伯特·费尔（Albert Fert）发现了室温下的巨磁阻效应。巨磁阻效应今天也被用于计算机硬盘的磁头，这是自旋电子学的一个重要发现，发现巨磁阻效应的这两位科学家在 2007 年也因这一成就被授予诺贝尔物理学奖。

在磁阻中，磁阻效应引起的电阻变化率仅为百分之几。而在巨磁阻中，这样的电阻变化率能增加几十个百分点。这意味着，在巨磁阻中，通过巨磁阻效应，磁场的微小变化将可以产生巨大的电阻变化。

在巨磁阻中，之所以能够通过巨磁阻效应导致金属材料的电阻产生这样的变化，可以采用自旋电子学来加以解释。首先，让我们来考虑一种由铁磁性金属（如钴或铁）材料和非铁磁性金属（如铜）材料构成的交替层的情况。

首先假设在两层铁磁性材料中，磁场的方向是彼此相反的。当外部磁力不作用于它时，非铁磁性材料中电子的自旋方向与铁磁性材料引起的磁场方向之间的相互作用会导致电阻增加，特别是在铁磁性材料和非铁磁性材料的交界面处。

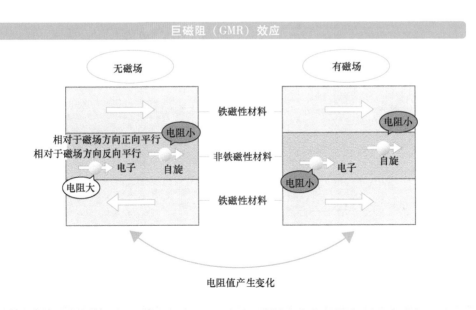

然而，当有一个外部磁场作用于这种由两种不同材料构成的交替层，并且外部磁场的方向在上部和下部两层铁磁性材料中都是一致的，此时，合成磁场与自旋电子的相互作用（阻力）就会减小。这就造成了在有和没有外部磁场的情况下，铁磁性材料中电子运动的受阻情况，也就是电阻将会出现巨大的差异。

　　除此之外，与巨磁阻效应相比，由日本东北大学的宫崎照宣（Terunobu Miyazaki）和美国麻省理工学院的穆德拉（Mudela）在1995年发现的隧道磁阻（Tunnel Magneto Resistance，TMR）效应，进一步提高了因磁场导致的电阻变化率。

　　这些20世纪自旋电子学的研究成果及技术发展主要为实现计算机硬盘磁头的密集化存取做出了贡献，有效提高了硬盘磁介质表面的信息存储密度。由日本工业技术综合研究所（AIST）和佳能公司的Canon ANELVA联合开发的硬盘元件达到了当时世界上最高的磁阻比，该技术也被全世界的硬盘磁头所采用。

MRAM

MRAM 是一种使用隧道磁阻元件的存储器，可以在没有电源的情况下保留数据 10 年以上。MRAM 被认为是继 DRAM 和闪存之后的又一大技术变革，但目前市场上仍然没有出现低成本、高性能的 MRAM。

▶ 新一代存储器

DRAM 被用于计算机内存，因为与其他类型的存储器相比，它们的读写速度非常快。然而，DRAM 是一种易失性存储器，这意味着很容易因电源的关闭而丢失所存储的数据。

USB 记忆棒可能是计算机最常用的便携式存储设备。USB 记忆棒中的存储器是半导体闪存（Flash Memory）。闪存是由日本东芝研究所的冈富士雄（Fujio Masuzuoka）于 1980 年发明的，是一种带有掉电可保持记忆存储单元的存储器。一旦数据存储在这样的存储器中，可以在没有电源供给的情况下保存多年的时间，即使在这期间没有任何读写访问，也不会丢失。

与通过电荷存储、捕获的存储器，如 DRAM 和闪存等相比，MRAM 是一种使用隧道磁阻元件的存储器。隧道磁阻元件是一种具有由两块铁磁性材料及其中间的绝缘体夹层构成的特殊结构，利用自旋电子特性能够稳定表现两种不同稳定状态的元件。在该隧道磁阻元件中，假设位于绝缘体夹层下方的铁磁性材料中电子的自旋方向是恒定的，而位于绝缘体夹层上方的铁磁性材料中电子的自旋方向则是可以从外部进行改变（实际上是通过自旋注入而反转的）。如此一来，就可以使得隧道磁阻元件具有两种不同的状态。当位于绝缘体夹层两侧的铁磁性材料中的电子自旋方向处于不同的状态（反向平行）时，元件的电阻值将变大，通过元件的电流变小。相反，当位于绝缘体夹层两侧的铁磁性材料中的电子自旋方向处于相同的状态（正向平行）时，元件的电阻值将变小，通过元件的电流变大。

也就是说，隧道磁阻元件具有根据元件内电子自旋方向的正向对齐还是反向对齐，表现出不同电阻值的特点。因此，可以通过测量隧道磁阻元件的电阻值，了解元件内电子的自旋状态。如果将元件电阻值较大的情况用来表示二进制数据的"1"，将元件电阻值较小的情况用来表示二进制数据的"0"，则可以将隧道磁阻元件作为数字存储器使用，通过其两种不同的电阻值状态，实现二进制数据的存储。

目前，虽然 DRAM 的精细化正在接近其极限，但 MRAM 的精细化仍然具有潜力。尽管如此，自旋电子学仍然是一项新兴的技术，三星公司、英特尔公司和其他一些公司正在进行该领域的研究和开发，但预计新技术等会带来一些突破。当这种新技术突破出现时，MRAM 的市场份额可能也随之出现大幅度的增长。

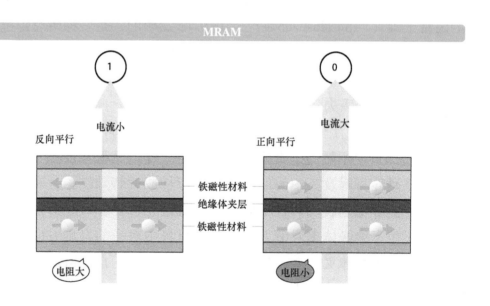

量子自旋电子学的基本原理

在电磁学，特别是磁学的发展难以取得新突破的背景下，巨磁阻效应和隧道磁阻元件的发现以及它们在硬盘和其他设备上的应用为自旋电子学的研究和发展提供了动力，也为电磁学的研究打开了新的局面。通过自旋电子学的研究，20 世纪在通过磁场控制电流的技术方面取得了进展。进入 21 世纪，转向利用电流控制磁场的研究。

▶▶ 自旋电子学

自旋电子学是同时对电子的电荷性质和自旋性质一起进行研究的物理学或电子学。了解自旋电子学的一个好方法是将其与研究电子电荷性质的电子学进行对比。在自旋电子学中，与"电流"相对应的概念是自旋流。电子学中的电流是一个与电荷转移量有关的数值，而自旋流被认为是一种自旋的流动。电子的流动产生了电流，但在非铁磁性材料中，由于这样的电子流动中的上旋电子和下旋电子数量是相同的，所以尽管电子移动了，但上旋和下旋都没有发生整体的增加或减少，因此不能说自旋发生了流动。这意味着，在这样的非铁磁性材料中的电流流动不存在自旋流。然而，这样的情况在铁磁性材料中会发生改变。当电压施加在一个例如铁磁性材料的导体上时，由于铁磁性材料中本身就存在着上旋电子和下旋电子数量（流动速度）的差异，因此，当施加电压引起电子的移动时，似乎只有数量最多的旋转（移动速度最快）发生了移动。这就是所谓的自旋流的形成。在这种情况下，电流和自旋流都同时存在。另一种情况是，电子没有发生移动，只有自旋流的流动，也就是说只存在自旋流的情况。这意味着，在这样的自旋流中，上旋电子和下旋电子的自旋流方向相反，数量相等。也就是说，在这样的自旋流中，几乎有一半的上旋电子沿着某个方向流动，而另一半下旋电子在沿着与此相反的方向流动。由于沿着两个相反方向移动的电子数量相等，电荷的整体转移为零，因此也没有电流的流动。然而，此时尽管没有电流流动，却有两个不同方向的自旋流在流动。因此，自旋电子学是电流和自旋流这两者的成功结合，正如我们在以上介绍中所看到的那样。通过自旋电子学的研究和发展，有望产生一些具有以前从未见过的物理特性的新器件。

现在，自旋电子学仍然是当下的一个新兴研究领域，因此有必要从自旋流的产生、检测和测量等基本技术开始，以这些基本的研究内容为基础，稳步开展自旋电子学的研究。在非铁磁性材料中，各个电子的自旋角动量是完全不一样的，处于一种随机分布的状态。由于这种随机的状态分布，使得电子在短短 $1\mu m$ 左右的范围内就会失去其因自旋而表现出来的磁、电和光等整体特性。这种现象被称为自旋松弛或自旋扩散。

随着这种整体自旋特性的消失，电子只剩下电荷的性质。这就是利用电子电荷特性的电子产品首先得到发展的原因。如今，随着纳米技术的发展和进步，基于自旋物理学的研究终于出现了曙光。

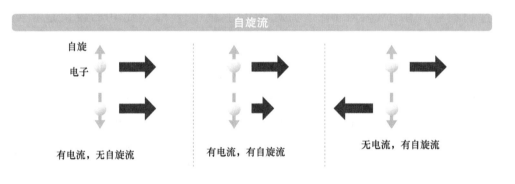

自旋流

有电流，无自旋流　　有电流，有自旋流　　无电流，有自旋流

专栏

自旋塞贝克效应

在电子学的世界里，存在一种现象，即将不同类型物质的材料结合在一起，并给它们施加温度差时就会有电流的产生。这种现象就是所谓的塞贝克

效应。在这样的塞贝克效应中，如果将其中的电流替换为自旋流，那就是自旋电子学世界中的自旋塞贝克效应。

实际上，当给金属磁铁施加一个具有温度梯度的外部环境时，就会观察到一种被称为自旋塞贝克效应的现象。换句话说，也就是当磁铁的一部分被加热时，就会在磁铁的内部产生自旋流。

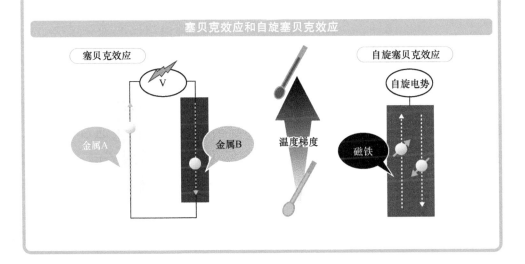

塞贝克效应和自旋塞贝克效应

第 5 章　基于自旋电子学的光应用技术

产生伴随电子移动的自旋流

自旋流产生的技术是自旋电子学研究中的核心问题。由于这个原因，目前与自旋流产生的有关研究和开发在全世界都非常活跃。在这之中，也不乏来自日本的研究成果，许多新的发现也已经陆续发表。

▶▶ 自旋流的产生

产生自旋流的一个相对简单的方法是将铁磁性材料和非铁磁性材料连接在一起，并让电流在这样的异质材料结合体中通过。此时，在铁磁性材料中，电子自旋产生的磁场方向是一致对齐的。电流的形成，会使得这些磁场方向一致对齐的电子从铁磁性材料转移到非铁磁性材料。在这种方法中，由于非铁磁性材料中的电子自旋产生的磁场方向不具有这样的一致对齐性，会使得这些磁场方向一致对齐的自旋电子在经过铁磁性材料和非铁磁性材料的交接面时开始出现散射，因此不能在保持原有自旋状态的情况下进行长距离的移动。这个距离被称为自旋扩散长度。这个自旋扩散长度通常只有几百纳米。

另一种方法是利用一种被称为自旋霍尔效应的现象来进行自旋流的产生。这一现象最早是由俄罗斯的米哈伊尔·迪亚科诺夫和弗拉基米尔·佩雷尔在 1971 年作为相对论量子效应而预测的，但一直到 21 世纪才通过试验得到证实。当时通过反常霍尔效应的对比，在理论上预言了自旋霍尔效应的存在，并认为反常霍尔效应是极化的电流被非对称散射，同时也应该存在着非极化的电流被非对称散射的现象，但这之后很长一段时间都没有得到人们的关注。

当电流施加在非铁磁性材料上时，非铁磁性材料中的上旋电子和下旋电子分别会向相反的方向移动，并在材料的不同侧面进行不同自旋的积累，同时这种自旋电子的转移也产生了垂直于电流方向的自旋流，这种现象就是自旋霍尔效应。这种现象不仅会发生在非铁磁性材料中，在半导体材料中也会被观察到。自旋霍尔效应显示了在不使用磁场的情况下通过电流控制自旋流的可能性。例如，被自旋霍尔效应极化的自旋流可以转移到与其相结合的金属中。这样的转移被称为自旋注入，而自旋注入也可用于在金属（非铁磁性材料）和不导电的半导体中产生自旋流。

2019 年，来自日本东京大学和日本理化学研究所的一个研究小组发现，当在非铁磁性金属样品中产生自旋霍尔效应，并对样品施加外部磁场时，样品中自旋积累的极化会发生逆转。这种新发现的磁自旋霍尔效应预计将有助于提高电流与自旋流之间的相互转换，并提高转换装置的转换效率。

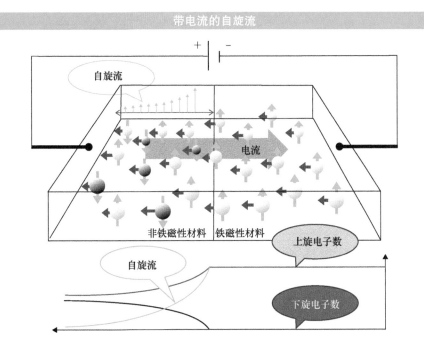

带电流的自旋流

自旋流

电流

非铁磁性材料　铁磁性材料

自旋流

上旋电子数

下旋电子数

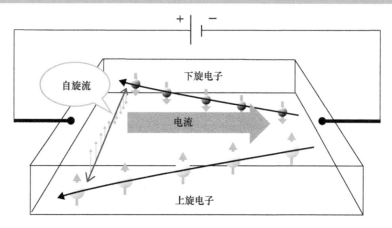

自旋霍尔效应

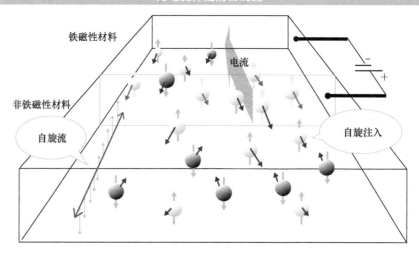

无电流伴随的自旋流

▶▶ 从自旋流产生电流

当电流在非铁磁性材料中流过时，会在与电流垂直的方向上产生自旋流，这种现象就是自旋霍尔效应。由于自旋霍尔效应可以作为一种产生自旋流的强大机制，因此正在被全世界自旋电子学研究者关注，并积极对其展开深入研究。另一个相关的新发现，以及对自旋霍尔效应的研究，是与此相反的由自旋流产生电流。也就是说，这项研究是与自旋霍尔效应相反的一种逆过程研究。在这项研究中，作为这种机制的简单想法是通过逆过程的自旋霍尔效应，由自旋流产生电流。这样的电流产生现象也被称为反向自旋霍尔效应，也是自旋电子学中的重要现象。

正如自旋霍尔效应是由相对论量子效应进行预测和解释的那样，反向自旋霍尔效应机制也是如此，需要通过相对论量子效应进行解释。这样的解释简而言之就是，反向自旋霍尔效应是这样一种现象，当具有相反自旋状态的电子由于自旋流而向同一方向移动时，会导致电势差的出现。

对于反向自旋霍尔效应的研究，日本的齐藤英治（Eiji Saito）和他的研究小组使用自旋泵浦法证实了将自旋注入铂中时，会导致电流的流动。这确实是一个反向自旋霍尔效应的示范。同样在 2020 年，从流经一个非常薄的石英玻璃管的泵浦流中产生了自旋流，并测量到了由此产生的电压。

因此，可以通过这种反向自旋霍尔效应的应用实现从液态金属的自旋流中进行电能的提取。这种电能的提取方式与目前通过固体金属进行电能传输的方式不同，这种电能的提取方式可以通过流动的液体金属来进行电能的提取，并可以在电能的提取过程中，吸收电路中发出的热量来进一步进行电能的提取。

除此之外，如果按照这种反向自旋霍尔效应的原理，电是由自旋流产生的，则意味着电可以由热、光和声音等的能量来产生。如此，由于在固体中传播的声音也是一种振动的传播，当它与自旋流相互作用时，也可以实现电能的提取。此外，目前的试验已经证实，声音振动还可以产生自旋流。

通常情况下自旋流产生的电流是非常微弱的，但一旦能够被检测到，则可以将这样的电流产生原理应用于传感器，实现相应物理量的检测。

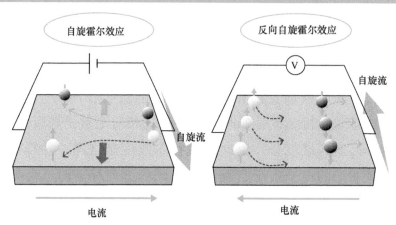

自旋霍尔效应和反向自旋霍尔效应

自旋霍尔效应

反向自旋霍尔效应

自旋流

自旋流

电流

电流

极简图解量子技术基本原理

自旋流

本节将要介绍的自旋流是一种磁子自旋流，磁子自旋流与自旋霍尔效应等产生的自旋流不同。在磁子自旋流中，由于没有伴随着电子的移动，因此这种自旋流有时也被称为"纯自旋流"。

▶▶ 磁子自旋流

假设某物质的自旋方向全部一致时为基态，则当其中只有某一个个子的自旋方向与其他个子的自旋方向相反时，这样的反方向旋转需要能量才能实现。然而，通过稍微移动和倾斜所有自旋个子的角动量，有可能实现与只翻转一个自旋个子相同的能量状态。这样的特性被称为自旋波模式。

日本男子流行乐舞蹈 & 演唱组合 EXILE（放浪兄弟）为日本株式会社 LDH JAPAN 的 19 人男子舞蹈 & 演唱团体，为 EXILE TRIBE 的团体之一。该组合于 2003 年 11 月 6 日翻唱了 ZOO 组合在 1991 年发行的歌曲《Choo Choo TRAIN》。其中，EXILE 所做的独特舞蹈编排目前已经成为该组合的标志性舞蹈动作。在自旋波模式下，物质个子的自旋就如同 EXILE 的标志性舞蹈动作，各个个子就像组合中的演员一样以恒定的时间差依次进行着相同的自旋动作。从整体来看，其动作看起来就像一个波浪，这就是自旋波。以这种方式产生的自旋波被称为磁子自旋流。

磁子自旋流不伴随电荷的转移，这一事实表明，自旋流也可以转移自旋所拥有的信息，甚至在绝缘体中也是如此。在自旋流到达的地方，可以利用反向自旋霍尔效应将其转化为电能，进而实现自旋信息的提取。磁子自旋流产生的焦耳热非常少，因此也是一种非常节能的信息传播方法。

这样一来，通过自旋电子学，就可以使用不能传输电子电荷的材料开发出一些全新的器件，这样的器件在以前是不可能实现的。

日本东北大学的盐见和他的研究小组于2018年成功检测到了原子核自旋引起的自旋流。除了电子的自旋之外，物质中还有因原子核的自旋而产生的自旋流。用于拍摄人体横截面图像的磁共振成像（MRI），就是一种利用这种核磁的医疗设备。如果你曾经做过磁共振成像诊断，就会知道，磁共振需要一个强大的磁场发生器，整个机器非常庞大，需要占据多个房间。

然而，原子核自旋比电子自旋更容易进行自旋信息的维持，这也是它们被用于自旋电子学研究的原因。

目前，盐见等人正在进行原子核自旋的研究和利用。他们使用的碳酸锰，是一种具有非常强自旋和轨道相互作用的物质。

因此，不仅是电子的自旋，利用另一种粒子自旋（如原子核的自旋）的自旋电子学似乎也进一步打开了研究的局面。

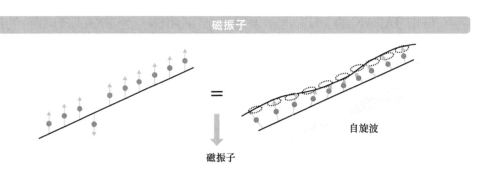

磁振子

=

磁振子

自旋波

▶▶ 新的自旋生成机制

许多自旋流产生的原理均是基于自旋与轨道之间的相互作用。自旋与轨道之间的相互作用是指围绕原子核运动的电子与原子核之间的磁相互作用。原子核的正电荷量越大，则电子就会越靠近原子核，它们之间的相互作用也就越大。因此，对于原子序数较大的材料往往具有较大的自旋与轨道之间的相互作用。对于稀有金属来说，由于它们的原子序数通常都较大，因此原子的原子量也较大，从而也存在着较大的自旋与轨道之间的相互作用。如稀有金属铂，其原子序数为78，用元素符号 Pt 表示，也由于具有较大的自旋与轨道之间的相互作用而被认为更有可能产生自旋流。

然而，如果自旋与轨道之间的相互作用过强，则自旋流就会在短距离内消失。也就是说，对于适合产生自旋流的材料，如铂金属等，虽然很容易产生自旋流，但其自旋流也不会持续太久。

2019 年，日本早稻田大学的中科惇真及其领导的研究小组确认了有机化合物 BEDT-TTF 产生的自旋流。这种有机材料具有一种由碳、硫和氢等普通元素组成的分子结构，分子之间又形成了一种晶体结构。

在使用的有机晶体中，两个具有板状结构的分子团形成一种成对的结构，这些分子团对彼此相互正交，从而形成其晶体结构。

当对具有这种晶体结构特征的有机物周围环境施加电场或温度梯度时，这样的电场或温度梯度即会作用在有机材料上。此时，由于外部电场或温度梯度引起的晶体结构偏差也会引起晶体的磁性，该磁性会根据电子的自旋方向进行电子的分配，并由此产生自旋流。这种自旋流产生的机制不涉及自旋与轨道之间的相互作用。利用计算机模拟进行的量子力学理论计算显示，其自旋流的转换效率与铂金属相同。

这种有机化合物晶体的自旋流产生过程表明了一种新的自旋流产生机制的可能性。目前，该领域还有待进一步的发现和发展，例如是否可以证实有机化合物的晶体可以在室温下产生至少与自旋和轨道之间相互作用同样有效的自旋流，以及是否可以找到更有效的有机化合物等。这是今后的发现和开发值得期待的领域。

自旋波

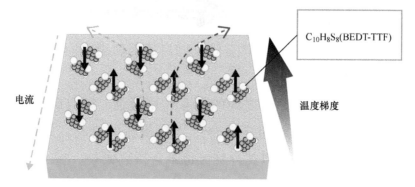

$C_{10}H_8S_8(BEDT\text{-}TTF)$

电流

温度梯度

仍具潜力的自旋电子学

今天，自旋电子学的许多领域仍处于基础研究阶段，改变世界的产品还没有出现。然而，正如电子产品已经彻底改变了我们的日常生活一样，自旋电子学的未来也有着巨大的前景，非常值得期待。

▶▶ 自旋电子学的未来

目前，自旋电子学正高度吸引着人们的兴趣，来自许多领域的研究人员都参与到了自旋电子学的研究，包括与磁性工程、半导体和其他量子器件以及物理特性有关的广泛领域。特别是日本，在磁体领域的研究记录历来很好，当今又有许多研究人员在进行自旋电子学的研究，新的发现接连不断。

旋转方向呈螺旋状的自旋是一种被称为史科子[⊖]（skyrmion）态的自旋现象，也被称为 skyrmion 涡旋，这种自旋有望成为下一代高性能存储元件的候选者。skyrmion 涡旋是一个连续的自旋集合，在这个意义上可以被看作是一个单一的粒子。

在典型的 skyrmion 涡旋中，旋转方向在涡旋的中心和外围是相反的。在同一方向上有许多层这样的 skyrmion 三维结构的涡旋被称为 skyrmion 串。还有一些 skyrmion 涡旋具有高度稳定的结构，如果可以利用这一点将信息存储在 skyrmion 涡旋上，就可以创造出纳米级的数据存储元件。2016 年，美国麻省理工学院成功地在任意位置上生成了 skyrmion 涡旋，但相关的基础研究目前仍在进行中。skyrmion 涡旋具有一种奇特的拓扑结构，深入研究该拓扑结构与磁性、电磁性能的关系，不仅可以深入理解拓扑结构对材料物理性质的贡献，还可以通过调控

⊖ 有些不是螺旋形的涡旋，而是形状像刺猬背上的刺状涡旋。

材料的拓扑结构来改进材料的磁性和电磁性能，进而深层次地理解拓扑结构的贡献。尽管这只是自旋电子学的一个研究领域，但鉴于其前景，已经使一些研究人员创造了 skyrmion 电子学这一术语。

被认为是自旋电子学研究领域顶尖高手之一的齐藤英治，是日本东京大学的研究者，他从一个不同于电子学的独特角度看待自旋电子学的未来。其中一个现象是自旋流体发电效应。当液态金属像河流一样流动时，由于流动中心附近和岸边的流动模式不同，因此会产生一个液态金属流的涡旋。处于该涡旋中的液态金属的电子由于受到涡旋的影响，因此会有自旋流的产生。

由于液态金属中的电子受到涡流的影响，因此会产生自旋流。2015 年，齐藤英治和他的研究团队在直径为 400μm 的细管中进行了一次将镓合金（液态金属）进行流动的试验，试验结果显示，这样的液态金属流动产生了 100nV 的电压。这种自旋流体的发电效应与使用涡轮机的发电方法不同，有可能开发出一种全新的发电方法。尽管试验产生的电压非常小，但这种机制或许可以用作纳米器件的电源。

为了取得自旋电子学研究的发展，尽早实现自旋电子学在工业和日常生活中的应用，目前需要具备自由自在地进行电子自旋控制的技术。但现实的情况是，仍有许多技术和理论障碍需要克服。例如电子学中实现的自旋流的开关，长距离输送自旋流的技术，以及用光和热的高效能量转换技术等。

通常情况下，磁性材料在低温下更容易使其自旋得到一致的排列，并且当进一步冷却时，自旋的方向会变得有序和固定。然而，在一种被称为量子自旋冰的磁性材料中，已经变得整齐的自旋状态被进一步冷却时，由于量子波动，自旋又开始振荡，从而使得自旋逐渐变得活跃，就像冰融化后变成水一样。这就是量子自旋液体。

在量子自旋冰中，N 极和 S 极可能会极化，形成类似单极的状态。基于这种性质，希望能够开发出一种技术，使量子自旋冰在保持其状态的同时，能够转变为量子自旋液体。这是由于如果能在材料中创造这种单极并对其进行控制，就能由此控制材料中的磁化，这一技术可用于下一代新型器件的开发和制造。目前，人们似乎对量子自旋冰有很高的兴趣，尤其是在欧洲和美国。

在日本，半导体自旋电子学领域的研究一直很活跃。基于自旋电子学的半导体开发和半导体制造已经从基础研究阶段进入示范阶段。2019 年，日本东北大学的远藤哲郎和他的研究小组正在利用基于自旋电子学的集成电路开发一种平均功耗低于 $50\mu W$ 的低功耗微控制器。然而，由于日本半导体行业的衰落，使得在企业层面上大力发展半导体的期望已经被当前的现实形势打破。

由于自旋电子学的发展，使得与自旋电子有关的科学也充满了意想不到的发展。2008 年，日本东北大学发现了铁磁性材料中温差的存在会产生自旋流（自旋塞贝克效应）的现象，从而有电压的产生。通过自旋电子学的研究还发现了将自旋的极小运动与宏观运动联系起来的可能性。自旋电子学利用了自旋性质，这是电子和原子核等的一种量子属性，而且不像电子学那样可以由电压来驱动。因此，人们对成功利用这种自旋特性来制造出超高效、超节能的器件寄予了厚望。除此之外，通过自旋塞贝克效应发电也显示了利用传统电子产品排放和丢弃的热量进行发电的可能性。

专栏

由有机物引起的自旋流

2016 年，日本东北大学的齐藤英治和他的研究小组在一个由附着在磁性绝缘材料上的铂薄膜组成的双层薄膜中设置了一个温度梯度。随着自旋流流入金属层，自旋塞贝克效应被反向自旋霍尔效应产生的电流所证实。

此外，在这个试验中，自旋（磁子）的声音（晶格振动），与自旋波一样，是材料内部的量子力学声波，与自旋的频率发生共振，因此比单独的自旋波传播的距离更长。据报道，当加入由声子引起的共振时，由于自旋流而产生的自旋塞贝克效应要高出数倍。

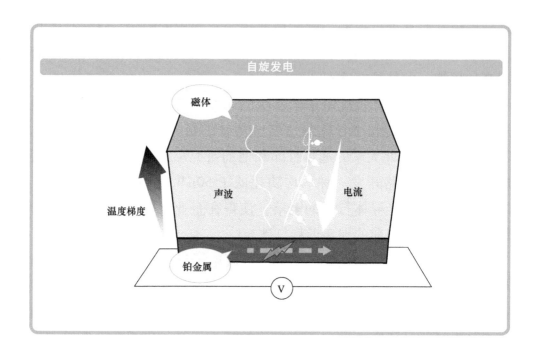

第6章

量子技术的创新与
未来展望

当前，光学和量子技术已经上升为国家层面的战略性科学与技术。量子技术以及相关的光学技术的综合研究已经表明了量子技术的重要性，并预计它将成为下一代新型科学技术发展的基础，成为国家和社会发展的决定性力量。在日本，国家提出的科技战略发展规划中，量子技术便是其中的一项重要内容。量子技术的研究与发展被寄予了厚望，以应对未来社会发展所面临的众多挑战。

纳入综合创新战略 2020 的量子技术

日本未来投资会议[⊖]根据安倍经济学（增长战略）的理念，概括性地提出了《未来投资战略 2018》，并将 Society 5.0 和实现数据驱动型社会作为未来社会的发展目标。

▶▶ Society 5.0 的基础技术

Society 5.0 是日本关于未来社会发展所制定的国家层面的发展目标，也是未来高度智能化社会的一个发展蓝图。当前的一个时期，世界范围内正在进行着第四次工业革命，日本当然也不例外。通过第四次工业革命的实际进行，终将实现 Society 5.0 的未来社会发展目标。第四次工业革命是一场发生在人工智能、机器人、生物技术和纳米技术等领域的技术革命，它将使当前的数字社会更进一步。量子技术的发展也被认为是第四次工业革命的一个关键因素。

第一次工业革命	18～19 世纪	蒸汽机、钢铁、纺织工业
第二次工业革命	1870～1914 年	石油、电气
第三次工业革命	20 世纪 80 年代到现在	计算机、数字技术、互联网
第四次工业革命	近未来	生物技术、纳米技术、量子技术

Society 5.0 是日本未来社会的发展蓝图，是在充分意识到人口减少、老龄化、能源和环境制约等社会问题的情况下，为应对正在到来的第四次工业革命而构想的未来社会发展目标，希望实现一个高度智能化的社会，应对社会发展所面临的众多挑战。

⊖ 日本未来投资会议，是一个由日本政府主导的促进未来投资的组织，主要讨论未来社会的创新和结构改革，自 2016 年 9 月以来该组织的工作一直在进行中。

为了实现 Society 5.0 未来社会发展目标，日本还从政府层面制定了被称为"综合创新战略 2020"的技术创新发展规划。在该规划中，作为战略性的基础技术，分别为人工智能、生物技术、量子技术和材料技术。

其中，人工智能技术是一种以软件为主的技术，应用范围非常广泛，包括通过互联网等信息技术进行的智能制造，以及如何让机器人更接近人类等。作为弥补因少子化、老龄化而导致劳动人口减少的机器人技术，有必要加快其实用化的进程。此外，机器学习是一种主要适用于大数据分析的技术，也是人工智能的主要技术之一。目前，在许多与人工智能相关的技术领域，美国和中国在全球范围内都处于非常先进的水平，而日本在数字化社会发展时期开始就逐渐落后了。

在生物技术方面，这是一项与医学、药物发现和环境问题等密切相关的科学技术，也是一项揭示生命现象和生命活动的基础技术。目前，日本具有一些世界领先的诱导多能干细胞开发和应用中心，主要在关西地区。此外，日本在环境领域和化妆品方面的纳米技术研究也被认为处于世界领先地位。

对于材料技术来说，不仅需要进行材料的寻找，同时也需要进行新材料的创造。但是对于任何一种新材料，首先必须是一种对人类和环境友好的材料，这一点显得越来越重要。日本目前在碳纤维领域处于世界领先地位，并且还具有很多其他有前景的基础研究，但如何将其与商业化和大规模生产联系起来仍然具有一些挑战。

在四大支柱性基础技术中，量子技术涵盖的技术范围最广，并且与其他三大基础技术有着许多重合的部分。此外，关于量子技术，一方面，有一些技术目前已经广泛应用于许多实际的研究、生产和生活等领域，如激光等就是这样的量子技术。另一方面，仍然有一些其他技术，如自旋电子学等，还处于研究和发展的起步阶段。目前，日本在众多量子技术领域的许多研究一直处于世界领先地位。尽管如此，今后的量子技术研究仍然需要政府和企业等非政府部门之间，以及公司和研究机构之间的合作和协调，特别是在商业化和标准化方面的大力合作。

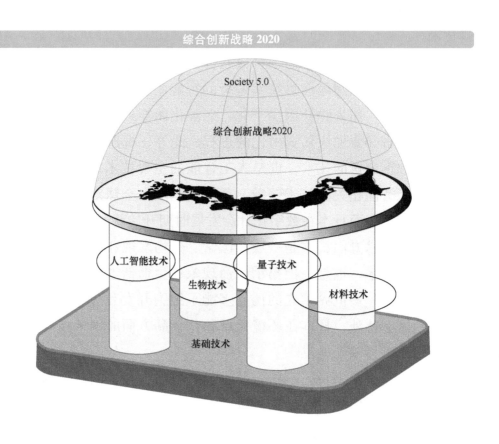

对数据驱动型社会的贡献

在我们将要吃晚餐或者为晚餐做安排的时候，通常可能会问这样的问题："我们晚餐的菜单上有什么？"也或者可能会想："我们今晚应该去哪里喝一杯酒？"在数据驱动型社会，对于这样的问题，我们只要拿出智能手机，看看相关专用网站上的信息介绍，网络就已经根据我们的喜好为我们推荐了饭店或者美食。在未来的数据驱动型社会中，计算机系统会按照目的进行大数据的整理，并根据用户的需求将其显示出来。这样的应用程序在日常生活中我们已经经常使用了。

除此之外，网上购物和在线服务会显示客户喜欢的新产品或降价产品的广告，并主动向客户进行推送。即使在客户没有选择它们的情况下，这样的广告信息也会进行显示。这样的服务就是一种数据驱动的服务。在这样的数据驱动服务中，客户的偏好和个人信息被作为数据的一部分，计算机（人工智能）会将这些信息进行优先级排序，并将排序结果提供给客户供其自行选择。

在未来的数据驱动型社会中，公共服务也将变得个性化。到了一定的年龄，保健中心将自动向相关人群发送有关健康检查和医院的信息，以及它们的可用性和预订系统的网络链接等。台风和暴雨的灾害预报将主动为人们指出疏散时间和疏散路线，同时还能够考虑到住宅的位置和家庭成员的构成等。除此之外，安装在弱势人群家中的看护传感器还能够确认是否已经完成了人员疏散和撤离。

像这样，在未来的数据驱动型社会中，可以一边通过物联网（Internet of Things，IoT）进行信息的快速收集，一边进行信息分析和做出决策。

对于这样的未来数据驱动型社会构建，量子技术可能做出的贡献包括使用量子计算机进行的任务优化；通过与人工智能的协作，可以在需要的时候获得想要的信息；制造出搭载量子传感器的信息设备等。

Society 5.0 的实现措施

实现 Society 5.0 的关键在于将以计算机和互联网为中心的网络空间与现实社会的物理空间高度融合的信息化基础设施。该基础设施能够对网络空间的信息和资源进行深度分析与处理，并为物理空间生活的人提供所需要的信息服务和行动导引。为此，这样的基础设施需要大幅提升性能的人工智能、计算机、机器人（传感器、设备）等。

▶▶ Society 5.0

此外，为了实现将这些技术整合到一起的新型社会，相关人员（企业、学术研究机构以及政府部门等）需要一个能够实现信息共享的平台，以便在政府的各个相关职能部门之间，以及居民与商品和服务提供者、志愿者之间等进行全方位的共享与合作。Society 5.0 所需的许多基础技术将用于这样的平台构建和维护。

Society 1.0	狩猎社会
Society 2.0	农耕社会
Society 3.0	工业化社会
Society 4.0	信息化社会
Society 5.0	高度智能化社会

一方面，实现 Society 5.0 制定的高度智能化社会目标所需要的许多现有技术（网络安全、物联网系统建设、大数据分析、人工智能等）目前均尚未完善或成熟。另一方面，面向 Society 5.0 的实现，还有许多被期待能够创造出新价值的新技术（光学技术、量子技术、机器人技术、传感器技术、生物技术、纳米材料技术等）。这些新技术对于各种社会问题的解决被给予了厚望。通过这些基础技术的融合，相

信在不远的将来就能实现 Society 5.0。当然，这些技术一旦开发成功并投入实际应用，也意味着该领域的新兴技术实现了产业化。这样的新兴技术产业化实现将给日本的社会和经济发展带来活力，同时还能够实现财富的增长，提高居民的富裕水平。

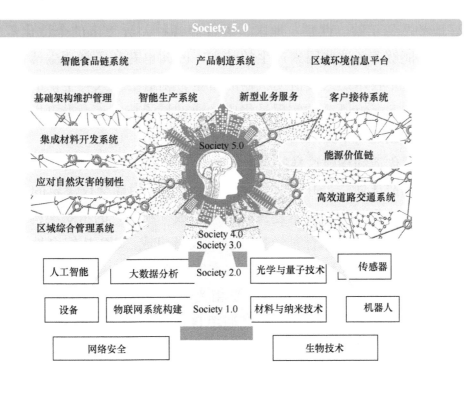

所谓高度智能化社会，是指一种能够"在必要的时候，将必要的物品和服务提供给必要的人"的技术高度发达的社会形态。在这样的技术高度发达的社会中，这种必要时候的必需物品和服务提供，能够细致地应对社会的各种需求，能够让每个人都获得高质量的服务，进而提高所有人的生活质量。这种基于高技术的服务提供，不仅能够更好地考虑到年龄、性别、地区、语言等各种差异带来的个性化需求，同时还能够避免这些因素产生的歧视，因此也有利于舒适生活社会的构建。量子技术是人类借助机器的力量，创造更像人类生活的社会的技术。在 Society 5.0 的实现过程中，通过量子技术，人类可以借助机器的力量创造一个更人性化的社会。

为了创造和构建这样的高度智能化未来社会，日本制定了"战略性创新创造计划"（SIP）。SIP 由 2013 年日本内阁会议决定的"科学创新综合战略"和"日本复兴战略"组成。在 SIP 的组织架构中，其成员由日本政府的综合科学技术会议成员组成。SIP 从综合性的立场出发，选择能引起科学技术革新的方案，进行项目总监的选拔和预算分配等。SIP 的项目总监可以不受相关纵向行政部门的制约，横向进行项目的推进。目前，SIP 第 2 期项目正在进行中，包括"利用光、量子的 Society 5.0 实现技术"在内的 13 个项目。SIP 第 2 期项目比当初预定的时间提前了一年，从 2018 年开始，计划为期 5 年。

SIP 第 2 期各个项目的进行状况和中间成果均会在项目研讨会上予以发布，也可以在专用的网页上看到。

有助于日本复兴的量子技术

关于量子技术，从 20 世纪下半叶开始，日本国内的研究者们便积累了许多惊人的成果，与被认为有可能成为终极计算机的量子计算机相关的许多重要发现和发明都是在日本诞生的。

▶▶ 量子技术的力量

在日本的科学技术产业中，虽然在技术上拥有世界领先的实力，但最终却没能创造出世界级的技术标准，这样的失败案例在过去有很多。回顾 20 世纪，早在个人计算机初具雏形的黎明时期，日本就已经率先研发了自己独有的操作系统。从那时开始，一直到计算机技术成熟发展时期的商务软件和服务器系统等，日本均有很出色的表现，先后推出了各种性能优良和功能完善的产品。但是在全球技术竞争的环境下，尽管这些产品均具有独特的性能和功能，但在世界上几乎没有被使用就消失了。

对于 GPS、互联网、网络安全系统等，这方面的技术与产品从诞生到实际应用都受到了军事需求的强烈影响。由于这样的原因，日本在这些领域的开发和研究无法深入进行。然而，即使是在日本所擅长的制造业，曾经在移动电话和显示器研发、制造等方面一度处于世界的领先位置，不仅引领着这些领域的技术发展，还占有主要的产品市场份额，如今这些也不见了踪影。在被认为是下一代基础技术之一的人工智能领域，日本也被批评为"落后美国和中国两圈"。在这之后，日本终于产生了危机感，并从政府层面发起了新技术创新的追赶。

对于当下世界各国正在奋力研发的量子计算机情况又是怎样的呢？日本国内的开发状况改善到了什么程度呢？

早在 1998 年，日本东京工业大学的研究人员西森秀稔、门胁正史就已经发表了关于量子退火方式量子计算机方面的论文。然而，向世界介绍这种量子计算机产品的却是加拿大的初创企业 D-Wave 公司。

1999 年，当时还在 NEC 公司的中村泰信和蔡兆申发表了一篇关于基于超导电路的量子比特的论文，率先提出了基于超导电路方法的量子比特实现。然而，在 2016 年，IBM 公司实现了世界上第一台采用这种量子比特实现的门控方式量子计算机，并通过云计算的方式为用户提供量子计算服务。

这些事例表明，在量子计算机的发展方面也已经出现了传统计算机发展中的那些苗头，难免使人们有理由担心量子技术的发展也有可能会重蹈覆辙。

目前的量子技术之花无疑是量子计算机。中国和欧美等国家正在致力于量子计算机的研究和开发，但是量子计算机的领先者目前还无法确定。当今，美国的 Google 公司、IBM 公司等 IT 巨头以及中国的阿里巴巴公司等都分别对量子计算机的研究和开发进行了巨额投资，已经在这个领域形成了激烈的竞争局面，这一点是可以肯定的。对于最终的竞争结果目前还不清楚，这一点对于这些竞争参与者也是有利的。这些大型 IT 企业所推进的门控方式量子计算机被认为具有较好的通用性，如果这方面的研究和开发能够取得成功，无疑会在激烈的技术竞争中占据有利地位。目前，对于量子计算机究竟能做些什么，在性能上与超级计算机的差距会拉大到什么程度，以及实际的量子计算机是否能够像传统计算机那样变得紧凑和小巧好用等，这一类的问题都还没有明确的答案。

在量子计算机的研究和开发中，人们往往把目光投向在量子计算机硬件的开发和竞争上，更多的关注都是集中在这一领域。但实际上，与量子计算机硬件的开发相比，如何使用量子计算机这一量子计算理论以及量子计算软件的领域更为重要，这样的情况与传统计算机的发展情况一样。从传统计算机的发展经验来看，计算机硬件的研究和开发只是计算机技术的一个方面，除了硬件技术以外，还有更重要的软

极简图解量子技术基本原理

件技术，包括算法和模型等，是促进计算机技术落地应用的重要技术。目前，美国微软和其他一些国家的公司已经开始为量子计算机建立编程开发环境。现在的日本虽然没有软件开发的大型产业，但也不能忘记抓住这个机会，加紧培养开发量子计算机通用应用软件的人才。在美国，一项为量子计算进行相关人才培养的计划刚刚在高等教育层面开始展开，因此日本也需要一个机制来促进量子计算机程序员和工程师的培养。

除了量子计算机外，量子技术还有许多未来很有前途的研究领域。其中，包括激光在内的量子束领域很适合制造业的新技术应用，并在制造业中彰显了广阔的发展前景。量子束技术在制造业的应用，有可能彻底改变传统的制造工艺，突破性地提高产品质量，为现有的设备制造商和材料开发公司的新产品开发提供坚实的技术支持。

通过量子束技术提供的物质结构分析，可以产生具有国际竞争力的新产品。目前，日本已经有许多大型先进同步辐射设施向企业及各个不同领域的普通研究和开发人员开放，为其产品开发提供技术支持。在当今这个时代，即使是一些小公司，如小城镇上的工厂，也可以聚集在一起尝试进行人造卫星等复杂设备和设施的制造。在这样的形势下，如果有更多的举措鼓励同步辐射设施的更广泛使用，将可能使得众多中小型企业也能够得到有效的技术援助，从而可以开发出有竞争力的产品。这样的举措一旦得到实现和落实，必将起到更好的技术促进作用。

除此之外，量子点也是一种重要的量子技术。通过量子技术制造的量子点也被称为人造原子，量子点技术的广泛使用大大拓展了纳米技术的可能性。在日本，进行量子点制造的公司目前还不多，这是因为化学工业本身还没有达到与世界先进水平接轨的程度，所以量子点还需要依赖进口。量子点不仅有望被用作电子显微观察的荧光探针，还可用于显示器的显示面板制造和太阳能电池的开发等。不仅如此，预计今后量子点的应用范围还将更加广泛，包括它们在纳米级传感器和能量转换器中的应用。因此，在日本，也迫切需要进行量子点制造和开发的化学企业的出现。

使用钻石 NV 中心的量子点，对生物的毒性很弱，将来有可能成为人体内植入型器件的纳米材料。如果通过这样的量子点在人体内的植入能够实现人体内各种信息的实时采集，并可以通过某种简单的操作从体外进行获取，则可以实现比目前更准确、更有效以及负担更小的疾病治疗。除此之外，量子点本身也有可能被直接用于疾病的治疗。例如，当电磁波或磁场等从体外施加到量子点上时，量子点由于受到这样的激发可以发出相应的辐射热、辐射光或 X 射线等量子束，这些量子束可以被用来杀死人体组织的恶性细胞。并且，在这样的量子点癌症疾病治疗中还可以利用量子点在人体组织中的选择性吸收，实现癌症疾病的靶向治疗。目前，日本医院里的疾病治疗技术在世界上得到了高度评价，作为高科技的最新治疗方法，应该具有较高的探讨价值。

在量子计算机和量子加密通信的研究、开发领域，尽管日本在量子计算机方面落后于世界其他国家，但在量子加密通信方面，却正在吸引全球研究者的关注。在这方面，主要是来自 NEC 等公司多年长期努力下取得的成果，并得到了世界其他一些国家研究和开发者的肯定，同时也正在受到这些国家的追赶，以争取实现更好的目标。对于普通国民来说，即使是许多政治家和负责企业经营的高管等，似乎并不熟悉加密技术，也许是因为他们天生就没有足够的信息安全意识。然而，在当今这样的一个物联网不断发展，信息被人工智能自行收集和分析的社会中，信息安全具有无可比拟的重要性。除此之外，如果量子计算机一旦出现的话，我们当前所使用的信息加密体系就会在短时间内遭到破解，这也是不容忽视的问题。在让人们意识到安全通信的重要性之后，能够领先于世界其他国家将基于量子密码学的先进通信技术引入日本国内的各种通信中是一个好主意。为此，应该把日本全境作为量子加密通信的试验场所，进行量子加密通信网的铺设，向世界展示其安全性，并争取成为该领域的国际标准。

至此，本书已经阐述了将量子技术应用于日本产业的一些对策。最后，我想再谈谈自旋电子学的发展将为未来技术带来哪些可能性。自旋电子学是一种利用伴随电子自旋的量子特性来实现电子设备等控制的技术，随着这项技术的进步和发展，磁场和电场融合带来的新设备令人期待。

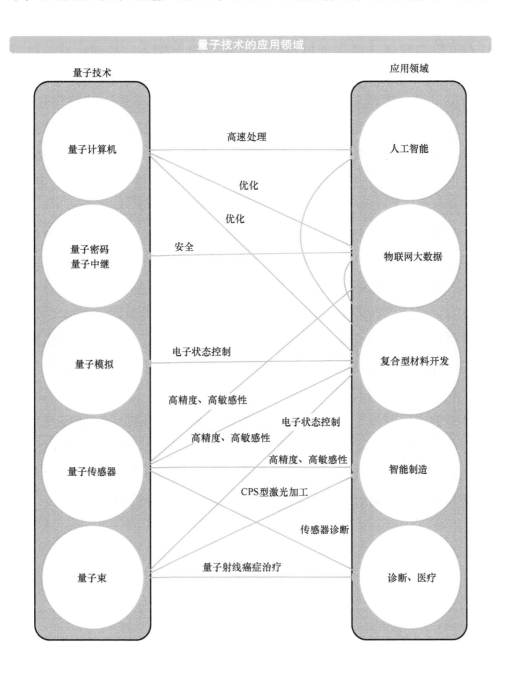

量子技术的应用领域

第 6 章　量子技术的创新与未来展望

在世界上，日本历来是磁场研究的主要中心，特别是以日本东北地区的大学为中心，在该领域拥有大量的优秀研究人员。基于这样良好的磁学研究基础，日本在自旋电子学方面也取得了许多世界领先的研究成果。目前，自旋电子学自身仍然是一个新兴的研究领域，因此还没有能力根据其原理进行新产品或新材料的创造。然而，就传统的磁场和电场而言，在世界范围内已经积累了大量的科学知识，这些科学知识不仅被广泛应用于工业生产，也普遍应用于我们的日常生活。通过自旋电子学研究的进步和发展，可以将电场和磁场这两种物理特性进行整合，这样的整合可能会带来以前从未见过的新产品。例如，目前正在研究不使用金属的电流移动机制，或通过电子自旋的电机，这些都是基于以前从未见过的想法而开展的研究和技术开发。

政府选择量子技术作为日本复苏的优先发展技术，因为它对该领域相关产业的促进非常有效，而且日本有许多这样的相关产业。除此之外，可以利用量子技术的行业范围非常广泛，包括从农业到制造业，以及信息和通信行业等广阔的领域，并且日本在涉及量子技术的许多研究和开发领域都处于世界领先地位。当前，需要一个机构或组织通过某种有效的机制来接管大学、研究生院和研究中心等产生的量子技术成果，并将它们与相关的商业化制造商联系起来。为了促进产业界、政府和学术界对量子技术的使用，希望政府带头在两者之间建立起有效的合作和沟通桥梁。同时，产业界也需要积极构建自己的合作体系，并在某些情况下积极挑战大学的创业项目，积极采取措施，努力将这个技术大变革的时代作为日本实现国家复兴的难得机会。

MaaS 与量子技术

人工智能的发展对汽车自动驾驶的实现至关重要。汽车自动驾驶需要实时观察车辆周围的情况，通过人工智能技术对情况变化做出正确的判断和决策。这样的人工智能技术目前正在利用传统计算机进行开发。此外，由于量子计算机的特性，预计量子计算机将在城市交通系统中发挥积极的作用，而这一领域目前也是由使用传统计算机的人工智能所主导。因此，量子计算机的进步和发展对这些领域将起着重大的促进作用。

▶▶ 汽车与量子技术

与电信行业一样，如日本丰田公司等所代表的汽车行业，对量子计算机的研究和发展也非常感兴趣，这些企业曾经是"日本制造"的标志和象征。到目前为止，这些企业的研究所主要研究的是为了提高汽车品质和驾驶性能的汽车零部件、汽车的结构和各种车用传感器等。在这些研究中，虽然也有利用钻石 NV 中心的激光研究等，应用到了量子点之类的量子技术，但是对于这些车企的技术研究所而言，量子计算机的研究是一个完全不同的崭新而陌生的研究领域。

像丰田公司和本田公司这样的传统车企，虽然不会进行计算机的制造，但他们很有可能自己构建一个使用计算机的"某种系统"。在量子计算机时代，这些企业仍然可以利用其在传统计算机时代积累的经验和能力，进行量子计算机的应用，以构建用于车企的量子计算机应用系统。这方面的例子可能包括使用量子计算机的城市交通系统，以及未来的汽车自动驾驶系统等。为了建立这样一个交通运输系统，通常需要通过量子计算机来对系统数据进行组合优化。但是，在这样的智能交通运输系统中，汽车制造商未必拥有能够准确掌握道路地图和移动中的汽车位置的通信、大数据分析等系统。在以前，这样的系统通常都是由大型的 IT 企业或者电信运营商拥有，车企没有必要拥有。

但是在 2018 年，丰田公司与 IT 巨头软银进行了联合，两家公司的意图应该是让丰田汽车在东京奥运会场馆周围进行自主行驶。这样的联合开发，由软银的通信系统提供支持，以实现丰田公司的汽车自动驾驶。

当今，丰田公司已经成为日本汽车企业的代表，是日本领先的汽车制造公司之一，它在全球市场上取得成功的原因包括，能够提供和生产所有的车型，并有一个全方位的产品分类策略，将销售的事情交由市场来决定等。研究其他制造商已经发布并畅销的汽车，然后创造出比那些畅销的汽车更有吸引力的汽车，这是丰田公司擅长的事情。

但是，在当前从内燃机向电动机驱动系统的转变，从专有所有权向共享所有权意识的转变，以及利用大数据和人工智能技术降低制造成本以及节约能源化等时代背景下，走向世界性巨变时代的丰田公司也有了危机感。于是，作为传统的汽车制造企业，丰田公司提出了 Woven City（编织城市）的智慧城市概念，开启了其崭新的企业发展理念。

当前的 Woven City 是指在日本静冈县裾野市建设的智慧城市，其占地面积约为 70 万 m^2，相当于东京迪士尼度假村公园部分的 7 成左右，最终将成为一个约有 2000 人居住的智慧城市。

丰田公司在建设这座未来智慧城市时，选择了 NTT 公司作为智能单元的合作伙伴。在智慧城市中，与居民日常生活相关的各种活动记录将被作为大数据纳入城市系统平台（智慧城市操作系统）。自 2018 年以来，美国 Google 公司也一直在拉斯维加斯进行这种智慧城市的试验，但它一直在努力处理智慧城市操作系统中收集到的居民隐私数据，试图找到一种合适的处理模式。这样的隐私数据处理也是未来智慧城市操作系统中比较令人棘手和难以处理的一个问题。住在 Woven City 的大部分居民将是与丰田公司有关的雇员及其家属，Woven City 试图通过从一开始就将隐私等条款与即将入住的居民统一起来，从而顺利实现其建设智慧城市操作系统的目标。

Woven City 的作用是创造和验证通过城市中的移动性和信息通信技术的整合而可能发生的未来。在日本，"不尝试一下，就不能知道"的想法很容易让人厌恶，这也是无法培养（不想培养）盲目创业的企业的一个重要原因。但是，Woven City 却有可能颠覆日本的这种传统常识。丰田公司和 NTT 公司进行的 Woven City 规模不是很大，这样的一个面向未来的创新性项目对于丰田公司和 NTT 公司这样的大型企业来说仅仅是一个风险投资性的开拓性项目。但是，即使是这样一个并不是非常大的企业项目，也非常需要一定的冒险精神和雄心，进行这种前人从未有过的技术创新。

Woven City 的一个具体验证课题是 MaaS（Mobility-as-a-Service），直译过来就是"移动即服务"。MaaS 最早起源于欧洲，是在共享交通思维方式下推出的一种新型交通服务理念，也被认为是下一代交通系统的新形态。日本国土交通省和总务省也挥舞着旗帜，呼吁人们有必要为实现这种未来交通系统新形态的目标而努力。作为思考 MaaS 的契机，发达国家对汽车的思考方式发生了很大的改变。特别是在欧洲，大排气量的内燃机汽车会给全球环境和人类社会带来各种负面影响，不需要机器提供动力的交通工具（特别是汽车）的观点在逐渐成为社会的主流意识。在城市居民中，有很多人已经感觉不到使用大型汽车的必要性，他们逐渐放弃了私家汽车，积极地使用自行车等绿色环保的交通工具，或者变成只使用公共交通工具的生活方式。除此之外，共享汽车的设想也在不断得到认可和普及。

如何设计这样一个积极推动 MaaS 的城市交通系统，这将是 Woven City 智慧城市项目的一大挑战。如果你要离开在 Woven City 的家，去往位于爱知县丰田市的丰田汽车公司总部，需要选择什么样的路线比较好？应该采取什么样的交通方式组合和相应的出行路线，才能够最大限度地发挥智慧交通连接带来的时间节省和二氧化碳排放减少的好处？这样的组合优化问题是目前量子计算机擅长的领域，因此像这样

319

的 Woven City 智慧城市项目也是未来量子技术的用武之地。

　　作为未来智慧城市平台的示范作用，Woven City 智慧城市项目的实证试验不仅限于交通系统效率的提高，还有降低交通工具的二氧化碳排放量。这也是丰田公司所设想的下一代移动和出行的试验场。为此，丰田公司还提出了一种可以代替汽车的小型移动车，定员为 1 人或 2 人。在 2005 年的"珍爱地球博览会"上，该公司已经展示了可乘坐一人的机器人型移动车以及丰田版的赛格威等。在 Woven City 智慧城市项目中，Woven City 的城市道路，除了行人专用、汽车专用之外，还规划了小型移动车和自行车等使用的第三类道路。像这样，在多种移动工具同时移动的社会中，通常会让人担心交通混乱的出现和交通事故的发生。在 Woven City 智慧城市项目实施之初就已经建立了解决这类问题的系统，以消除人们对此的担忧。随着 Woven City 智慧城市项目的进行和 Woven City 建设的发展，也许会诞生一个没有交通事故的智慧社会。

　　在 Woven City 这样的智慧城市中，安装在遛狗项圈上的芯片也被分配一个互联网 IP 地址，并且智慧城市操作系统会检测到该芯片发出的信号和信息。因此，在狗被主人放开狗绳跑到马路上之前，汽车就能预测到它的存在。在这样一个猫狗的安全也得到保障的社会，人因交通事故而丧生的事情当然也不会发生。

裾野市的Woven City
智慧城市建设

极简图解量子技术基本原理

尖端光子学激光器是未来发展的保证

为了在品质上超过其他国家的产品而提高性能，基于量子光束的产品分析和制造方法的开发是不可或缺的。在日本，目前已经有多处量子束设施向其国内外的企业和广大研究机构开放。这些基于尖端光子学激光技术的先进设施大部分集中在日本关东以西的地区，构成了世界上罕见的同步辐射设施群。

▶▶ 对电子束的期望

光子学技术领域包括与激光有关的技术。从在 DVD 和其他媒体上读写数字数据到土木工程应用的基于激光技术的测量等非常广泛的日常应用，使得激光技术得到了普遍应用。如果想在今后的科学技术中加入更多量子技术的要素，激光技术是不可或缺的，因为激光对于量子的控制和测量至关重要。

当前，为了规避世界各地日益增长的本国至上主义带来的风险，越来越多的制造商希望回归到其所在国家的国内工厂进行产品的制造和生产。这种做法在世界许多地方已经呈现出一种越来越强的发展趋势。作为降低制造成本的方案，有必要在不降低产品品质的前提下，降低人力成本，提高生产效率。为了实现这一目标，必须转向智能化制造，以优化从设计到生产的一切生产制造环节。

为此提出的有效解决方案是建立下一代的基于激光加工技术的生产制造体系，希望通过人工智能和机器学习，将以研究中心为主开发的高精度、高产量的激光加工技术转化为实际的制造工艺数据，并转向 CPS（Cyber-Physical System，赛博物理系统）型激光加工⊖，实现

⊖ CPS 型激光加工是一种基于激光的加工方法，能够通过机器学习来确定最佳的加工工艺参数。

高效、高性能的产品制造。

除此之外，在世界范围内被称为第三代同步辐射设施的大型同步辐射设施，在各国都已建成或正在计划建设。在这些设施的建设之初，日本的 SPring-8 是世界上最先进的同步辐射设施，但如今，中国、欧洲和美国都在建设最先进的同步辐射设施，其亮度已经超过了 SPring-8 的世界领先水平，在软 X 射线区域的最大亮度约为 1keV。

当前，在迄今为止同步辐射设施一直处于空白状态的日本东北地区也正在进行下一代辐射光设施的建设（计划于 2023 年完工）。同步辐射设施已被用于先进技术的开发，如人工光合作用的研究、终端显示器的开发、环保轮胎的开发、锂离子电池和燃料电池的开发等。目前，日本东北地区正在进行自旋电子学等领域的世界性研究，先进同步辐射设施建立的意义重大，有望推动量子技术的基础研究的开展。

新一代同步辐射设施

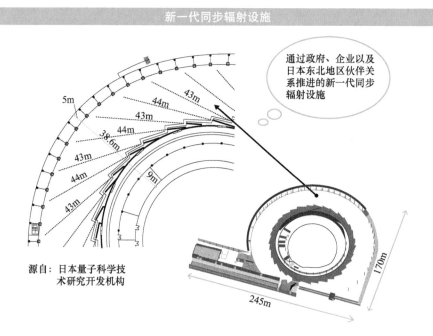

源自：日本量子科学技术研究开发机构

目前市面上已经出现了以飞秒为单位的脉冲激光，使用这种激光的研究也在如火如荼地进行中，但各国的研究正在向脉冲更短的阿秒激光转移。在日本，人们也期待着阿秒激光设施的发展。

除了制造业以外，人们对医疗领域量子束使用的兴趣正在增长。这是因为人们对使用质子束等量子束的先进医疗设备的治疗有着很高的期望。然而，这种先进的医疗设备的成本是很高的，因此需要进行紧凑和廉价的量子束设备的开发，以降低这种先进医疗设备的成本。这也需要量子技术的支撑。

围绕量子计算机的竞争

日本是世界上最早开始进行量子计算机开发的国家之一。但是，之后的研究并没有持续下去，现在无论是退火方式量子计算机还是门控方式量子计算机，其他国家的企业都在开发竞争中处于领先地位。

▶▶ 量子计算机实用化的课题

在以通用量子计算机为目标的门控实现方式方面，美国的 Google 公司、IBM 公司以及中国的阿里巴巴公司等 IT 企业巨头正在进行激烈的开发竞争，这些 IT 企业均以门控方式量子计算机作为自己的开发对象。有关技术人员认为，到 2025 年左右，将可能会开发出使用范围广泛的门控方式量子计算机。还有人认为，短期内将优先考虑增加退火方式量子计算机的量子比特数，以及量子纠错的实现。

在当今这个量子计算机竞争发展群雄逐鹿的时代，量子计算机的开发是各个大型 IT 企业展示其技术实力的竞技场，它们已经在此投入了大量的研究人员和研发资金。目前的现实情况是，人们尚不清楚什么时候才能实现这种量子计算新创意的突破。或者说，像当今的传统计算机那样能够为个人使用的个人通用量子计算机还仅仅是一个梦想，量子计算机是否只能用于某些特定问题的解决，抑或是否最终只能成为那种擅长在瞬间解决庞大组合问题的量子模拟器，目前还尚未得出结论。

围绕量子计算机相关技术开发的竞争，不仅是将作为不久的将来技术核心的最尖端信息科学领域的研究，还隐藏着未来社会问题的解决潜力。这样的未来社会问题的解决潜力将能够进行与交通运输等社会基础相关的效率问题的优化，以及通过节能形成可持续型社会等相关问题的解决。

目前，与量子计算机相关的量子技术已经处于全球激烈的开发竞争中。据 2019 年的新闻报道，美国每年投入量子技术的预算约为 1400 亿日元，中国约为 1200 亿日元。作为 IT 企业，美国 IBM 公司的量子计算机的 5 年相关预算约为 3300 亿日元。与此相对，日本每年与量子相关的预算只有区区的 160 亿日元，可以说是少得可怜。难道日本就没有开发量子计算机的需要和技术途径吗？实际的情况显然不是这样，这样的对比只能说明日本在该领域的投入还需要加强。

2019 年，量子经济发展联盟（Quantum Economic Development Consortium，QED-C）在美国成立。该团体成立的契机是 2018 年美国国会通过了《国家量子倡议法案》（National Quantum Initiative Act，NQIA），并在同年得到了实施。《国家量子倡议法案》的目的在于加强美国在量子计算领域的领导地位，该法案授权美国政府在量子计算的研究和开发上投入更多的资金，并建立专门的国家量子倡议小组，以推动美国在量子计算领域的进步。由此可见，QED-C 的成立具有很强的国家战略色彩，团体的参与成员包括美国国家标准技术研究所（National Institute of Standards and Technology，NIST）、国家科学财团、国防部、能源部等国家机构。民间企业中，包括 GE 公司、IBM 公司、Google 公司、亚马逊公司、波音公司、英特尔公司等世界级大企业在内的数十家企业。除此之外，还包括美国的数所大学也参与到该团体中。美国的行动和以往一样，首先是工业化，然后思考如何为实现这一目的铺路，并根据日程表供应必要的人、财、物。具体来说，就是以 10 年后实现数十亿美元规模的产业化为目标，充分利用政府的资金，为振兴量子技术产业建立能够顺利进行开发的供应链。目前，QED-C 已经考虑到了实现产业化后的人才保证。如何与大学和研究生院合作，培养能够学习量子计算机和其他相关技术的人才，正是 QED-C 考虑的问题之一。

与传统计算机相比，量子计算机的出错概率更高。虽然不同类型的量子计算机发生错误的概率也不相同，但只要使用量子以及量子的特性进行计算，就无法完全消除计算机内外的噪声对量子行为的影响。因此，随着计算次数的增加，出现错误的概率就越高，因此更无法得出正确的结果。这种现象被称为量子错误。

当前，人们正在研究将量子纠错机制引入量子计算机系统，以实现无量子错误的可靠量子计算，但目前还没有形成有效的机制。因此，目前值得期待的是一种被称为中等噪声规模量子计算机（Noisy Intermediate-Scale Quantum Computer，NISQ），以实现有限错误的量子计算。

目前，日本也有开发 NISQ 的动向。为了减少来自量子计算机内外噪声所产生的错误，还需要花费非常多的开发成本。因此，他们放弃了通过量化计算来减少错误的方法，转向了小型、中型规模量子计算机的制造。

目前，已经拥有投入商业应用的 NISQ，例如 D-Wave 等，其用户遍布世界各地。日本擅长进行这种现有技术的进一步完善，因此，当前的战略是首先要打造出日本的 NISQ 制造商，并通过市场意见的收集不断进行技术改进，再加上日本拥有的技术来谋求差异化。

如果不是追求量子计算机的大型化，而是转向小型且可以稳定使用的通用 NISQ 的开发，则有可能在短时间内开发出通用的 NISQ，并且可能会有专门负责处理社会最优化问题的公司进行购买。这样一来，通过这种通用 NISQ 的开发，便可以开始提供量子计算服务。量子计算机在用于街道、社区一级的社会问题优化方面，除了制作外卖便当店的配送路线等，还有医院的排班表、高中的课程表、百货商店的卖场布置、缩短主题公园等待时间的路线建议等的应用。目前，对于我们不知道如何在量子计算机上编程这样的问题，也可能会出现一种服务，可以很快地解决这些问题，即使对于那些程序的运行需要很长时间才能得出结果的情况，量子计算机的编程问题也会得到有效解决。

在普通办公室里安装一台量子计算机，或者每个人都有自己的量子计算机的时代，应该还是一个相当遥远的事情。然而，如果在量子计算机的算法和数据挖掘方面有相应的知识和经验，你可以通过一台当前可以获得的 NISQ，并创建一个服务公司来开展一些解决组合优化问题之类的业务，以实现量子计算机的优化应用。

日本已经拥有建造和维护像 NISQ 这样的量子计算机的技术，所以如果社会问题优化服务是有利可图的，即使只卖给其国内市场，也能获得利润。这种经验也应该立即面向世界，在世界范围内开展量子计算机的实际应用。除此之外，我们还必须获得量子计算机的全球市场份额，这也需要一种廉价的 NISQ 服务。也就是说，即使是 NISQ，也像汽车产品一样需要大规模的批量生产。现在的日本在机床和机器人方面拥有世界顶级的产品规模和产品质量，即使是量子计算机的制造，也不需要花费太多的人工费用就能完成。目前还不清楚量子计算机的哪种方式更有利，但在半导体方式方面，曾经领先世界的日本半导体行业将再次受到关注。

日本要想在量子计算机相关的技术竞争中实现复兴，还有一个重要的条件，那就是培养能够开发和运行量子计算机程序的人才。现在，在传统计算机的软件开发领域，日本彻底输给了国外（主要是美国）。在个人客户的层面上，已经不是硬件性能的竞争，而是软件的种类、数量和功能的竞争。在量子计算机的发展过程中，也会发生在传统计算机发展中出现的同样事情。

作为量子计算机的编程环境，微软公司等已经开发出了 Q# 之类的量子计算机编程语言。既然量子计算机不是通用机，一般的想法就是作为与古典计算机协作的混合型来进行普及。这样一来，就需要培养既能进行传统计算机编程，又能操作量子计算机算法的复合型人才。但无论如何，培养能操作量子计算机的人才是当务之急，制作量子计算机用的编程语言、算法等需要新的知识和技能。为此，我认为在大学和专科学校层面上鼓励新设量子计算机相关学科是很好的做法。其次，还需要新设专门的资格证书，确保社会性的优待制度，利用各种各样的渠道进行人才培养宣传，如此等等，期待尽快找到解决这方面问题的措施。

在作为日本国家战略发布的量子计算机发展蓝图中，所制定的日本国产量子计算机的实际运行时间是 2039 年。但是，这一进程也有逐渐加快的动向。2020 年，以东京大学为中心成立了量子创新倡议协会（Quantum Innovation Initiative Consortium，QII）。在这个协会的主旨中，对于日本政府提出的 Society 5.0 所定位为重要技术的量子计算机被作为其主要的研究与开发技术。作为该协会成员的日本民间企业有丰田、东芝、日立、三菱 UFJ 金融集团等公司。从作为国外企业 IBM 公司的参与来看，技术上应该是以 IBMQ 为基础的。在不知道将来哪种方式的量子计算机会成为主流的情况下，与量子计算机相关的综合技术的开发以及相关的技术动向备受关注。另外，日本庆应义塾大学的参与，也被认为是在世界性的重大技术革新潮流中，聚集日本量子技术的脑智的态度表现。

2018 年，日本政府内阁宣布量子神经网络（Quantum Neural Network，QNN）不属于量子计算机的范畴。在山本喜久等人的努力下，QNN 以日本的量子计算机开发⊖为目标的革新性研究开发推进计划（Impulsing Paradigm Change through Disruptive Technologies Program，ImPACT）得以实现。这是一个具有高风险和高冲击力的挑战性研究开发计划，意图实现颠覆性的技术创新。通过该技术实现的量子神经网络使用从被称为光参量振荡器的光源发出的光子的量子，进行组合问题的优化。

量子计算机是什么？在目前还没有可以广泛使用的量子计算机的情况下，对于这一问题的回答还没有太大的实际意义。也许在几十年以后，经过技术的逐渐发展，只有作为量子计算机而被保留下来的东西才能被称为真正的量子计算机。换句话说，在目前世界范围内进行的量子计算机开发竞赛中，任何一种方式，或者任何一种方法，甚至是尚未发现的方式、方法都有可能成为未来的量子计算机。

⊖ 日本的 NTT 公司和美国的斯坦福大学联合进行的研究已经进行了多年。

日本的根本问题

以量子技术为基础技术和重要支柱的 Society 5.0 的目标是要建成未来高度智能化社会。如何实现这一目标，实现中将会面临哪些挑战？目前面临的主要问题包括日本数字化进程的滞后以及基础研究整体竞争力的下降。

数字化进程的滞后

2019 年，新型冠状病毒（COVID-19）的出现，由于其强烈的传染性迅速引起了全球的大流行，迫使世界范围内的所有国家全力应对，并因此改变了人们工作和生活的现状。在这种情况下，人与人之间的沟通大多通过应用程序和数字设备等进行。因此，日本的数字化进程得以迅速推进。

在日本，新型冠状病毒的流行和引起的社会巨大变化在国家层面上也产生了新的认识和应对思考，进而提出了关于整备新社会环境的建议。这种国家层面的新型社会环境构建就是数字化转型（DX）。对于数字化转型，尽管没有明确的定义，但通常被视为网络空间和物理空间逐渐融合而产生的社会形态改变。

将数字化转型应用于企业活动，可以利用最新的数字化平台进行新价值的创造，并提高企业之间的竞争优势。在此，如果将"企业"改为"国家"，那么最新的数字化平台也与国家间的竞争有着很大的关系，将在很大程度上决定着一个国家整体竞争力的高低，同时还会对社会形态产生很大的影响。对日本来说，数字化转型是弥补数字化落后发展的一个机会，以此可以实现数字化进程的追赶。

Society 5.0 是日本关于未来社会发展所制定的国家层面的发展目标，是未来高度智能化社会的发展蓝图，其定位已经超越了数字化转型的要求，是一个"超数字化"的社会发展规划。在 Society 5.0 中，人们接触和使用的机器界面应该是智能化的，是人工智能或人性化设计的，而不是生硬的数字界面。但是，背后的网络空间却是一个真正的数字世界。出于这个原因，Society 5.0 的建立、维护和发展不可避免地需要人力资源和能够应对数字化的数字环境。

作为推进数字化转型的措施，日本推出了"GIGA 学校构想"。所谓 GIGA 学校，是指为每个学生配备一台终端，学生在家中使用高速因特网即可以进行基于 ICT（Information and Communications Technology，信息和通信技术）的学习。由于人才培养是需要时间的，因此，培养支持 Society 5.0 人才体制的完善也迫在眉睫。

在企业内外营商环境的治理中，以往使用的传统系统往往会成为"绊脚石"。目前，以日本经济产业省为主力，开始致力于在产业界推行数字化转型。从以往的经验来看，对数字化转型感到困难的企业大多是因为其现有的系统已经变成了一种"黑箱"，由于缺乏必要的抓手，因此也难以着手操作。

当我们在国外旅行时，常常会对发达国家机场和交通系统中先进的数字系统感到惊讶，出租车和旅游纪念品商店等普遍使用的现代支付系统会让你意识到日本在数字化方面有多么落后。在我看来，数字化社会至少要做到普通人可以以正常的方式进行数字设备的使用，创建更加便捷的日常生活。

▶▶ 竞争力的下降

在全球范围的科学研究和技术开发竞争中，衡量一个国家研究水平的一项重要指标是其在科学技术领域（151 个研究领域）排名前 10% 的论文中所占的份额。特别是在一些主要的科技发达国家（如美国、中国、德国、英国、日本等）中，这样的比较尤为重要，也非常看重。将从 2002 年开始的三年数据和 10 年后的 2012 年开始的三年数据进行比较，可以发现，日本在排名前 10% 论文中的份额从第 4 名下降到第 10 名。与此同时，中国从第 8 名跃升至第 2 名。

当然，若仅依据这一项指标，要得出日本科学技术研究正在衰退的结论还为时尚早。但即使扣除当前日本的研究机构和研究人员数量少于美国和中国的事实，也还是免除不了日本对整体国际竞争力正在下降的担忧。

如果分析这种整体国际竞争力下降原因的话，人口出生率的下降可能是造成大学和研究生院规模缩小以及进入博士阶段学生人数减少的部分原因。除此之外，教育系统也可能存在一些问题。正如野依良治所说，研究生院体制等教育体制也存在问题。到目前为止，为了改变这种下滑趋势所采取的措施包括日本文部科学省指定超级科学学校等，为受教育的年轻人提供机会，让他们从早期阶段就能够接触到前沿的科学技术，并帮助他们在科学技术领域选择自己的职业道路。除此之外，还将这个阶段的实践学习成绩作为大学入学制度下的考核成绩，其占比在 10% 左右。

另一方面，与同等规模人口的国家相比，德国在排名前 10% 的科技论文中所占的份额并没有出现像日本那样的下滑。由此可见，研究人员数量的减少并不是导致日本研究水平下降的唯一原因。

在这里，人才的培养和保证仍然是一个重要课题。随着日本人口的减少，为了确保人才培养的数量和质量，培养出足够多的能够从事科学技术的人才，不仅仅是要改变现有的一些教育制度，可能还需要在社会共识的基础上对教育体制进行根本性的全面改革。

参 考 文 献

『IT ロードマップ 2019 年版 情報通信技術は 5 年後こう変わる！』

野村総合研究所デジタル基盤開発部・NRI セキュアテクノロジーズ／著 2019 年 東洋経
済新報社

『暗号と量子コンピュータ 耐量子計算機暗号入門』

高木剛／著 2019 年 オーム社

『みんなの量子コンピュータ 量子コンピューティングを構成する基礎理論のエッセンス』

Chris Bernhardt／著 湊雄一郎・中田真秀／監修・訳 2020 年 翔泳社

『QBism 量子×ベイズ──量子情報時代の新解釈』

ハンス・クリスチャン・フォン・バイヤー／著 松浦俊輔／訳 2018 年 森北出版

『日経サイエンス 2020 年 2 月号──特集：量子超越 グーグルが作った量子コンピューター』

藤井啓祐／協力 日経サイエンス社

『量子コンピュータが本当にわかる！ 第一線開発者がやさしく明かすしくみと可能性』

武田俊太郎／著 2020 年 技術評論社

『量子ドット太陽電池の最前線』

豊田太郎／監修 2019 年 シーエムシー出版

『プラズモンと光圧が導くナノ物質科学 ナノ空間に閉じ込めた光で物質を制御する』

日本化学会／編 2019 年 化学同人

ZUKAINYUMON YOKUWAKARU SAISHIN RYOUSHIGIJUTSU NO KIHON TO SHIKUMI

by Naomichi Wakasa

Copyright © Naomichi Wakasa，2020

All rights reserved.

Original Japanese edition published by SHUWA SYSTEM CO.，LTD

Simplified Chinese translation copyright © 2024 by China Machine Press

This Simplified Chinese edition published by arrangement with SHUWA SYSTEM CO.，LTD，Tokyo，through HonnoKizuna，Inc.，Tokyo，and Shanghai To-Asia Culture Co.，Ltd.

北京市版权局著作权合同登记　图字：01-2022-6341 号

图书在版编目（CIP）数据

极简图解量子技术基本原理／（日）若狭直道著；

王卫兵等译. -- 北京：机械工业出版社，2024. 7.

（易学易懂的理工科普丛书）. -- ISBN 978-7-111

-76387-1

Ⅰ. TN201-49

中国国家版本馆 CIP 数据核字第 20248QW537 号

机械工业出版社（北京市百万庄大街 22 号　邮政编码 100037）

策划编辑：任　鑫　　　　　　责任编辑：任　鑫　闫洪庆

责任校对：韩佳欣　张　薇　　封面设计：马精明

责任印制：郜　敏

北京富资园科技发展有限公司印刷

2024 年 9 月第 1 版第 1 次印刷

170mm×230mm · 21.75 印张 · 287 千字

标准书号：ISBN 978-7-111-76387-1

定价：99.00 元

电话服务　　　　　　　　　网络服务

客服电话：010-88361066　　机　工　官　网：www.cmpbook.com

　　　　　010-88379833　　机　工　官　博：weibo.com/cmp1952

　　　　　010-68326294　　金　书　网：www.golden-book.com

封底无防伪标均为盗版　　机工教育服务网：www.cmpedu.com